普通高等教育"十二五"规划教材

Visual Basic 程序设计

（第二版）

苟平章　任小康　主编

科学出版社

北　京

内 容 简 介

本书以 Visual Basic 为语言背景，以程序设计为主线，按照教育部高等院校计算机基础教学指导分委员会"关于进一步加强高校计算机基础教学的几点意见"文件精神第二个知识领域和第二个层次要求组织编写的。在第一版的基础上，针对课程特点，在知识体系、内容编排、实例选取上做了较大改进，便于教与学。主要内容包括：Visual Basic 集成开发环境，Visual Basic 语言基础，顺序结构、选择结构、循环结构，数组及其应用，过程，数据文件及其应用，用户界面设计与图形操作，数据库技术，Windows API 等。

全书结构清晰，循序渐进，内容丰富，语言流畅，图文并茂，实例准确，突出应用，易读易懂，便于学习。

本书可作为高等院校非计算机专业本科生程序设计类课程的教材，也可作为全国计算机等级考试二级 Visual Basic 的学习用书。

图书在版编目（CIP）数据

Visual Basic 程序设计/ 苟平章，任小康主编. —2 版. —北京：科学出版社，2015.2

普通高等教育"十二五"规划教材
ISBN 978-7-03-043365-7

Ⅰ．①V… Ⅱ．①苟… ②任… Ⅲ．①BASIC 语言－程序设计－高等学校－教材 Ⅳ．①TP312

中国版本图书馆 CIP 数据核字 (2015) 第 026304 号

责任编辑：毛 莹 张丽花 / 责任校对：桂伟利
责任印制：霍 兵 / 封面设计：迷底书装

科 学 出 版 社 出版
北京东黄城根北街 16 号
邮政编码：100717
http://www.sciencep.com

文林印务有限公司 印刷

科学出版社发行 各地新华书店经销

*

2008 年 2 月第 一 版 开本：787×1092 1/16
2015 年 2 月第 二 版 印张：19
2018 年 1 月第十二次印刷 字数：482 000

定价：39.00 元
（如有印装质量问题，我社负责调换）

前　言

Visual Basic 源自于 BASIC 编程语言，引入了面向对象的事件驱动编程机制和可视化程序设计方法，极大地提高了应用程序开发效率。

本书是甘肃省省级精品课程配套教材，是作者多年从事程序设计课程教学研究的成果。自第一版于 2008 年出版以来，通过认真探讨程序设计知识体系中的"变"与"不变"的关系，分析学生学习过程中的难点和为什么会成为难点的问题，在第二版中力求做到知识体系设计的科学性，内容安排的合理性，实例选取易难适中，为大学非计算机专业学生学习第一门程序设计类课程提供了一个良好的平台和基础。为此，在知识体系上章节次序做了较大调整，以确保各章的衔接关系，在内容安排上删除不够合理的实例，增加了能够利用常用算法解决问题的实例。

本书在内容上以程序设计为主线，介绍 Visual Basic 程序设计基本概念、基本方法、基本技术；在结构上强调面向对象、事件驱动的编程机制，突出可视化程序设计方法，强化结构化程序设计。每章后面除附有习题外，还给出了实验目的和实验内容，使读者对可视化设计、面向对象中的事件驱动、结构化程序设计的方法有更深刻的理解。

本书的特点是：结构清晰，语言流畅，实例丰富，图文并茂，深入浅出，循序渐进，突出应用，易读易懂，便于学习，培养学生的自学能力和综合应用能力。

全书共 11 章。主要包括：Visual Basic 程序设计概述、Visual Basic 语言基础、结构化程序设计、数组、过程、数据文件、用户界面设计与图形操作、Visual Basic 数据库应用、Windows API。

本书的参考教学时数为 90 学时，其中理论教学 54 学时，上机实验教学 36 学时。建议在教学中采用任务驱动和案例教学，具体内容可根据学生实际情况进行取舍。

本书由苟平章、任小康主编，参加编写的老师有吴尚智、马和平、袁媛等。在本书的编写过程中，得到了作者单位相关领导和教务处的大力支持，长期从事该课程教学的老师及同行提出了许多宝贵意见和建议，科学出版社为本书的付梓做了大量的工作，在此一并表示感谢。

本书可作为高等院校非计算机专业本科生程序设计类课程的教材，也可作为全国计算机等级考试二级 Visual Basic 的学习用书。

限于作者学识水平，加之时间仓促，难免有不妥之处，诚请读者批评指正。

编　者

2014 年 11 月

目　　录

第 1 章　Visual Basic 程序设计概述

内容提要　Visual Basic 是一种面向对象的程序设计语言，其最主要的特点是可视化界面设计和事件驱动的编程机制。首先介绍 Visual Basic 的集成开发环境、Visual Basic 程序设计特点，Visual Basic 中对象、容器对象、属性、事件、方法等基本概念，然后学习窗体、标签、文本框、命令按钮等控件，以及颜色代码设置。结合实例，给出创建 Visual Basic 应用程序的一般步骤，介绍 Visual Basic 工程的组成、管理和帮助系统。

本章重点　熟练掌握 Visual Basic 集成开发环境；掌握窗体、标签、文本框、命令按钮等控件的使用；熟练掌握应用程序设计的基本步骤；掌握工程管理。

1.1　Visual Basic 集成开发环境

启动 Visual Basic 后，系统默认弹出一个"新建工程"对话框，如图 1-1 所示。该对话框中列出了 Visual Basic 能够建立的应用程序类型，包括"新建""现存""最新" 3 个选项卡，分别用来新建工程、显示现有的或最近使用过的 Visual Basic 应用程序文件名列表。默认选择"标准 EXE"文件类型，单击"打开"按钮，进入 Visual Basic 集成开发环境。

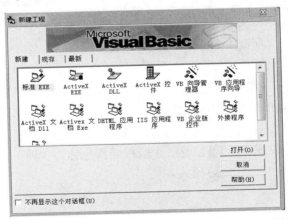

图 1-1　Visual Basic "新建工程" 对话框

Visual Basic 集成开发环境(Integrated Development Environment，IDE)是供用户进行设计、编辑、调试、运行和测试应用程序的高度集成环境。该环境由主窗口和一系列专用工具和窗口组成。在"主窗口"内还可以根据需要打开不同的子窗口，如代码窗口、对象浏览器窗口。利用"窗口"可以减少应用程序的开发难度，提高程序设计的效率。

1.1.1　主窗口

主窗口也称设计窗口，位于集成环境的顶部，由标题栏、菜单栏和工具栏等组成，如图 1-2 所示。

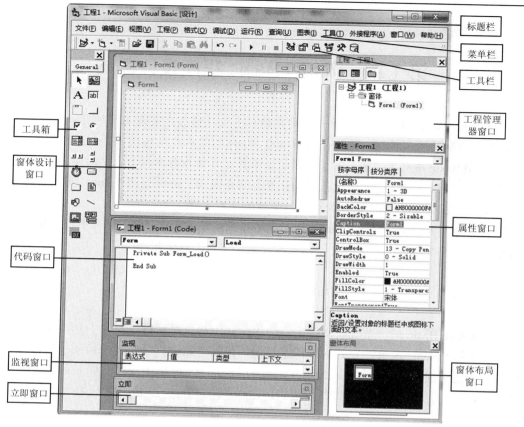

图 1-2　　Visual Basic 6.0 集成开发环境

1.　标题栏

标题栏主要用于显示应用程序的名称及其工作状态。启动 Visual Basic 后，标题栏显示的信息为："工程 1-Microsoft Visual Basic[设计]"，方括号中的"设计"表明当前的工作状态是"设计阶段"，随着工作状态的不同，方括号中的文字将作相应的变化，也可能是"运行"或"中断"，分别代表运行阶段或中断阶段。这 3 个阶段通常也称为 3 种工作模式，即设计(Design)模式、运行(Run)模式和中断(Break)模式。

2.　菜单栏

菜单栏位于标题栏下方，包括 13 个下拉菜单，即"文件"(File)、"编辑"(Edit)、"视图"(View)、"工程"(Project)、"格式"(Format)、"调试"(Debug)、"运行"(Run)、"查询"(Query)、"图表"(Diagram)、"工具"(Tools)、"外界程序"(Add_in)、"窗口"(Windows)和"帮助"(Help)主菜单，每个主菜单项又包含若干个菜单命令，多数菜单命令也可以通过快捷键来执行。

3.　工具栏

Visual Basic 提供了 4 种工具栏，即"标准""编辑""窗体编辑器"和"调试"，用户还可以根据需要自定义工具栏。一般情况下，集成环境中只显示"标准"工具栏，如图 1-3 所示。其他工具栏可通过选择"视图"→"工具栏"命令显示或关闭。每种工具栏都有固定和浮动两种形式。双击工具栏左端的两条灰色竖线，可以将固定工具栏变为浮动工具栏；双击浮动工具栏的标题条，可将浮动工具栏变为固定工具栏。

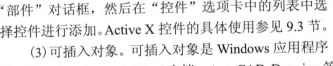

图 1-3　常用工具栏

标准工具栏的右侧分别显示了窗体的当前位置和大小，其单位是 twip（缇）。twip 是一个与屏幕分辨率无关的计量单位，1 英寸等于 1440twip，这种计量单位可以使得在不同屏幕上保持正确的相对位置和比例关系。在这两栏中，左侧的数字表示窗体左上角的坐标位置（图 1-3 中为 0,0），右侧的数字则表示窗体的大小，即长×宽（图 1-3 中为 4800×3600）。

1.1.2　工具箱窗口

工具箱（Tool Box）窗口包括建立应用程序所需的各种工具图标，这些工具图标被称为控件。每个控件由工具箱中的一个工具图标来表示。工具箱中的控件分为以下 3 类。

（1）标准控件。也称内部控件，由 1 个指针和 20 个图形按钮组成，如图 1-4 所示。默认状态下工具箱中显示的控件都是标准控件，由 Visual Basic 的 EXE 文件提供，不能进行删除和添加操作。

（2）ActiveX 控件。ActiveX 控件是可以重复使用的编程代码和数据，是由 ActiveX 技术创建的一个或多个对象所组成的、以.ocx 为扩展名的独立文件。添加方法是单击"工程"→"部件"命令，或在工具箱的空白处单击鼠标右键，在快捷菜单中选择"部件"命令，打开"部件"对话框，然后在"控件"选项卡中的列表中选择控件进行添加。Active X 控件的具体使用参见 9.3 节。

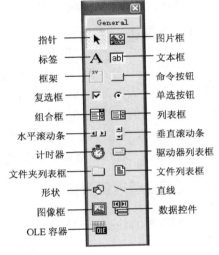

图 1-4　工具箱

（3）可插入对象。可插入对象是 Windows 应用程序的对象，如 Microsoft Word 文档、AutoCAD Drawing 等。在"部件"对话框中选择"可插入对象"选项卡，然后在列表中选择相应控件添加。将可插入对象添加到工具箱后，可像使用标准控件一样使用。

Visual Basic 启动后，默认情况下只有标准控件。这些标准控件中除了指针（Pointer）控件用来实现利用鼠标选定、缩放、移动、复制控件等操作外，其他控件功能如下。

（1）图片框（PictureBox）：用于装载、显示图片。

（2）标签（Label）：显示文本信息，但不能输入文本。

（3）文本框（Text）：输入或显示文本。

（4）框架（Frame）：组合相关控件，将控件分成可标识的控件组。

（5）命令按钮（Command）：接收事件，单击可向应用程序发布指令。

（6）复选框（CheckBox）：多重选择。

（7）单选按钮（OptionButton）：选择一个选项。

（8）组合框（ComboBox）：同时具有文本框和列表框的功能。

(9) 列表框(ListBox)：显示可供用户选择(一个或多个)的表项。

(10) 水平滚动条(HscrollBar)：允许显示内容在水平方向上滚动或显示当前位置。

(11) 垂直滚动条(VscrollBar)：允许显示内容在垂直方向上滚动或显示当前位置。

(12) 计时器(Timer)：按照指定时间间隔处理某项任务。

(13) 驱动器列表框(DriveListBox)：显示有效驱动器并允许选择。

(14) 文件夹列表框(DirListBox)：显示文件夹和路径并允许选择。

(15) 文件列表框(FileListBox)：显示文件夹下的文件并允许选择。

(16) 形状(Shape)：向窗体、框架、图片框添加矩形、椭圆等。

(17) 直线(Line)：向窗体、框架、图片框添加一条直线。

(18) 图像框(Image)：显示图像，可通过设置其属性使之自动适应图像的尺寸。

(19) 数据控件(Data)：提供对存储在数据库中数据的访问。

(20) OLE 容器(OLE)。

工具箱中控件的画法与 Office 软件中形状的画法相似，具体方法参见 1.5.1。

1.1.3　窗体设计窗口

窗体(Form)设计窗口也称窗体窗口或对象窗口，是应用程序最终面向用户的窗口，各种图形、图像、数据都可以通过窗体显示出来。一个应用程序可以有多个窗体，每一个窗体必须有一个唯一的名称，该名称在窗体工作区的标题栏中可以看到。窗体工作区中布满了供对齐使用的小点，要清除小点或改变小点之间的距离，可选择"工具"→"选项"命令，在"选项"对话框的"通用"选项卡中调整。

1.1.4　工程管理器窗口

工程管理器(Project Explorer)窗口如图 1-5 所示，以树形结构列出当前应用程序(当前工程或工程组)所需的所有文件清单，并对其进行管理。在工程资源管理器窗口顶部有 3 个工具按钮。

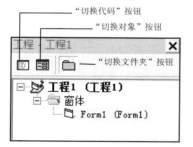

图 1-5　工程管理器窗口

(1) "切换代码"按钮：切换到代码窗口，将相应文件的代码显示出来，以便编辑。

(2) "切换对象"按钮：切换到窗体设计器窗口，以便显示和编辑正在设计的窗体。

(3) "切换文件夹"按钮：切换文件夹的显示方式(显示/取消显示)。

1.1.5　属性窗口

属性(Properties)窗口主要用来设置窗体和控件的属性。Visual Basic 中，窗体和控件称为对象，每个对象都由一组属性如名称、标题、颜色、字体、大小、位置等来描述其特性，属性窗口只有在设计阶段才能激活。如图 1-6 所示，除窗口标题外，属性窗口由对象列表框、属性排列方式、属性列表框和对当前属性解释的属性解释框 4 部分组成。其中，对象列表框用于列举当前窗体所包含的对象列表；属性排列方式分为两种，即"按字母序"(图 1-6(a))

和"按分类序"(图 1-6(b)),分别通过单击相应的选项卡来实现,默认情况下属性按字母顺序排列,可以通过窗口右部的垂直滚动条找到对象的任意属性;属性列表框列出当前选定对象的属性设置值。左面为对象的属性名称,右面为某一属性的值,属性值后面有"…"或"下拉箭头"按钮的,表示该属性值有预定值可供选择。

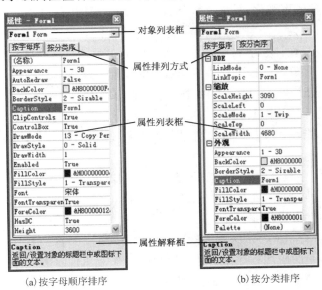

(a)按字母顺序排序　　　　(b)按分类排序

图 1-6　属性窗口

1.1.6　其他窗口

(1)窗体布局窗口。窗体布局(Form Layout)窗口主要用来指定应用程序运行时窗体的初始位置。用鼠标拖动该窗口中的小图标,可调整窗体在运行时的位置。

(2)代码窗口。代码(Code)窗口是专门用来编辑程序代码的窗口,如图 1-7 所示。可以通过以下 3 种方法打开代码窗口:

①在"工程资源管理器"窗口中单击"查看代码"按钮。

②选择"视图"→"代码窗口"命令。

③双击窗体或窗体中的控件。

代码窗口主要包括:

①对象列表框:显示所选对象名称。

②过程列表框:列出所有与"对象"对应的对象事件过程名称。

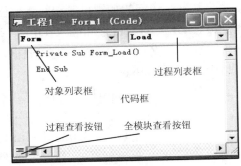

图 1-7　代码窗口

③代码框:用于输入程序代码。

④过程查看按钮:显示所选的一个过程。

⑤全模块查看按钮:显示模块中的全部过程代码。

(3)立即窗口。在 Visual Basic 6.0 集成开发环境中,用户可以在立即窗口(Immediate)中使用 Print 方法或直接在程序中用 Debug.Print 方法输出表达式的值。

除了上述窗口外,在 Visual Basic 集成环境中还有监视窗口等,请读者自行查看。

1.2　　Visual Basic 的特点

Visual Basic 是在 BASIC 语言基础上研制而成的，作为程序设计语言，它具有以下特点：

(1)具有面向对象的可视化设计平台。Visual Basic 应用面向对象的程序设计方法，把程序和数据封装起来，视为一个对象，每个对象都是可视的。开发人员不必为界面设计编写大量的代码，只需要按照设计要求布局，用系统提供的工具，直接在屏幕上"画"出窗口、菜单、按钮等各种图形对象，并设置这些图形对象的属性，从而提高程序设计的效率。

(2)结构化程序设计语言。Visual Basic 是一种结构化的程序设计语言，具有丰富的数据类型和结构化程序设计结构，其代码结构清晰、简洁易懂。同时具有强大的数值和字符串处理功能、丰富的图形指令，支持顺序文件访问和随机文件访问，以及完善的运行出错处理机制等。

(3)面向对象的程序设计。Visual Basic 是一种面向对象的程序设计语言(OOP)，拥有 OOP 所具有的对象的封装性、继承性等特征。在 Visual Basic 中对象主要分为 3 类：窗体对象，在窗体上定义的各种控件，提供编程环境的系统对象(如 Printer、App、Err 等)。

(4)事件驱动的编程机制。传统程序设计是面向过程的，程序总是按事先设计好的流程执行。而在图形用户界面的应用程序中，是由用户的动作及事件掌握程序的流向。事件驱动是图形界面的主要编程方式，Visual Basic 通过响应事件来执行对象的操作。一个对象可能会产生多个事件，每个事件都通过一段程序来响应，这样的应用程序代码较短，且易于编写和维护。

(5)支持多种数据库访问。利用数据控件和数据库管理窗口，可以编辑和访问多种数据库系统，如 Access、FoxPro 和 Paradox 等。提供开放式数据连接，即 ODBC，可以通过直接访问或建立连接的方式使用并操作后台大型数据库，如 SQL Server、Oracle 等。使用结构化查询语言 SQL 的数据标准，直接访问 Server 上的数据库，并提供简单的面向对象库操作指令、多用户数据库访问的加锁机制和网络数据库的 SQL 编程技术等。Visual Basic 还提供了动态数据交换(DDE)、对象链接和嵌入(OLE)、动态链接库(DLL)、ActiveX 数据对象(ADO)和 ADO 控件、远程数据对象(RDO)和远程数据对象控件(RDC)，以及网络编程等功能，以便在网络环境中实现 Client/Server 方案。

此外，Visual Basic 具有良好的应用程序开发环境和帮助系统。

1.3　　Visual Basic 中的面向对象基本概念

面向对象程序设计的核心是对象，其应用程序设计就是与一组对象进行交互的过程。

1.3.1　对象与容器对象

对象(Object)是面向对象方法中最基本的概念。在面向对象的程序设计中，"对象"是系统中具有特殊属性(数据)和行为方式(方法)的基本运行实体，既可以是具体物理实体的抽象，也可以是人为的概念，或者是任何有明确边界和意义的东西。例如，一个人、一家公司、一台计算机等，都可以作为一个对象。在 Visual Basic 中，对象是 Visual Basic 系统中的基本运行实体，前面介绍的窗体就是对象。这些对象分为两类：一类是由系统设计好的，称为预定义对象，可以直接使用或操作；一类是由用户自己定义的。

Visual Basic 中的窗体和控件是预定义的对象，由系统设计好提供给用户使用，其移动、缩放等操作都是由系统预先定义好的，使用非常方便。

一个对象如果包含多个"子"对象，则该对象称为容器（Container）对象。在 Visual Basic 中，窗体是一种对象，同时也是如文本框、标签、命令按钮等对象的容器。

1.3.2　对象的属性、事件和方法

对象具有属性、事件和方法 3 个要素。建立一个对象后，其操作通过与该对象有关的属性、事件和方法来描述。

1. 对象的属性及其设置

属性（Properties）是描述对象的一组特性。不同的对象有不同的属性，例如，文本框对象具有名称、文本内容、字体等属性。每一种对象都有一组特定的属性，有许多属性可能为大多数对象所共有，如标题（Caption）、名称（Name）、颜色（Color）、是否可见（Visible）等。有一些属性仅局限于个别对象，如只有命令按钮才有 Cancel 属性。在可视化编程中，每个对象属性都有一个默认值，如果不明确地改变该属性值，程序将使用它的默认值。通过修改对象的属性能够控制对象的外观和操作，而有些属性在运行时是只读的（不可修改的）。对象属性的设置一般有以下两条途径。

1）通过属性窗口设置

选定对象，在属性窗口（图 1-6）中找到相应属性，在属性值一栏中直接设置。其特点是设置某些属性时可以立即在窗体上看到效果，但不能设置所有需要的属性。

2）通过代码设置

在代码中通过编程来动态地设置对象属性，一般格式为：

［对象名.］属性名 = 属性值

如果针对当前窗体，可省略该窗体对象名。

例 1-1　将当前窗体标题修改为"欢迎使用"。

（1）在属性窗口中设置。首先在"属性窗口"中的"对象列表框"中选择"Form1 Form"对象名，然后在"属性列表框"左侧"Caption"表项的右侧单击，将默认"Form1"改为"欢迎使用"，如图 1-8 所示。

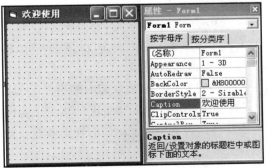

图 1-8　属性设置

（2）在代码窗口输入如下代码：

```
Form1.Caption = "欢迎使用"
```

对象的大多数属性都可以通过以上两种方式进行设置，而有些属性只能使用代码或属性窗口其中之一进行设置，请读者在后续内容的学习中注意。

2. 类

类（Class）是一组用来定义对象的相关过程和数据的集合，即同类对象的集合与抽象。在 Visual Basic 中，工具箱中的每一个控件，如命令按钮、标签、文本框等都代表一个类。将这些控件添加到窗体上时就创建了相应的对象。由同一个类创建的对象具有由类定义的公共属性、事件和方法，不同的类创建的对象有不同的属性、事件和方法。类可以由系统设置，也可以由用户设计。

3. 对象事件、事件过程和事件驱动

1）对象事件

事件（Event）是发生在对象上并且能够被对象识别的动作。在 Visual Basic 中，事件是预先定义好的，如 Click（单击）、DblClick（双击）、Load（装载）、KeyPress（按键）、Change（改变）等。不同的对象能够识别不同的事件，例如，窗体对象能够识别单击和双击事件，而命令按钮对象能识别单击事件，但不能识别双击事件。当事件由用户触发（如 Click 事件）或由系统触发（如 Load 事件）时，对象就会对该事件做出响应。

根据事件产生的来源不同，Visual Basic 中的事件可分为鼠标事件、键盘事件和系统事件 3 种。鼠标事件是使用频率最高的事件，因为在图形用户界面中，用户习惯用鼠标操作，如单击事件、双击事件等。有时需要用键盘进行一些操作，所以还有键盘事件，如按键事件。另外，还有一类特殊事件，该事件由系统自动触发，称为系统事件，如计时器控件在一定时间间隔自动产生 Timer 事件。

2）事件过程

对象响应某个事件后所执行的操作通过一段独立的程序代码来实现，这样的一段代码称为事件过程（Event Procedure）。一个对象可以识别一个或多个事件，因此可以使用一个或多个事件过程对用户或系统的事件做出响应。虽然一个对象可以拥有许多事件过程，但在程序中能使用多少事件过程，则要由设计者根据程序的具体要求来确定。Visual Basic 应用程序设计的主要工作就是为对象编写事件过程的代码，其一般格式为：

```
Private Sub 对象名_事件名([参数列表])
    ……            ' 事件过程代码
End Sub
```

其中，Private 表示该过程为局部过程，Sub 为定义过程的开始语句，End Sub 为定义过程的结束语句，对象名为该对象的 Name 属性。

具体编程时，只要选中了编程对象和该对象要响应的事件，对应的事件过程框架由 Visual Basic 系统自动产生，用户只需在事件过程中编写实现具体功能的程序代码。

例 1-2　程序运行时单击窗体，设置例 1-1 窗体的标题属性。

```
Private Sub Form_Click()
    Form1.Caption = "欢迎使用"          ' 设置窗体标题
End Sub
```

程序运行后的效果如图 1-9 所示。

图 1-9　例 1-2 运行结果

3) 事件驱动

事件过程需要经过事件的触发才能被执行，这种工作模式称为事件驱动。事件驱动是 Visual Basic 编程的一个相当重要的特点，在事件驱动应用程序中，事件可以由对象识别的操作，在响应事件时，事件驱动应用程序执行指定的代码。代码的执行不会按照预定的"路径"执行，而是在响应不同的事件时，驱动不同的代码，即由操作来决定。

Visual Basic 的每个对象都有一个预定义的事件集，当某个事件发生，并且相关联的事件过程中存在代码时，Visual Basic 执行这些代码。一个对象可能会产生多个事件，每个事件都可以由一段程序来响应。同时，对象所能识别的事件类型有多种。例如，大多数对象都能识别 Click() 事件，单击窗体时，执行窗体的单击事件过程中的代码；单击命令按钮时，执行命令按钮的单击事件过程中的代码。此外，某些事件可以在运行期间引发，例如，在运行期间改变文本框中的内容，将引发文本框的 Change 事件，假如 Change 事件过程中含有代码，则执行这些代码。事件驱动应用程序的典型步骤如下：

(1) 启动应用程序，加载和显示窗体。

(2) 窗体或窗体上的对象等待事件的发生。

(3) 事件发生时，如果相应的事件过程中存在代码，则执行相应的事件过程。

(4) 等待下一次事件，重复执行步骤 (2) 和 (3)。

上述步骤周而复始地执行，直至遇到 End 结束语句或单击"结束"按钮强制结束。

4. 对象方法

方法 (Method) 是对象能够执行的动作。在 Visual Basic 中，方法是指对象本身所包含的一些特殊过程或函数，只能用于完成某种特定功能而不能响应某个事件，如 Show (显示窗体)、Move (移动)、Print (输出) 等。每个方法完成某个功能，用户无法看到其实现的步骤和细节，更不能修改，只能按照约定直接调用它们。方法只能在程序代码中使用，对象方法的调用格式为：

```
[对象名.]方法名 [(参数名表)]
```

对象名省略时表示当前对象。有些方法需要提供参数，而有些方法不需要提供参数。

例 1-3　单击窗体时，在窗体上显示"欢迎进入 VB 世界"。

```
Private Sub Form_Click()
    Print  "欢迎进入 VB 世界"        ' Form1 对象可省略
End Sub
```

图 1-10　例 1-3 运行结果

程序运行后的效果如图 1-10 所示。

综上所述，可以把属性看成是对象的特征，把事件看成是对象的响应，把方法看成是对象的行为。属性、事件和方法构成了对象的三要素，它们是紧密联系在一起的。

1.4　窗体对象及其属性、事件和方法

窗体是设计图形用户界面的基本平台，是用户与应用程序交互操作的实际窗口，所有的

控件都放在窗体上。在设计阶段称为窗体，程序运行后也称为窗口。在添加新窗体后，设计窗体的第一步就是设置或修改窗体的属性。程序运行时，每个窗体对应于程序的一个窗口。简单应用程序使用一个窗体完全足够，但对于复杂的应用程序，或许需要多个窗体。

1.4.1　窗体的结构与属性

窗体结构与 Windows 环境下窗口的结构相似，其特性也基本相同。如图 1-11 所示，其中，标题是窗体标题栏中所见文字；系统菜单(控制菜单)位于窗体左上角，双击该图标将关闭窗体，单击该图标显示系统命令菜单。窗体的边框可以根据需要设定不同的边框值。标准 EXE 类型的应用程序至少有一个窗口。新建工程时，会新建一个窗体，也可以选择"工程"→"添加窗体"命令，将其他窗体添加到工程中。

图 1-11　窗体结构示意图

本小节主要介绍窗体的一些常用属性，这些属性适用于窗体，也适用于其他控件。

(1)Name(名称)属性：指定窗体的名称。该属性是所有对象都具有的属性，是所创建对象的名称。所有控件在创建时由 Visual Basic 提供一个默认名称。Name 是只读属性，可以在 Name 属性窗口的"名称"栏修改，但不能在应用程序中更改。在程序中，对象名称作为对象的标识被引用，而不会显示在窗体上。

(2)Caption(标题)属性：指定窗体的标题。该属性是大多数对象都具有的属性，决定了对象上显示的标题内容。可以在设计时通过属性窗口设置，也可以在运行时通过代码设置。

(3)Enabled(允许)属性：设置对象是否允许响应用户事件，即是否可用，默认值为 True，表示允许响应用户事件；若值为 False 时禁止响应用户事件，对可视对象，显示为灰色。同样该属性可以在属性窗口或通过代码来设置。

(4)Visible(可见性)属性：设置对象是否可见，默认值为 True，表示对象在程序运行时可见，但是，显示出来的对象不一定可用，还要看它的 Enabled 属性；值为 False 时，对象在程序运行时隐藏起来，用户看不见，但对象本身仍存在。

(5)Font(字体)属性：该属性用来设置输出字符的各种特性，改变文本的外观。它本身是一个对象，有自己的属性，包括字体类型(FontName)、字体大小(FontSize)、是否粗体(FontBold)、是否斜体(FontItalic)、是否加下划线(FontUnderline)等。

设置该属性时，先选定窗体(或控件)，在属性窗口单击 Font 右边的"…"按钮，弹出如图 1-12 所示的"字体"对话框，在该对话框中选择设置属性。也可以使用程序代码设置字体，在程序代码中可使用的属性如下。

①FontName：字体名称，返回或设置显示文本所用的字体，系统默认字体为宋体。可用

字体取决于系统的配置、显示设备和打印设备，与字体相关的属性只能设置为存在的字体值。
一般格式为：

对象名称.FontName [= "字体名称"]

例如：

Form1.FontName="楷体_GB2312"

设置窗体(Form1)的字体为楷体。

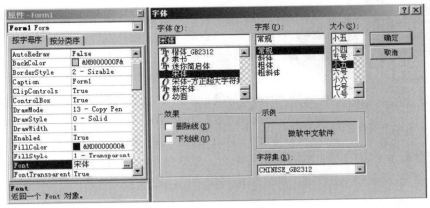

图 1-12　字体属性设置对话框

②FontSize：字体大小，返回显示文本所用的字体的大小，单位为磅。一般格式为：

对象名称.FontSize [= 点数]

例如：

Form1.FontSize = 15

设置窗体(Form1)的字体大小为 15 磅。

FontSize 的最大值为 2160 磅，在默认情况下，FontSize 为 9 磅。省略"点数"，则返回
当前字体的大小。

③FontBold：是否粗体。属性值为 True 时，文本以粗体字输出，否则按正常字体输出，
该属性的默认值为 False。一般格式为：

对象名称.FontBold [= Boolean]

④FontItalic：是否斜体。属性值为 True 时，文本以斜体字输出，否则按正常字体输出，
该属性的默认值为 False。一般格式为：

对象名称.FontItalic [= Boolean]

⑤FontUnderline：是否加下划线。属性值为 True 时，输出文本加下划线，该属性的默认
值为 False。一般格式为：

对象名称.FontUnderline [= Boolean]

⑥FontStrikethru：是否加删除线。属性值为 True 时，输出的文本加删除线(删除线即在文
本中部画一条直线)，该属性的默认值为 False。一般格式为：

对象名称.FontStrikethru [= Boolean]

上述各种属性中，方括号中的内容省略时，将返回属性的当前值；如果省略"对象名称"，则默认为当前窗体。

图 1-13　设置颜色属性

（6）ForeColor（前景色）属性：设置或返回对象的前景颜色（即正文颜色）。其值是一个十六进制常数，也可以直接在如图 1-13 所示的调色板中选择所需的颜色。

（7）BackColor（背景色）属性：设置或返回对象背景颜色（即正文以外的区域的颜色）。其值的设置与 ForeColor 相同。

（8）Left、Top（左、顶）属性：分别指定对象的左上角在容器中的横向及纵向坐标（容器的左上角为 0,0），即 Left 属性确定窗体最左端和它的容器最左端之间的距离；Top 属性确定窗体最上端和它的容器最上端之间的距离。控件的容器是窗体，窗体的容器是屏幕对象（Screen）。度量单位由容器的 ScaleMode 属性指定，默认是 twip。移动窗体时，Left 和 Top 两个属性值都会随之改变。

（9）Width、Height（宽、高）属性：该属性决定了对象的宽度和高度。度量单位由容器的 ScaleMode 属性指定，默认是 twip。其属性值的设置可以在属性窗口中进行，也可以通过代码设置，最大值由系统决定。一般格式为：

```
对象.Height [=数值]
```

或

```
对象.Width [=数值]
```

（10）MaxButton、MinButton（最大、最小化按钮）属性：决定窗体是否具有最大化和最小化按钮。MaxButton 属性为 True 时，窗体有最大化按钮，为 False 时，没有最大化按钮。MinButton 属性为 True 时，有最小化按钮；为 False 时，没有最小化按钮。要显示最大化或最小化按钮，应将 BorderStyle 属性设置为 1 或 2。当一个窗体被最大化时，最大化按钮自动变为恢复按钮。

（11）BorderStyle（边框类型）属性：用于确定窗体边框的样式。BorderStyle 属性是"只读"属性，不能在运行期间改变。表 1-1 给出了窗体对象在 BorderStyle 属性中的取值情况。

表 1-1　窗体对象的 BorderStyle 属性取值表

取值	符 号 常 数	说 明
0	vbBSNone	窗体无边框，不能移动和改变大小
1	vbFixedSingle	窗体为单线边框，可移动但不能改变大小
2	vbSizable	缺省值，窗体为双线边框，可移动和改变大小
3	vbFixedDouble	窗体为固定对话框，不能改变尺寸
4	vbFixedToolWindow	窗体外观与工具条相似，有关闭按钮，不能改变大小
5	vbSizableToolWindow	窗体外观与工具条相似，有关闭按钮，能改变大小

（12）Picture（图形）属性：用来在窗体中显示一个图形。该属性可以在属性窗口中设置，也可以通过代码由 LoadPicture 函数和其他对象的 Picture 属性设置。

（13）WindowState（窗口状态）属性：把窗体设置成在启动时最大化、最小化或正常大小。WindowsState 属性值为 0（Normal）时，窗体显示正常大小，有窗口边界；为 1（Minimized）时，窗体最小化成图标，以图标方式运行；为 2（Maximized）时，窗体显示最大化。

（14）ControlBox（控制框）属性：该属性返回或设置一个值，指示在运行时系统菜单是否在窗体中显示。设置为 True（缺省值）时，显示系统菜单；设置为 False 时，不显示系统菜单。为了显示系统菜单，还必须将窗体的 BorderStyle 属性值设置为 1（固定单边框）、2（可变尺寸）或 3（固定对话框）。该属性在运行时为只读。

（15）Icon（图标）属性：设置程序运行时，窗体处于最小化显示的图标。加载的文件必须以.ico 为扩展名。该属性可以在属性窗口中设置，也可在代码中使用 LoadPicture 函数设置或将另一个窗体的 Icon 属性赋值给当前窗体的该属性。

（16）Moveable（可移动）属性：该属性返回或设置窗体是否可以移动。其值为 True（默认值）时，窗体可以移动；为 False 时，窗体不可移动。运行时通过代码设置格式为：

```
对象名.Moveable [= Boolean]
```

（17）AutoRedraw（自动重画）属性：控制屏幕图像的重建。默认属性值为 True，表示一个窗体被其他窗体覆盖又返回到该窗体时，将自动刷新或重画该窗体上所有图形；若值为 False，必须通过事件过程来设置这一操作。

1.4.2　窗体的事件

窗体作为对象，能够对事件进行响应。窗体事件过程的一般格式为：

```
Private Sub Form_事件名([参数列表])
    ……    ' 事件过程代码
End Sub
```

无论采用什么窗体名称，在窗体事件过程中只能使用 Form 作为窗体对象名，在过程内对窗体进行引用时才会用到窗体名字。与窗体有关的常见事件有以下几种。

（1）Load（装载）事件：在窗体被装载时发生的事件。一旦装载窗体，启动应用程序就自动产生该事件。执行应用程序时，Visual Basic 调用 Form_Load 事件过程。Load 事件适用于在启动应用程序时对属性和变量的初始化。

例 1-4　下列程序段是利用 Load 事件为文本框和标签赋初始值。

```
Private Sub Form_Load()
    Text1.Text = ""                        ' Text1 文本框初始化为空
    Label1.Caption = "Visual Basic 程序设计"  ' 设置 Label1 标签的标题
End Sub
```

（2）Unload（卸载）事件：卸载窗体时触发 Unload 事件，单击窗体上"关闭"按钮也会触发该事件。卸载后的窗体被装载时，它的所有控件都要重新初始化。

（3）Click（单击）事件：在程序运行后，单击窗体时产生的事件，执行 Click 事件过程。

（4）DblClick（双击）事件：双击窗体产生 DblClick 事件，执行 DblClick 事件过程。

（5）Activate、Deactivate（活动、非活动）事件：激活窗体时发生 Activate 事件，取消该活动窗体激活另一个窗体时该窗体发生 Deactivate 事件。窗体可通过用户的操作变成活动窗体，如用鼠标单击窗体的任何部位或在代码中使用 Show 或 SetFocus 方法。

（6）Paint（绘画）事件：重新绘制一个窗体时发生 Paint 事件。当移动、放大、缩小该对象或一个覆盖该对象的窗口移动后，该窗体暴露出来，就会发生此事件。

（7）KeyPress（按键）事件：按下键盘上的某个键时，将触发 KeyPress 事件。KeyPress 事件过程的格式为：

```
Private Sub 对象名_KeyPress(KeyAscii As Integer)
    ……
End Sub
```

其中，参数 KeyAscii 返回所按键的 ASCII 码值。它能够识别 Enter（回车）、Tab、BackSpace 3 个控制键和所有的可见字符，其他控制键不能响应。KeyPress 事件可以用于其他可接收键盘输入的控件，如文本框等。

除以上事件外，窗体的常用事件还有：Resize（改变尺寸）事件、MouseDown（鼠标按下）事件、MouseUp（鼠标释放）事件、MouseMove（鼠标移动）事件、KeyDown（键按下）事件、KeyUp（键释放）事件等。鼠标和键盘事件的具体使用将在第 9 章中介绍。

1.4.3　窗体的方法

（1）Show 方法：用以显示 Form 对象。语法格式为：

```
窗体名.Show [模式]
```

调用 Show 方法时如果指定的窗体没有装载，Visual Basic 将自动装载。可选择参数"模式"确定显示窗体的状态：模式值等于 1，表示窗体状态为"模态"（指鼠标只在当前窗体内起作用，只有关闭当前窗口后才能对其他窗口进行操作）；模式值等于 0，表示窗体状态为"非模态"（指不必关闭当前窗口就可以对其他窗口进行操作）。

（2）Print 方法：用于在窗体上输出信息。

（3）Hide 方法：用于隐藏 Form 对象，但不能卸载。

隐藏窗体时，窗体从屏幕上被消失，并将其 Visible 属性设置为 False。用户无法访问隐藏窗体上的控件，但是对于运行中的 Visual Basic 应用程序，或对于 Timer 控件的事件，隐藏窗体的控件仍然可用。如果调用 Hide 方法时窗体还没有装载，Hide 方法将加载该窗体但不显示它。

（4）Move 方法：用于移动 Form 或控件。语法格式为：

```
对象.Move Left [,Top] [,Width] [,Height]
```

对象为窗体或控件名，Left 参数是必需的。但是，要指定任何其他的参数，必须先指定出现在语法中该参数前面的全部参数。

（5）Cls 方法：清除运行时窗体（或图片框）中生成的图形和文本。

例 1-5　窗体装载时，标题栏显示"装载窗体"，设置窗体上显示的文本信息为黑体、36 号、加粗字体；单击鼠标时，窗体上显示"你单击了鼠标"，标题栏显示"单击窗体"；双击鼠标时，显示"你双击了鼠标"，标题栏显示"双击窗体"；从键盘输入一个字符，在窗体上能够立即显示该字符的 ASCII 码值，标题栏显示"按键事件"。结果如图 1-14～图 1-17 所示。

在窗体属性窗口中，将 BorderStyle 的属性值设置为 4，利用调色板将窗体对象的 ForeColor 属性值设置为红色。然后编写如下事件过程：

```
Private Sub Form_Load()
    Form1.Caption = "装载窗体"
    Form1.FontName = "黑体"
```

```
    Form1.FontSize = 36
    Form1.FontBold = True
End Sub
Private Sub Form_Click()
    Form1.Cls
    Form1.Caption = "单击窗体"
    Print "你单击了鼠标"
End Sub
Private Sub Form_DblClick()
    Form1.Cls
    Form1.Caption="双击窗体"
    Print "你双击了鼠标"
End Sub
Private Sub Form_KeyPress(KeyAscii As Integer)
    Form1.Caption="按键事件"
    Form1.Cls
    Print KeyAscii     ' 显示按下键位的 ASCII 码值
End Sub
```

图 1-14 装载窗体的界面

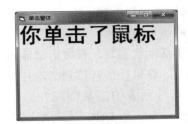

图 1-15 单击鼠标

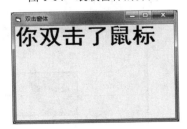

图 1-16 双击鼠标

图 1-17 按下小写字母 t

1.5 基 本 控 件

1.5.1 控件的画法、操作与命名

1. 控件的画法

设计图形用户界面时，可以使用工具箱中的各种控件，并根据需要在窗体上画出各种控件、设置控件的属性。控件的画法比较简单，可以使用两种方法：一是在工具箱中选择控件，在窗体上用鼠标拖曳；二是直接双击工具箱中的控件。与第一种方法不同的是，第二种方法所画控件的大小和位置是固定的。

每单击一次工具箱中的某个控件，只能在窗体相应位置上画一个相应的控件。如果要画多个某种类型的控件，就必须多次单击相应的控件图标。为了能单击一次控件图标后在窗体上画出多个相同类型的控件，可以按住 Ctrl 键，单击工具箱中要画的控件图标，松开 Ctrl 键，然后再画控件(一个或多个)，如图 1-18 所示。

2．控件的基本操作

用上述方法画出的控件，其大小和位置不一定能够满足要求，此时可以对控件的大小、位置进行修改。如图 1-18 所示，画完 Text2 文本框控件后，该控件的边框上显示 8 个小方块，表明该控件是"活动"的，即活动控件(或当前控件)，刚画完的控件，就是活动控件。不活动的控件不能进行任何操作，只要单击一个不活动的控件(控件内部)，就可把这个控件变为活动控件。而单击控件的外部，则把这个控件变为不活动的控件。

对多个控件进行移动、删除、设置相同属性等操作时，必须选择多个控件，通常有两种方法：一是按住 Shift 键，然后单击每个要选择的控件；二是把鼠标移到窗体的适当位置(没有控件的地方)，拖曳鼠标，画出一个虚线矩形，该矩形内或边线经过的控件被选中。在被选择的多个控件中，有一个控件的周围是实心小方块(其他是空心小方块)，这个控件称为"基准控件"。对控件进行调整大小、对齐等操作时，以"基准控件"为准。

1)控件的缩放和移动

控件处于活动状态时，直接用鼠标拖动上、下、左、右 4 个小方块，使控件在相应方向上放大或缩小。将鼠标指针移到活动控件的内部，可将控件拖拉到窗体内的任何位置。也可以通过改变属性列表中的某些属性值来改变与窗体及控件大小和位置有关的属性值，即 Width、Height、Top 和 Left，来改变控件的大小和位置。控件的位置由 Top 和 Left 确定，大小由 Width 和 Height 确定。Width、Height、Top、Left 的含义如图 1-19 所示。

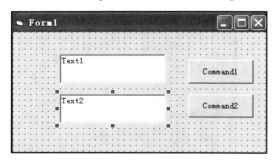

图 1-18　控件画法

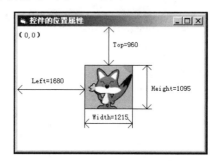

图 1-19　控件的大小和位置

2)控件的复制和删除

Visual Basic 允许对控件进行复制，选择要复制的控件，执行"复制"(Ctrl+C)命令，执行"粘贴"(Ctrl+V)命令，屏幕上将显示一个对话框，询问是否要建立控件数组，单击"否"按钮后，将选择的控件复制到窗体的左上角，再拖动到合适的位置，即完成复制。

要删除一个控件，首先将控件变为活动控件，然后按 Del 键，即可删除该控件。

3)多个控件的操作

在窗体的多个控件之间，经常要进行诸如对齐、调整、统一尺寸等操作。一般步骤是：首先选择多个控件，然后使用"格式"→"对齐"/"统一尺寸"等命令；或利用"视图"→

"工具栏"命令显示"窗体编辑器(Form Editor)"工具栏,使用其中的工具进行操作。也可以通过属性窗口修改,选择多个控件以后,在属性窗口只显示它们的共同属性。如果修改其属性值,则被选择的所有控件的属性值都将作相应的改变。

3. 控件的命名约定

每一个窗体和控件都有自己的名称,即 Name 属性值。建立窗体或控件时,系统自动给窗体或控件一个名称,如 Form1。如果在窗体上画出几个相同类型的控件,则控件名称中的序号自动增加,如文本框控件 Text1、Text2 等。同样,在应用程序中增加窗体,窗体名称的序号也自动增加,如 Form1、Form2 等。为了提高程序的可读性,最好用具有一定意义的名字作为对象的 Name 属性值。一种比较好的命名方式是用 3 个小写字母作为对象的 Name 属性的前缀。因此,一个控件的命名采取如下的方式:

控件前缀(用于表示控件的类型)+ 控件代表的意义或作用

例如,如果 Command1 命令按钮的作用是确定,可将其命名为 cmdOk,其中 cmd 是前缀,表示是一个命令按钮,Ok 表明按钮的意义是确定。

1.5.2　标签和文本框

标签(Label)和文本框(TextBox)主要用来显示文本信息。其中,标签中只能显示一小段文本信息,不能作为输入信息的界面。而文本框中既可显示文本,又可输入文本。

1. 标签

标签中的内容只能用 Caption 属性来设置或修改,不能直接编辑。通常用来标注本身不具有 Caption 属性的控件,如给文本框控件附加描述信息。

1) 标签常用属性

标签除了具有窗体及其他控件的一些共同属性,如 Name、Top、Left、Height、Width、FontName、FontSize、FontBold、FontItalic、FontUnderline、BackColor、ForeColor、Visible 等以外,还具有如表 1-2 所示的常用属性。

表 1-2　标签常用属性

属性名	属性值	说　　明
Caption	文本	显示在标签上的信息(标题)
BackStyle	0	标签背景透明,控件后的背景色和任何图像都是可见的
	1	标签背景不透明,可隐藏控件后面的所有颜色和图像
BorderStyle	0	缺省值,没有边框
	1	标签有边框
Alignment	0	缺省值,文本左对齐
	1	文本右对齐
	2	文本居中
Autosize	True	控件随 Caption 属性指定内容的大小自动改变,以显示全部内容
	False	缺省值,保持控件大小不变,超出控件区域的内容被裁剪掉
WordWrap	True	标题内容达到标签控件右边界会自动换行显示
	False	不自动换行,超出边界内容不显示

注意：WordWrap 用来决定标签标题（Caption）的显示方式，该属性只适用于标签，只在 AutoSize 属性设置为 True 时起作用。如果 AutoSize 和 WordWrap 都设置为 True，文本信息将会自动换行，而不会增加 Label 控件的大小。但有一种情况例外，即输入单词的长度大于 Label 宽度时，AutoSize 属性有更高的优先级。

2）标签常用事件

标签经常接收的事件有：单击（Click）、双击（DblClick）和改变（Change）等。但通常标签只起到在窗体上显示文本的作用，不用来触发事件过程，不必编写事件过程。例如，可以用标签为文本框、列表框、组合框等控件附加说明性或提示性信息。

图 1-20 标签控件

例1-6 在窗体上画两个标签控件，程序运行时，单击窗体，标签上显示具有浮雕效果的文字，如图 1-20 所示。

分析：使显示的文字利用白、黑色错位叠加来实现浮雕效果。为了实现错位，只要使两个标签的 Left、Top 属性值有一点差距。为了避免叠加上去的标签覆盖原来标签显示的文字，要将一个标签的 BackStyle 背景样式属性设置为 0，即透明的。两个标签的 Caption、FontSize、FontName 属性相同，其余属性如表 1-3 所示。

表 1-3 标签控件属性

Name	BorderStyle		BackStyle		ForeColor		Left、Top
Label1	1	'有边框	1	'不透明	&H0000000&	'黑	270、360
Label2	0		0		&H00FFFFFF&	'白	300、425

注意：在 Label 控件的 Caption 属性值只能输入一行文字，如需多行显示，可通过调整 Label 的宽度分行显示。表中 Left、Top 值的大小影响控件的定位，两个 Label 控件的 Left、Top 差值大小关系到错位的距离。ForeColor 是十六进制常数，设置时直接通过调色板选黑、白色就可分别获得该值。代码中可用 RGB（红、绿、蓝）或 QBColor（颜色参数）来设置，具体设置参见 1.5.5 节。本例也可以通过编写代码实现，请读者自行完成。

2．文本框

文本框（TextBox）是一个文本编辑区域，主要用于输入、编辑和显示文本内容。

1）文本框的属性

文本框控件支持的属性除 Name、Top、Left、Height、Width、FontName、FontSize、FontBold、FontItalic、FontUnderline、BackColor、ForeColor、Enabled、Visible、BorderStyle 等以外，还使用如表 1-4 所示的属性。

2）文本框常用事件和方法

文本框除支持 Click 和 DblClick 事件外，还支持 Change、KeyPress、GotFocus、LostFocus 等常用事件以及 SetFocus 方法、Move 方法。

（1）Change 事件：在文本框中每输入一个字符，或者在程序中将 Text 属性设置为新值时，触发该事件。

（2）KeyPress 事件：按下并且释放键盘上的一个键时，会引发控件的 KeyPress 事件。

（3）GotFocus 事件：文本框获得输入焦点（即处于活动状态）时，触发该事件；获得焦点可以通过 Tab 键切换，或单击对象等动作，或在代码中用 SetFocus 方法改变焦点来实现。只有当一个文本框被激活并且可见性设置为 True 时，才能接收到焦点。

（4）LostFocus 事件：用 Tab 键或用鼠标选取窗体上的其他对象而离开该文本框时，触发该事件。

表 1-4　文本框常用属性

属性名	属性值	说　　　明
Text	字符型	文本框无 Caption 属性，显示的文本内容存放在 Text 属性中。程序执行时，用户通过键盘编辑正文。其一般格式为：　对象名.Text="字符串"
MaxLength	数值型	设置允许在文本框中输入的最大字符数。默认值为 0，该单行文本框中字符串的长度只受操作系统的限制，多行文本字符数不能超过 32KB。长度超过设置值的文本从代码中赋给文本框，不会发生错误，但是超过长度的字符被截去
Multiline	True	允许输入多行文本，文本长度超过文本框的右边界时，自动换行，也可以按 Enter 键，按 Ctrl+Enter 键插入一个空行
	False	只能输入一行文本，超出文本框宽度的部分被截去
Alignment 运行时 不可修改	0	文字在文本框中左对齐
	1	文字在文本框中右对齐
	2	文字在文本框中居中
Locked	True	不能编辑文本框的文本内容，只能显示，在文本框中可以使用"复制"命令，但不能使用"剪切"和"粘贴"命令
	False	能够编辑文本框的文本内容
SelStart 运行时设置	数值型	返回或设置在文本框中所选择文本的起始点。没有文本选中，则指出插入点的位置。系统设定文本第一个字符之前的位置为 0
SelText 运行时设置	字符型	返回或设置包含当前所选择文本的字符串。如果没有字符被选中，则为零长度字符串（""）
SelLength 运行时设置	数值型	返回或设置当前所选择的字符数。如果该属性设置为 0，表示未选中任何文本
PassWordChar	字符型	用于口令输入。返回或设置一个值，该值指示键入的字符在文本框中的显示方式。默认值为空字符串，此时输入的字符按原样显示在文本框。如为非空字符，则在文本框中输入的字符用该非空字符显示在文本框中，但实际内容仍为文本框中输入的内容。只有 MultiLine 属性为 False 时，PassWordChar 属性才起作用
ScrollBars	0	缺省值，没有滚动条
	1	只有水平滚动条，MultiLine 属性必须设置为 True
	2	只有垂直滚动条，MultiLine 属性必须设置为 True
	3	同时具有水平和垂直滚动条，MultiLine 属性必须设置为 True

1.5.3　命令按钮

命令按钮（CommandButton）用于接收用户的操作信息，并触发应用程序的某些操作。在应用程序界面中，命令按钮直观形象，操作方便，是应用程序开发人员的首选控件。

1. 命令按钮控件的常用属性

命令按钮的属性除了 Name、Top、Left、Height、Width、FontName、FontSize、FontBold、FontItalic、FontUnderline、BackColor、ForeColor、Enabled、Visible 等以外，它还有如表 1-5 所示的一些主要属性。

表 1-5　命令按钮常用属性

属性名	属性值	说　　明
Caption	字符型	最多包含 255 个字符，超过字符部分被截掉。在想要指定为快捷键的字符前加一个"&"符号，可以在 Caption 属性中为控件指定快捷键。例如，将"结束"命令按钮的 Caption 属性值为设置快捷键 Alt+E，则其 Caption 属性应设置为"结束(&E)"，运行时按下 Alt+E 键和单击"结束"按钮的功能相同，"&"符号只出现在属性窗口，不会在命令按钮上显示出来
Cancel	逻辑型	属性为 True 时，按 Esc 键触发该命令按钮的 Click 事件；否则不响应该事件
Default	逻辑型	该属性为 True 时，不管窗体上的哪个控件具有焦点，只要用户按了 Enter 键，就触发命令按钮的 Click 事件，相当于单击缺省按钮；否则不响应该事件
Style	数值型	运行时只读，返回或设置一个值，用来设置命令按钮控件的显示类型和行为
Picture	图形	返回或设置控件中要显示的图像，使用该属性时必须把 Style 属性设置为 1
Value	True	无论何时选定命令按钮都会将其 Value 属性设置为 True 并触发 Click 事件
	False	缺省，表示未选择按钮

2．命令按钮的事件和方法

命令按钮最常用的事件是 Click 事件，但不支持 DblClick 事件。当单击一个命令按钮或该命令按钮的 Value 为 True 时，触发 Click 事件。命令按钮常用的方法是 SetFocus。

1.5.4　焦点与 Tab 顺序

焦点与 Tab 顺序是使用 Visual Basic 控件接收用户输入时的相关概念。窗体、文本框、命令按钮的默认选择等都与此有关。

1．焦点

焦点(Focus)是接收用户鼠标或键盘输入的能力。当对象具有焦点时，可接收用户的输入；当对象得到或失去焦点时，会产生 GotFocus 或 LostFocus 事件。窗体和多数控件支持这些事件。其中，GotFocus 事件在对象得到焦点时发生；LostFocus 事件在对象失去焦点时发生。LostFocus 事件过程主要用来对更新进行证实和有效性检查，或用于修正或改变在对象的GotFocus 过程中建立的条件。常见的给对象赋予焦点的方法如下：

(1)运行时选择对象。

(2)运行时用快捷键选择对象。

(3)在代码中用 SetFocus 方法。

有些对象是否具有焦点是可以看出来的，例如，当命令按钮、复选框、单选按钮等控件具有焦点时，标题周围的边框将突出显示；当文本框具有焦点时，在文本框中有闪烁的插入光标，如图 1-21 所示。并不是所有控件都可以接收焦点，如 Label、Frame、Menu、Line、Shape、Image和 Timer 等控件就不能接收焦点。窗体只有在包含任何可以接收焦点的控件时，才可接收焦点。

图 1-21　具有焦点的命令按钮和文本框

在窗体的 Load 事件完成前，窗体或窗体上的控件是不可见的，因此，不能直接在 Form_Load 事件过程中使用 SetFocus 方法把焦点移到正在装入的窗体或窗体的控件上。必须先使用 Show 方法显示窗体，然后才能对该窗体或窗体上的控件设置焦点。例如，在窗体上创建一个文本框，编写如下代码：

```
Private Sub Form_Load()
    Text1.SetFocus
End Sub
```

程序运行后，显示出错信息。

在设置焦点前，必须使对象可见。所以，正确的代码编写应为：

```
Private Sub Form_Load()
    Form1.Show
    Text1.SetFocus
End Sub
```

下列方法可以使对象失去焦点：

(1)用 Tab 键移动或用快捷键，也可以用鼠标单击另一个对象。

(2)在代码中对另一个对象使用 SetFocus 方法改变焦点。

注意：只有当对象的 Enabled 和 Visible 属性为 True 时，它才能接收焦点。Enabled 属性允许对象响应由用户产生的事件，如键盘和鼠标事件。Visible 属性决定了对象在屏幕上是否可见。

2. Tab 顺序

Tab 顺序就是在程序运行过程中，按下 Tab 键时，焦点在控件间移动的顺序。通常，Tab 顺序与建立这些控件的顺序相同。假设建立了两个名称为 Text1 和 Text2 的文本框，然后又建立了一个名称为 Command1 的命令按钮。应用程序启动时，Text1 具有焦点。按 Tab 键将使焦点按控件建立的顺序在控件间移动，其顺序是 Text1→Text2→Command1→Text1→……如此循环，如图 1-22 所示。

设置 TabIndex 属性将改变一个控件的 Tab 键顺序。控件的 TabIndex 属性决定了它在 Tab 键顺序中的位置。第一个建立的控件其 TabIndex 值缺省为 0，第二个的 TabIndex 值为 1，以此类推。改变一个控件 Tab 键的顺序位置，Visual Basic 自动为其他控件的 Tab 键顺序位置重新编号，以反映插入和删除。例如，要使图 1-22 中的 Command1 变为 Tab 键顺序中的首位，其他控件的 TabIndex 值将自动向上调整，如表 1-6 所示。

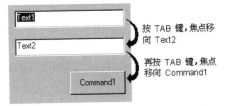

图 1-22　Tab 键顺序

表 1-6　控件及变化前后的 TabIndex 属性值

控件	变化前的 TabIndex 值	变化后的 TabIndex 值
Text1	0	1
Text2	1	2
Command1	2	0

TabIndex 的值从 0 开始，因此 TabIndex 的最大值总是比 Tab 顺序中控件数目少 1。不能获得焦点的控件以及无效的和不可见的控件不具有 TabIndex 属性，所以不包含在 Tab 键顺序

中，按 Tab 键时，这些控件将被跳过。TabIndex 属性可以在设计阶段由属性窗口设置，也可以在运行时通过代码改变。

可以获得焦点的控件都有 TabStop 属性，它可以控制焦点的移动。通常，运行时按 Tab 键能选择 Tab 顺序中的每一个控件，将控件的 TabStop 属性设置为 False，便可将此控件从 Tab 键顺序中删除。TabStop 属性已设置为 False 的控件，仍然保持它在实际 Tab 顺序中的位置，只不过在按 Tab 键时这个控件被跳过。TabStop 属性的默认值为 True。

例 1-7　3 个文本框中显示不同的文字效果。在第一个文本框中输入文字时，另外两个文本框中显示同样的内容，但显示的字号和字体不同。单击"清除"按钮时则清除 3 个文本框中的内容，等待下次重新输入。

(1) 创建应用程序的用户界面与设置对象属性。首先在窗体上添加 3 个标签 Label1、Label2、Label3，3 个文本框 Text1、Text2、Text3 和两个命令按钮 Command1、Command2。3 个标签的 Caption 属性分别为"输入文字""18 号黑体字"和"24 号楷体字"，两个命令按钮的 Caption 属性分别为"清除"和"结束"，界面如图 1-23 所示。3 个文本框的 Text 属性值为空，文本框 Text1 的 TabIndex 值为 0(也可以在代码用 Text1.TabIndex=0 设置)，以使程序运行时文本框 Text1 首先获得焦点。

(2) 编写程序代码。

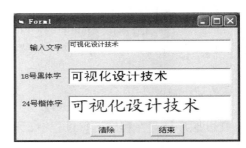

图 1-23　例 1-7 程序运行后界面

```
Private Sub Form_Load()
    Text2.FontName = "黑体"
    Text2.FontSize = 18
    Text3.FontName = "楷体_GB2312"
    Text3.FontSize = 24
End Sub
Private Sub Text1_Change()
    Text2.Text = Text1.Text
    Text3.Text = Text1.Text
End Sub
Private Sub Command1_Click()         ' "清除"按钮
    Text1.Text = ""                  ' 清除文本框 Text1 的内容
    Text2.Text = ""                  ' 清除文本框 Text2 的内容
    Text3.Text = ""                  ' 清除文本框 Text3 的内容
    Text1.SetFocus                   ' 设置焦点
End Sub
Private Sub Command2_Click()         ' "结束"按钮
    Unload Me
End Sub
```

1.5.5　颜色代码设置

在 1.4.1 节中已经介绍了利用调色板设置对象颜色的方法。Visual Basic 中颜色属性还可利用 RGB 函数、QBColor 函数、颜色常量来进行设置。

1. 使用 RGB 函数

RGB 是 R(红色)、G(绿色)、B(蓝色)的缩写，RGB 函数通过三原色的值设置一种混合颜色。RGB 函数格式如下：

RGB(红色值，绿色值，蓝色值)

3 个参数的值均为 0～255 的整数，代表混合颜色中每一种原色的亮度。0 表示亮度最低，255 表示亮度最高。其 3 种颜色的组合如表 1-7 所示。例如：

```
Text1.ForeColor=RGB(0,0,255)           '设置文本框前景颜色为蓝色
```

表 1-7　常见标准颜色 RGB 组合值

颜色	红色值	绿色值	蓝色值	颜色	红色值	绿色值	蓝色值
黑色	0	0	0	红色	255	0	0
蓝色	0	0	255	洋红色	255	0	255
绿色	0	255	0	黄色	255	255	0
青色	0	255	255	白色	255	255	255

2. 使用 QBColor 函数

Visual Basic 保留了 QBasic 的 QBColor 函数，该函数用一个整数值对应 RGB 的常见颜色值。QBColor 函数的格式为：

```
QBColor(颜色值)
```

其中，参数"颜色值"的取值范围为 0～15，可表示 16 种颜色，如表 1-8 所示。例如：

```
Form1.ForeColor=QBColor(3)             '设置窗体前景颜色为青色
```

表 1-8　QBColor 颜色对应表

颜色参数	颜色	颜色参数	颜色
0	黑色	8	灰色
1	蓝色	9	亮蓝色
2	绿色	10	亮绿色
3	青色	11	亮青色
4	红色	12	亮红色
5	洋红色	13	亮洋红色
6	黄色	14	亮黄色
7	白色	15	亮白色

3. 使用颜色常量

Visual Basic 定义了一些颜色符号常数(常量)，包括 8 种常用颜色和 Windows 控制面板使用的系统颜色。表 1-9 给出了一些常用的颜色常量。例如：

```
Label1.BackColor= vbBlue               '设置标签背景颜色为蓝色
```

有时直接使用颜色设置值来指定颜色，颜色值用十六进制值表示，例如：

```
Form1.BackColor= &HFFFFFF              '设置窗体背景颜色为白色
```

表 1-9　常用颜色常量

颜色常量	十六进制数值	颜色	颜色常量	十六进制数值	颜色
vbBlack	&H0	黑色	vbRed	&HFF	红色
vbBlue	&HFF0000	蓝色	vbMagenta	&HFF00FF	洋红色
vbGreen	&HFF00	绿色	vbYellow	&HFFFF	黄色
vbCyan	&HFFFF00	青色	vbWhite	&HFFFFFF	白色

1.6　创建 Visual Basic 应用程序的基本步骤

Visual Basic 的最大特点是能够快速、高效地开发具有良好用户界面的应用程序。一般来说，用 Visual Basic 创建应用程序，大致分为两大部分：设计用户界面和编写程序代码，用户界面设计又包括建立对象和对象属性设置两部分。具体来说，需要以下 4 步：

(1) 建立可视用户界面(创建应用程序的用户界面，即添加对象)。

(2) 设置可视界面属性(设置对象属性)。

(3) 编写程序代码。

(4) 保存和运行程序。

下面通过一个简单例子来具体说明上述过程。

例1-8　设计一个应用程序，要求程序运行时窗体的标题为"系统登录"，提示用户在文
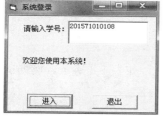
本框中输入学号(如 201571010108)，单击"进入"命令按钮，窗体上显示"欢迎您使用本系统!"，单击"退出"命令按钮时，结束程序。运行后，单击"进入"命令按钮后的界面如图 1-24 所示。

图 1-24　运行后的界面

分析：该例的程序界面应包括 6 个对象，即一个窗体、两个标签(用于输出提示信息和欢迎信息)、一个文本框(用于输入学号)和两个命令按钮(分别是"进入"和"退出")。

1．建立可视用户界面

1) 新建一个工程

启动 Visual Basic 后，在如图 1-1 所示的"新建工程"对话框中选择"标准 EXE"，然后单击"打开"按钮；或者在如图 1-2 所示的 Visual Basic 窗口中选择"文件"→"新建工程"命令，均可建立新的工程，进入 Visual Basic 的集成开发环境。

2) 添加对象，调整对象位置和大小

单击工具箱中的标签控件，在窗体的适当位置添加标签控件，标签内自动标有 Label1；再单击标签控件，在窗体的适当位置添加标签控件(用于显示欢迎信息)，此标签内自动标有 Label2；单击工具箱中的文本框图标，在窗体的适当位置画出文本框控件，此时文本框内自动标有 Text1；单击工具箱中的命令按钮图标，在窗体的适当位置分别添加两个命令按钮，按钮的标题自动设置为 Command1 和 Command2。用户界面设计完成后，可以根据窗体的大小等因素，对每个对象的大小、位置进行适当调整。

2．设置可视界面属性

用户界面上的每个对象都有默认属性，如 Caption 属性，窗体对象为 Form1，第一个命令按钮为 Command1 等。为了使界面符合要求，应当对每个对象的属性进行修改。本例中，各控件的属性设置方案如表 1-10 所示。

注意：本例采用默认的 Tab 顺序，程序运行时，Text1 首先获得焦点。如果想改变 Tab 键顺序，或者在窗体上画这些控件的顺序与本题次序不一致，则需要重新设置对象的 TabIndex

属性值。表中的属性也可以在事件过程中利用代码设置。同时，还可以根据需要选择各个对象的其他属性进行设置。设置属性后的用户程序界面如图 1-25 所示。

表 1-10　对象属性设置表

默认对象名称	属性名称	属性设置值	默认对象名称	属性名称	属性设置值
Form1	Caption	系统登录	Label2	Caption	空
Label1	Caption	请输入学号：	Command1	Caption	进入
Text1	Text	空	Command2	Caption	退出

3．编写程序代码

Visual Basic 采用事件驱动机制，其程序代码是针对某个对象事件编写的，每个事件对应一个事件过程。代码窗口是编写应用程序代码的地方，其组成如图 1-7 所示。无论窗体的名称如何修改，窗体的对象名（Name 属性名）总是 Form。本例需要编写针对两个命令按钮的事件过程，打开代码窗口，在代码窗口中编写代码的步骤如下：

（1）在对象下拉列表框中，选定一个对象名 Command1。然后，在过程下拉列表中选中 Click 事件。也可以双击 Command1（进入）按钮，直接进入事件过程 Command1_Click 代码编辑状态。该过程的代码如下：

```
Private Sub Command1_Click()
    Label2.Caption="欢迎您使用本系统！"
End Sub
```

（2）设置 Command2（退出）的单击事件，其代码如下：

```
Private Sub Command2_Click()
    End
End Sub
```

设置完成后的事件代码窗口如图 1-26 所示。

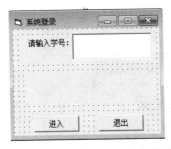

图 1-25　设置属性后的程序界面

图 1-26　设置完成后的事件代码窗口

4．程序保存与运行

1）程序保存

设计好的应用程序在进行初步检查没有错误后，通常采用先保存，再运行调试的方法。保存工程就是以文件的方式将工程文件保存到磁盘上。可通过"文件"→"保存工程"或"工程另存为"命令，也可直接单击工具栏上的"保存"工具按钮，将打开如图 1-27 所示的"文件另存为"对话框。

由于一个工程可能含有多种文件，这些文件集合在一起才能构成应用程序。保存工程时，系统会提示保存不同类型文件的对话框，这样就有选择存放位置的问题。一般在保存工程时将同一工程所有类型的文件存放在同一文件夹中，以便修改和管理程序文件。

在"文件另存为"对话框中，默认窗体文件(*.frm)名为"Form1.frm"，本例中为"例1-8.frm"。窗体文件存盘后系统会自动弹出"工程另存为"对话框，默认工程文件(*.vbp)名为"工程 1.vbp"，如图 1-28 所示。本例中为"例 1-8.vbp"。

图 1-27 "文件另存为"对话框

图 1-28 "工程另存为"对话框

2）程序运行

运行程序的目的是输出结果和发现错误。Visual Basic 环境中，程序执行可以是解释方式，也可以是编译方式。

（1）解释方式：选择"运行"→"启动"命令，或单击工具栏上的"启动"工具按钮，或按 F5 功能键都可启动该程序。在文本框内输入信息后，单击"进入"命令按钮，出现如图 1-24 所示的界面。

（2）编译方式：选择"文件"→"生成例 1-8.exe"命令，出现如图 1-29 所示的"生成工程"对话框。默认的可执行文件名与工程文件名相同，其扩展名为.exe，可以在该对话框中改名，但扩展名必须为.exe。文件名确定后，单击"确定"按钮，即可生成可执行文件。该文件可以在 Windows 环境下直接运行。

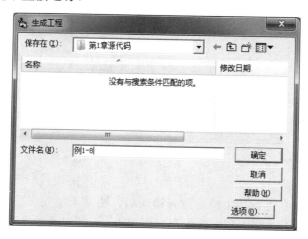

图 1-29 "生成工程"对话框

如果对显示效果不满意，可返回窗体设计窗口进行修改。单击标题栏上的"结束"按钮或窗体上的"退出"按钮，即可关闭该窗口，结束运行，返回窗体设计窗口。

1.7　Visual Basic 工程的组成与管理

在 Visual Basic 中，一个应用程序总是对应着一个或几个工程，所以 Visual Basic 通过工程来管理应用程序中的所有文件，工程是 Visual Basic 应用程序的基本单位。

1.7.1　Visual Basic 工程的组成

1. Visual Basic 工程中的文件

工程(Project)文件就是与该工程有关的全部文件和对象的清单，也是所设置的环境选项方面的信息。每次保存工程时，这些信息都要被更新。所有这些文件和对象也可供其他工程共享。一个工程往往包括 7 种类型的文件。

1) 工程文件(.vbp)和工程组文件(.vbg)

一个工程对应一个工程文件，该文件保存组成工程的所有文件与对象清单，以及对编程环境的设置。当一个程序中包含两个及两个以上工程，这些工程组成一个工程组。一般情况下，一个工程代表一个应用程序，一个应用程序也可以由一个工程组内的多个工程构成。

在工程组中添加工程的基本过程是：单击"文件"→"添加工程"命令，在"添加工程"对话框中选择工程类型后，单击"打开"按钮，即可看到如图 1-30 所示的工程组结构。多个工程组成的工程组中必须有一个工程为启动工程，在图 1-30 的工程资源管理器窗口中，在要设置为启动工程的工程名处单击鼠标右键，在弹出的快捷菜单中选择"设置为启动"命令，则该工程就被指定为启动工程。

图 1-30　工程组示例

2) 窗体文件(.frm 文件)

该文件存储窗体上使用的所有控件对象和有关的属性、对象的事件过程、程序代码等。一个工程可以包含多个窗体，多个窗体必须有一个窗体是启动窗体。关于多窗体将在第 7 章介绍。

3) 标准模块文件(.bas 文件)

用来保存所有模块级变量和用户自定义的通用过程。该文件是可选项。

4) 类模块文件(.cls 文件)

Visual Basic 中提供了大量预定义的类，同时允许用户自定义类，并用类模块建立自己的对象，类模块包含用户对象的属性及方法，每个类都用一个文件保存。该文件是可选项。

5) 资源文件(.res)

资源文件中可以存放多种资源(如文本、图像、声音等)的文件。一个工程最多包含一个资源文件。该文件是可选项。

6) 窗体二进制数据文件(.frx 文件)

若窗体或控件的数据中含有二进制属性(如图像或图标)，则在保存窗体文件时，系统自动产生该类文件。

7）ActiveX 控件的文件（.ocx 文件）

该文件可以添加到工具箱并在窗体中使用。

此外，Visual Basic 还包括用户文档文件（.dob）、ActiveX 文档二进制文件（.dox）等。

表 1-11 给出了 Visual Basic 工程中文件的类型及含义。

表 1-11　工程文件类型及意义

文件扩展名	文件类型说明	文件扩展名	文件类型说明
.bas	标准模块文件	.log	装载错误日志文件
.cls	类模块文件	.oca	控件类库存
.ctl	用户控件文件	.pag	属性页文件
.ctx	用户控件二进制文件	.pgx	二进制属性页文件
.dca	活动设计器缓存文件	.res	资源文件
.ddf	包和开发向导 CAB 信息文件	.tlb	远程自动类库
.dep	包和开发向导从属文件	.vbg	工程组文件
.dob	ActiveX 文档窗体文件	.vbl	控件许可文件
.dox	ActiveX 文档二进制文件	.vbp	工程文件
.dsr	活动设计器文件	.vbr	远程自动注册文件
.dsx	活动设计器二进制文件	.vbw	工程工作区文件
.dws	开发向导脚本文件	.vbz	向导启动文件
.frm	窗体文件	.wct	Web 类 HTML 模板文件
.frx	二进制窗体文件		

上述工程文件中，最常用的文件有：窗体文件、标准模块文件、类模块文件、资源文件、用户控件文件、用户文档等。在编译应用程序时，所有设计阶段建立的文件都包含在运行阶段的可执行文件中。运行阶段的文件类型如表 1-12 所示。

表 1-12　运行阶段文件类型及意义

文件扩展名	文件类型说明	文件扩展名	文件类型说明
.dll	内部连接执行的 ActiveX 部件	.vbd	ActiveX 文档状态
.exe	可执行文件或 ActiveX 部件文件	.wct	Web 类 HTML 模板文件
.ocx	ActiveX 控件文件		

2.　Visual Basic 工程结构

模块（Module）是相对独立的程序单元。Visual Basic 中常见的模块有窗体模块、标准模块和类模块 3 种。下面将 Visual Basic 中的模块简单罗列，使读者对模块有一个总体认识，具体应用将在第 7 章中介绍。

（1）窗体模块。窗体模块（.frm）包含窗体及其控件的正文描述、属性设置，也含有窗体级的常数、变量和外部过程的声明、事件过程和一般过程。

（2）标准模块。标准模块（.bas）包含类型、常量、变量、外部过程和公共过程的公共的或模块级的声明。

（3）类模块。类模块（.cls）与窗体模块类似，只是没有可见的用户界面。可以使用类模块创建含有方法和属性代码的对象。

（4）ActiveX 文档。ActiveX 文档（.dob）类似于窗体，在 Internet 浏览器中可以显示。

（5）模块用户控件。模块用户控件（.ctl）和属性页（.pag）模块类似于窗体，可用于创建 ActiveX 控件及其属性页。

（6）部件。除文件和模块外，还有几个其他类型的部件可以添加到工程中。ActiveX 控件（.ocx）是可选的控件，可以被添加到工具箱中并在窗体里使用。

（7）可插入对象。可插入对象是用于集成方案时的部件。例如，Microsoft Excel 工作表对象，一个集成方案可以包含由不同的应用程序创建的不同格式的数据。

（8）引用。可以添加能被应用程序使用的外部 Active X 部件的引用。通过选择"工程"→"引用"命令，在打开的"引用"对话框使用指定的引用。

（9）ActiveX 设计器。Active X 设计器是类的设计工具，从类出发可以创建对象。窗体的设计界面是缺省的设计器。从其他的源可取得附加的设计器。

1.7.2　Visual Basic 工程管理

Visual Basic 使用工程管理应用程序中的所有文件。包括工程的创建、打开、保存，在工程中添加、删除和保存文件，添加、删除控件，以及运行程序和制作可执行文件等。

1．创建、打开、保存和关闭工程

1）创建工程

创建一个新的工程有两种方法：

（1）启动 Visual Basic 后，在如图 1-1 所示的"新建工程"对话框中选择"标准 EXE"。

（2）在 Visual Basic 集成开发环境中，单击"文件"→"新建工程"命令（或按 Ctrl+N 组合键），在"新建工程"对话框中选择需要新建的工程类型。

注意：使用方法（2）时，系统会自动关闭当前工程，并提示用户保存修改过的文件，然后创建新工程。

2）打开工程

打开一个现有工程，一般有以下 3 种方法。

（1）菜单方式：在 Visual Basic 集成开发环境中，单击"文件"→"打开工程"命令（或按 Ctrl+O 组合键），在"打开工程"对话框中选择要打开的工程。

（2）单击"工具栏"的"打开工程"工具按钮。

（3）在 Windows 文件夹窗口中双击一个已有的工程文件图标。

注意：使用方法（1）时，系统会自动关闭当前工程，并提示用户保存修改过的文件，然后打开新工程。也可以在"打开工程"对话框的"现存"选项卡中，从硬盘上找到要打开工程的工程文件。如果要打开的工程曾经打开过，那么在"打开工程"对话框的"最新"选项卡中找到该工程，打开即可（"最新"选项卡中记录着最近曾经打开过的所有工程）。

3）保存工程

单击"文件"→"保存工程"（或工程另存为）命令（或单击工具栏上的"保存"工具按钮），系统会自动打开"文件另存为"对话框，提示保存窗体文件。保存窗体后弹出"文件另存为"对话框，提示保存工程文件。随后弹出 Source Code Control 对话框，询问是否把当前工程添加到 Microsoft 的版本管理器中，选择 No 即可。如果计算机上没有安装 Microsoft Visual SourceSafe 则不会出现 Source Code Control 对话框。

4) 关闭工程

单击"文件"→"移除工程"命令，或在"工程资源管理器"窗口中选择工程，单击鼠标右键，在快捷菜单中选择"移除工程"命令，可以关闭当前工程。

2．添加、删除和保存文件或控件

1) 添加文件

向工程中添加文件(如窗体文件)的步骤是：选择"工程"→"添加文件"(添加窗体)命令，打开"添加文件"(添加窗体)对话框，在该对话框中选择新建一个文件或添加一个现存的文件。

2) 删除文件

在工程资源管理器窗口中选中要删除的文件，然后单击鼠标右键，在弹出菜单中单击"移除***"命令。或选择"工程"→"移除***"命令(***表示文件名，下同)。

3) 保存文件

在工程资源管理器窗口中选中要保存的文件，单击鼠标右键，在弹出菜单中单击"保存***"命令。或选择"工程"→"保存***"命令。

4) 添加、删除控件

Visual Basic 并没有把所有的控件放到工具箱内供工程使用。如果工程中使用工具箱内不存在的控件时，需要手动添加。而且 Visual Basic 允许把计算机上注册的任何 ActiveX 控件和可插入对象添加到工具箱中(也就相当于添加到工程中)。删除控件和添加控件的操作基本一致，只不过把原来"控件"选项卡中选中的控件复选框去掉对勾(√)而已。

3．运行程序及制作可执行文件

应用程序设计完成以后，需要运行调试，以便实现最终目标。Visual Basic 提供了两种运行程序方式：解释运行方式和编译运行方式。1.6 节中已经介绍，在此不赘述。

4．设置工程选项

Visual Basic 允许通过设置一些属性自定义每个工程。使用如图 1-31 所示的"工程属性"对话框(单击"工程"→"工程属性"命令)可进行工程选项属性设置，设置将被保存在工程文件(.vbp)中。

5．使用向导

向导通过提供具体任务帮助的方法，使 Visual Basic 的使用更加容易。例如，Visual Basic 所包含的应用程序向导通过提出一系列问题和选择的方法，为创建应用程序框架的工作提供帮助。它根据选择生成窗体和窗体后面的代码，需做的全部事情是为特有的功能添加代码。Visual Basic 的专业版和企业版包含一些其他向导，其中有创建用于数据库的窗体的数据窗体向导和在 Internet 的应用程序中用于变换窗体的 ActiveX 文档向导。

使用外接程序管理器可安装或删除向导。一旦安装，它们将作为"外接程序"菜单上的选项出现。某些向导也能够以图标的形式出现在有关的对话框中。例如，可使用"新建工程"对话框中的"应用程序向导"图标访问"应用程序向导"。

启动"应用程序向导"，可以单击"外接程序"→"应用程序向导"菜单命令，或者单击"文件"→"新建工程"→"应用程序向导"图标。

6．应用程序制作成安装盘

为了使应用程序能够在脱离 Visual Basic 的 Windows 环境中运行，可将应用程序制作成安装盘。Visual Basic 提供"打包和展开"向导工具帮助完成。选择"开始"→"程序"→"Microsoft Visual Basic 6.0 中文版"→"Microsoft Visual Basic 6.0 中文版工具"→"Package & Deployment 向导"菜单命令，打开如图 1-32 所示的对话框。在该对话框中，有 3 个图标按钮，分别是"打包""展开"和"管理脚本"。其中，"打开"是将工程用到的各类文件进行打包压缩后，存放在特定文件夹中；"展开"是把打包的文件展开到用户可以携带的、用来安装的载体上；脚本用来记录打包和展开过程中的设置，以便重复使用，脚本的重命名、复制、删除等工作由"脚本管理"完成。

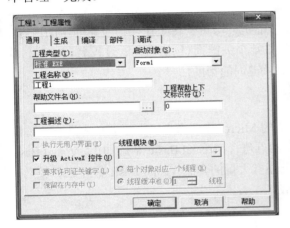

图 1-31　"工程属性"对话框

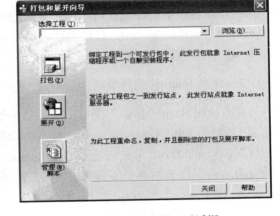

图 1-32　"打包和展开向导"对话框

使用"Package & Deployment 向导"具体步骤如下：

（1）在"选择工程"输入.vbp 文件名称，或者单击"浏览"按钮选择.vbp 文件。然后，单击"打包"图标按钮。

（2）将选择的.vbp 文件生成应用程序的可执行文件，如果已经编译并生成了可执行文件，向导会跳过这一步，否则提示生成。

（3）选择生成包类型。生成包有标准安装包和相关文件两种类型，一般选择"标准安装包"。"标准安装包"专门为 setup.exe 程序设计，而"相关文件"仅创建可以和部件一起分发的从属文件（.dep）。

（4）在硬盘中建立或选择目录来存放包，并选择向包中添加文件或删除不需要的文件。如果安装到没有 Visual Basic 系统的计算机上，一般不修改。

（5）确定安装程序的发行类型。确定是将应用程序部件包装成一个大的压缩 cabinet（.cab）文件，还是将包拆分成一系列小的.cab 文件。

（6）定义安装程序标题，确定安装进程要创建的启动菜单群组和项目，选择安装包中的文件的位置。

（7）选择安装后可共享的文件。

(8)输入安装脚本名，将安装设置保存。单击"完成"按钮，打包结束。

单击"展开"图标按钮可以将安装程序包分发出去。展开的实质是将打包结果复制一份到展开目录。展开时，在出现的对话框中依次选择打包的脚本名、展开方法和展开脚本。

1.7.3　Visual Basic 帮助系统

Microsoft Visual Studio 中的 MSDN Library 是一个包含 Visual Basic 帮助信息的全面帮助系统，该系统安装完成后，在 Visual Basic 可以直接调用该帮助系统。

1. 帮助命令的使用

单击"帮助"→"Microsoft Visual Basic 帮助主体"菜单命令，或者选择"目录"命令及"索引"命令，将显示"帮助"。

2. 编辑时使用语言帮助

用户在窗口中进行工作时，按键盘上的 F1 功能键，即可获得正在操作对象的帮助内容。

同样，在代码窗口中，只要将插入点光标置于某个关键词(包括语句、过程名、函数、事件等)之上，然后按 F1 功能键，系统就会列出此关键词的帮助信息。

3. 使用 Internet 获得帮助

在 Visual Basic "帮助"菜单中选择"Web 上的 Microsoft"命令，在子菜单中选择合适的选项；地址为 http://www.microsoft.com/vbasic/的站点包含：Visual Basic 基础知识、Visual Basic 软件库、Visual Basic 常见问题等。在 Internet 上还有大量的介绍 Visual Basic 程序设计技巧、经验的站点，许多站点上还有例子及源程序下载。

习　　题

一、选择题

1. 可视化程序设计强调的是(　　)。

A. 过程的模块化　　　B. 控件的模块化　　　C. 对象的模块化　　　D. 程序的模块化

2. Visual Basic 程序设计采用的是(　　)编程机制。

A. 可视化　　　　　　B. 面向对象　　　　　C. 事件驱动　　　　　D. 过程结构化

3. Visual Basic 中，通过(　　)属性来设置字体的颜色。

A. ForeColor　　　　　B. ClipControl　　　　C. BackColor　　　　　D. FontsColor

4. 在窗体支持的事件中，由系统自动触发的事件是(　　)事件。

A. Load 和 Unload　　　　　　　　　　B. Click 和 DblClick

C. Load 和 Initialize　　　　　　　　　D. MouseDown 和 MouseUp

5. 单击窗体上的关闭按钮，将触发(　　)事件。

A. Form_Load()　　　B. Form_Initialize()　C. Form_Click()　　　D. Form_Unload()

6. 决定窗体上有无控制菜单的属性是(　　)。

A. MinButton　　　　　B. MaxButton　　　　C. ControlBox　　　　D. WindowState

7. 要使标签能够显示所需要的文本，则在程序中应设置（　　）的属性值。

  A．Caption   B．Text   C．Name   D．AutoSize

8. 能够用于识别对象名称的属性是（　　）。

  A．Caption   B．Name   C．Text   D．Value

9. 将文本框的（　　）属性设置为 True，则运行时不能修改文本框中的内容。

  A．Enabled   B．Visible   C．Locked   D．MultiLine

10. 要使一个命令按钮成为图形命令按钮，则应设置其（　　）属性值。

  A．Picture   B．DownPicture C．Style   D．LoadPicture

11. 如果将 PasswordChar 属性设置为一个字符，如星号(*)，运行时，文本框中输入的字符仍然显示出来，而不是显示星号，原因可能是（　　）。

  A．文本框的 MultiLine 属性值为 True   B．文本框的 MultiLine 属性值为 False

  C．文本框的 Locked 属性值为 True   D．文本框的 Locked 属性值为 False

12. 窗体上有名称为 Command1 的命令按钮和名称为 Text1 的文本框。

```
Private Sub Command1_Click()
    Text1.Text="程序设计"
    Text1.SetFocus
End Sub
Private Sub Text1_GotFocus()
    Text1.Text="Visual Basic"
End Sub
```

运行以上程序，单击命令按钮后（　　）。

  A．文本框中显示的是"程序设计"，且焦点在文本框中

  B．文本框中显示的是"Visual Basic"，且焦点在文本框中

  C．文本框中显示的是"程序设计"，且焦点在命令按钮上

  D．文本框中显示的是"Visual Basic"，且焦点在命令按钮上

13. 如果某个应用程序运行不显示窗体，则必须使用（　　）方法显示窗体。

  A．Print   B．Cls   C．Show   D．Setfocus

14. 设置对象的 Tab 键顺序，可以使用对象的（　　）属性。

  A．Index   B．Value   C．TabIndex   D．Visible

15. 文本框中，用来表示选定的文本内容的属性是（　　）。

  A．SelStart   B．SelLength   C．SelText   D．Text

16. 在文本框中输入一个字符时，能够同时触发的事件是（　　）。

  A．KeyPress 和 Change   B．KeyPress 和 Click

  C．Change 和 Gotfocus   D．Change 和 Click

17. 一个工程必须包括的文件类型是（　　）。

  A．*.vbp，*.frm，*.frx   B．*.vbp，*.cls，*.frx

  C．*.bas，*.frm，*.ocx   D．*.res，*.frm，*.cls

18. 从资源管理器中"移除"一个文件后，该文件（　　）。

  A．移入 Windows 回收站   B．仍存在于当前工程中

  C．在磁盘上删除   D．仍存在于磁盘中

19. 以下关于控件的叙述中，错误的是（　　　）。

　　A．Visual Basic 允许设计和使用用户自己设计的控件

　　B．窗体中的工具栏工具不是工具箱中包含的常用控件

　　C．要使用系统提供的 ocx 控件，应先把有关的控件添加到工具箱中

　　D．使用系统提供的 ocx 控件进行程序设计，其编程方法与工具箱中常用控件的编程不同

20. 以下关于窗体的描述中，错误的是（　　　）。

　　A．执行 Unload Form1 语句后，窗体 Form1 消失，但仍在内存中

　　B．窗体的 Load 事件在加载窗体时发生

　　C．当窗体的 Enabled 属性为 False 时，通过鼠标和键盘对窗体的操作都被禁止

　　D．窗体的 Height、Width 属性用于设置窗体的高和宽

二、填空题

1. Visual Basic 中的控件分为 3 类，分别是_____、_____和_____。

2. 对象的 3 个基本要素是_____、_____、_____。

3. 如果将某个窗体的 Name 属性值设置为 Myform，则默认的窗体文件名为_____。

4. 要将一个工程组中的一个工程设置为启动工程，其方法是_____。

5. 要使文本框具有垂直滚动条，首先将文本框的_____属性设置为 True，然后将_____属性值设置为_____。

6. 要使命令按钮 Command1 具有焦点，应执行_____，而要把命令按钮 Command1 设置成无效，应设置_____属性值。

7. 只有对象的 Enabled 和 Visible 属性为_____时，它才能接收焦点。

8. 创建 Visual Basic 应用程序的基本步骤是_____、_____、_____、保存和运行程序。

9. 确定一个对象大小的属性是_____、_____。

10. 在设计阶段，能够实现从窗体窗口到代码窗口切换的方法有_____、_____、_____。

11. Visual Basic 提供的两种程序运行方式分别是_____和_____；提供的 3 种工作模式（工作状态）分别是_____、_____、_____。

12. 要使一个标签透明且不具有边框，应将其 BackStyle 属性设置为_____，BorderStyle 的属性设置为_____。

13. 设定标签大小是否可根据其内容改变垂直方向的大小，可使用的属性是_____。

14. Visual Basic 中的工具栏有固定工具栏和_____。

15. Visual Basic 中标准模块文件扩展名是_____，类模块文件扩展名是_____，窗体文件扩展名是_____，资源文件扩展名是_____，工程组文件扩展名是_____，工程文件扩展名是_____。

三、简答题

1. 简述 Visual Basic 的特点。

2. 什么是对象、类、属性、事件和方法？

3. 简述创建 Visual Basic 应用程序的一般步骤。

4. 打开代码窗口的方法有哪些？

5. 什么是事件驱动的编程机制？

6. Visual Basic 应用程序有几种运行模式？如何执行？

上 机 实 验

[实验目的]

1．熟悉 Visual Basic 集成开发环境；

2．掌握一个简单 Visual Basic 应用程序的建立、编辑、调试、运行、保存的方法；

3．掌握窗体、标签、文本框、命令按钮等控件的属性、事件、方法，以及 Tab 键序的设置。

[实验内容]

1．按照例 1-8 的设计步骤，设计、保存、调试、运行程序，并生成.exe 文件。

2．利用属性窗口，修改例 1-8 中窗体、标签、文本框的背景颜色和标签、文本框、命令按钮上显示文本信息的字体和颜色，并重新设置与例 1-8 不同的 Tab 键顺序。运行程序，观察变化。

3．设计如图 1-33 所示的界面。单击"选择 1"命令按钮时，将文本框中输入的内容在标签上显示出来；单击"选择 2"命令按钮时，将文本框选定的内容在另一个标签上输出；单击"退出"命令按钮时，退出程序运行。

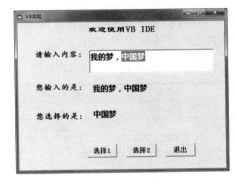

图 1-33　实验 3 的运行界面

第 2 章　Visual Basic 语言基础

内容提要　常量、变量、函数及表达式是构成 Visual Basic 应用程序的基本元素，学习和掌握这些基本元素的用法，对以后的程序设计十分重要。本章主要介绍 Visual Basic 的标准数据类型、常量、变量、内部函数及表达式。

本章重点　掌握变量的类型定义，熟练掌握表达式的运算。

2.1　标准数据类型

为了更好地处理各种各样的数据，Visual Basic 定义了多种数据类型。表 2-1 给出了 Visual Basic 的标准数据类型，主要有：数值型、字符型、逻辑型、日期型、对象型和变体型。另外还有借用标准数据类型组合而成的复合数据类型，主要有记录、数组、文件等。本章主要介绍标准数据类型，复合数据类型将在后续章节中介绍。

表 2-1　Visual Basic 标准数据类型

数据类型		关键字	占用字节数	类型符(后缀)	范围
数值型	整型	Integer	2	%	−32768～32767
	长整型	Long	4	&	−2147483648～2147483647
	字节型	Byte	1		0～255
	单精度型	Single	4	!	±1.4E−45～±3.40E38
	双精度型	Double	8	#	±4.94D−324～1.79D308
	货币型	Currency	8	@	−922337203685477.5808 ～922337203685477.5807
字符型	变长字符型	String	字符串长度	$	0～20 亿字节
	定长字符型	String*size	size	$	1～65535 字节(64KB)
逻辑型(布尔型)		Boolean	2		True 或 False
日期型		Date	8		1/1/100～12/31/9999
对象型		Object	4		任何对象引用
变体型		Variant	按需分配		

在表 2-1 中，每种数据类型都有一个约定好的类型名，都需要占用一定的存储空间，取值在一定的范围内。在程序中，只有相容类型的数据之间才能进行操作，否则就会出现错误。选择使用合适的数据类型，可以优化程序代码的执行速度和所占用空间的大小。

1. 数值型数据类型

一般情况下 Visual Basic 使用十进制数来表示数值型数据，有时也使用十六进制和八进制表示，十六进制数以&H 开头，八进制数以&O 开头。例如：&O12、&H4E 分别为八进制和十六进制的数据，15 和&HF、&O17 的值相同。

1) 整型和长整型

整型(Integer)和长整型(Long)数据都是不带小数和指数的数，可以表示正整数、负数和零。整型数占用的内存空间较少，运算速度较快，长整型数的表示范围更大。如果一个整数超出−32768～32767 范围应采用长整型。

2) 字节型

字节型(Byte)数据是以一个字节表示的无符号整型数，数据不受格式转换的影响，主要用于存储二进制数，其取值范围为 0～255。

3) 单精度型和双精度型

单精度型(Single)和双精度型(Double)数据都可以表示带小数部分的数，双精度型数据的表示范围更大。

单精度型数以 4 字节存储，其中符号位占 1 位，指数占 8 位，其余 23 位表示尾数，可以精确到 7 位数。双精度型数用 8 个字节存储，其中符号位占 1 位，指数占 11 位，其余 52 位表示尾数，可以精确到 15 位数。如果用科学记数法来表示，即写成以 10 为底的指数形式，如 4.35E5($4.35×10^5$)，−7.31D-26($−7.31×10^{−26}$)。E 和 D 是指数符号。

4) 货币型

货币型(Currency)数据是一种专门为处理货币而设计的数据类型。它用于表示定点数，其小数点左边有 15 位数字，右边有 4 位数字。

2. 字符串数据类型

字符串(String)数据是用双引号(")定界的一串字符，由 ASCII 码字符(不包括双引号和回车符)、汉字以及可以打印的字符组成。如："VB"、"3+5=8"、"学习"等。若双引号本身是字符串的内容，则应当使用两个双引号。例如：要显示字符串"学号是"20060101001""，用 Visual Basic 表示为："学号是""20060101001"""。

字符串中包含的字符个数称为字符串长度，长度为零(不含任何字符)的字符串，称为空字符串，如：""即为空字符串。字符串分为定长字符串和变长字符串。

(1)定长字符串。定长字符串含有确定个数的字符，其长度保持不变，最大长度不超过 $2^{16}−1$(65535) 个字符。

(2)变长字符串。变长字符串的长度不固定，随着对字符串变量赋予不同的值而发生变化，它的长度可增可减。变长字符串最多可包含 2^{31} 个字符。

3. 逻辑型数据类型

逻辑型(Boolean)数据又称布尔型，取值只能为 True 或 False 两种，以 2 字节存储，常用于表示逻辑判断的结果。

4. 日期型数据类型

日期型(Date)数据用来表示日期和时间。它的定界符是#号。例如：#2015-01-01#、#03/15/2000 8:38:28 AM#等。Visual Basic 中日期型数据会自动转换成 mm/dd/yy(月/日/年)的形式。

5. 对象型数据类型

对象型(Object)数据可用来表示图形或 OLE 等在应用程序中的对象。使用时先用 Set 语句给对象赋值，其后才能引用对象。

6. 变体型数据类型

变体型(Variant)数据是一种可变的数据类型，可以存放任何类型的数据。当指定变量为变体型后，Visual Basic 会根据数据的类型自动完成必要的转换。若对变量的类型不做说明时，Visual Basic 会自动将变量默认为变体型。例如：

```
x=3                    ' 将变量 x 赋值为 3，此时类型是数值型
x= "33"                ' 变量 x 的类型变为字符串型
x=#01/13/2004#         ' 变量 x 的类型变为日期型
```

变体型数据有 3 个特殊的值，分别为：

(1)Empty：表示变量未指定确定的数据，即没有为变量赋值。它不同于数值 0、空字符串""和空值 Null，后三者都是有特定值的。

(2)Null：通常用于数据库应用程序，表示未知数据或者丢失的数据。

(3)Error：是特定值，指出过程中出现了一个错误条件。

2.2　常量与变量

2.2.1　常量

常量(也称常数)是在程序运行过程中其值不发生变化的量。Visual Basic 中的常量主要有系统内部常量、直接常量和符号常量 3 种。

1. 系统常量

在 Visual Basic 的对象库中，提供了应用程序和控件的系统常量，一般以小写的 vb 开头。如第 1 章中介绍的 vbRed(红色)、vbWhite(白色)等；vbCrLf 也是一个系统常量，它是回车换行符。系统常量可以直接在程序代码中使用。

利用"对象浏览器"窗口查看系统内部常量，方法是：选择"视图"→"对象浏览器"命令，在打开的"对象浏览器"窗口中选择 VBA 对象库，在"类"列表框中选择"全局"命令，右侧成员列表中显示预定义的常量，窗口底端的文本区域中将显示该常量的功能。

2. 直接常量

在程序中直接引用的具体数据即为直接常量，直接常量可以有不同的类型。例如：一个学生的数学成绩是 90.5 等即为数值常量；"CHINA"、"18"、"张明"等为字符串常量。也可以直接在数据之后加上一个类型符来标识不同的数据类型，例如，315367&(表示为长整型常量)、924.13@(表示为货币型常量)、98.0!(表示为单精度型常量)等。

3. 符号常量

符号常量是用符号表示的常量。对于经常使用的有特定意义的常量，如果用符号来表示，可以提高程序的可读性和可维护性。符号常量定义格式为：

```
[Public | Private] Const 常量名[As 数据类型]=表达式
```

其中，Public 用于声明公有常量，Private 用于声明私有常量，缺省值为 Public；常量名是

用户自定义的标识符；As 数据类型用来说明常量的数据类型，缺省时系统会根据表达式的结果确定最合适的数据类型；表达式可以是数值常量、字符串常量等。在一行中定义多个常量时使用逗号分隔。例如：

```
Const pi=3.14
Const myid="Visual Basic"+"6.0", pi As Single=3.14
```

使用符号常量时，需要注意以下几点：

(1)常量名不能与系统关键字、已使用的变量或其他常量同名。

(2)用 Const 声明的常量在程序运行过程中不能被重新赋值。

(3)在常量声明的同时要对常量赋值。

(4)声明常量时若不指定数据类型，会存在多义性。如：3.14 可能是单精度型，也可能是双精度型或货币型，Visual Basic 将选择需要内存最小的类型表示和处理。

(5)在使用一个常量为另一个常量初始化时注意循环引用时会出错。

例 2-1　利用符号常量定义圆周率，并计算半径为 3 的圆的面积。

此例中可使用命令按钮的单击事件，在窗体上输出结果。代码如下：

```
Const pi As Single = 3.14159          ' 定义 pi 为符号常量
Private Sub Command1_Click()
    Dim r As Integer                  ' 定义 r 为整型变量
    r = 3                             ' 将直接常量 3 赋值给变量 r
    Print "半径为 3 的圆的面积是:"; pi * r ^ 2
End Sub
```

2.2.2　变量

变量是指在程序运行过程中其值可以改变的量。变量的含义是申请一个计算机内存的存储单元，在其中存入一个值，需要时可以访问和修改它的值。每个变量都有名称和数据类型，用户通过名称来引用变量，数据类型决定了该变量的存储方式。

1. 变量的命名规则

给变量命名时应当遵循以下规则：

(1)变量必须以字母开头，后跟字母、汉字、数字或下划线等，不能含有非法字符，如小数点或空格等，长度不超过 255 个字符。

(2)不能使用 Visual Basic 中的系统关键字来命名。

(3)变量名不区分大小写字母，如 XYZ、xyz、Xyz 等被视为同一个变量名。

(4)变量名要尽量有意义，如求和的变量命名为 Sum。

例如：x、Print_1、Average 为合法变量名；而 End、3x、a b c 为非法变量名。

2. 变量初始值

Visual Basic 中变量可以使用所有的标准数据类型。用户只要声明一个变量，系统就会为该变量赋一个初始值，不同类型的变量初始值有所不同：所有数值型变量(整型、长整型、单精度型、双精度型、货币型)的初始值为 0，布尔型变量的初始值为 False，日期型变量的初始值为 00:00:00，变长字符串变量的初始值为空字符串("")，定长字符串的初始值为其长度个空格，变体型变量的初始值为空值(Empty)。

此外，用户也可以自己给变量赋值，例如：

```
Var1=2500
a$= "Visual Basic 程序设计"
B$= ""
Her_Name= "李枚"
```

3. 变量的声明

使用变量前，一般要先声明变量的名称和类型，系统根据声明为变量分配存储单元。Visual Basic 中可以不声明而直接使用变量，但容易出错。如果要求必须声明，可以使用 Option Explicit 语句，也可以在"工具"→"选项"→"编辑器"选项卡中，选中"要求变量声明"复选框，以后创建的模块中会自动在声明段中加上 Option Explicit 语句。

Visual Basic 中可以显式或隐式地声明变量及其类型。

1）显式声明变量类型

声明变量的格式为：

```
[Dim | Public | Private | Static] 变量名 As 数据类型 [,变量名 As 数据类型]…
```

其中，变量名为用户定义的标识符，应当遵循变量命名规则；As 后面的数据类型为表 2-1 所示的类型关键字；Public 定义全局变量，Private 定义私有变量，Static 在过程中定义静态变量，具体用法在第 7 章中介绍。

一条 Dim 语句可同时定义多个变量，每个变量必须有自己的类型声明，否则该变量将被看作变体类型。例如：

```
Dim x As Integer                      ' 定义 x 为整型变量
Dim a As Integer, b As String, c As Date   ' 定义 a 为整型变量，b 为字符串型变量，
                                           c 为日期型变量
Dim x, y As Double                    ' 定义 x 为变体型变量，y 为双精度型变量
```

字符串类型的变量分为定长字符串和变长字符串。

（1）变长字符串声明语句如下：

```
[Dim | Public | Private | Static] 变量名 As String
```

若赋值时字符个数少于定义长度，则用空格填满；若超过定义长度，则截去超出部分。

（2）定长字符串声明语句如下：

```
[Dim | Public | Private | Static] 变量名 As Sring*字符串长度
```

其中，字符串长度应为整型常量，表示字符个数。一个汉字占一个字符数位。例如：

```
Dim str1 As String                    ' 变长字符串
Dim str2 As String * 4                ' 定长字符串，长度为 4
str1 = "你好!"                        ' 赋值后，str1 的长度为 3
str1 = "你好吗?"                      ' 赋值后，str1 的长度为 4
str2 = "我今天很好!"                  ' 会截尾，赋值后 str2 的值为"我今天很"
```

2)隐式声明变量类型

在 Visual Basic 中，如果一个变量未经声明而直接使用，称为隐式声明。使用时，系统默认为变体类型。

Visual Basic 也允许使用类型符来声明变量的类型，如 num%是一个整型变量，arr!是一个单精度变量等。

4. 变量的特点

(1)新值覆盖旧值。一个变量某个时刻只能存放一个值，当用户将另一个数据赋值给一个变量时，其中原有的值会被覆盖掉。例如：

```
x = 5                    '把 5 存放到变量 x 中
x = x + 1                '将 x 中的 5 取出，加 1 后再赋值给 x，原值 5 会丢失，换成新值 6
```

(2)值可以反复使用。利用一个变量可以为其他变量赋值，也可以进行各种计算。只要该变量不被重新赋值，无论引用多少次其值都不变，且在程序运行结束前变量的值一直存在。例如：

```
s = 3
x =s + 8
y =s * 2 - 1
z= s * s - 4 *s
```

变量 s 在程序语句中被多次使用，但其值始终保持为 3。

2.3　内 部 函 数

Visual Basic 提供了大量的内部函数，这些内部函数就是 Visual Basic 语言库中的一个个子程序，使用这些内部函数时，只需给出它的函数名和函数的参数就可直接引用。其调用格式为：

函数名　[(函数参数表)]

使用函数时，需注意以下几点：

(1)如果函数有参数，用圆括号将参数括起来，若参数有多个，用逗号隔开。

(2)如果函数不带参数，则调用时直接写出函数名即可。

(3)函数调用后，一般都会计算出一个确定的函数值，即返回值。使用函数要注意参数的个数及各参数的数据类型，还要注意函数的参数取值范围。

(4)函数还可以嵌套调用，如：Abs(Int(-3.5))。

Visual Basic 内部函数分为四大类：数学函数、字符串函数、日期时间函数和转换函数。

2.3.1　数学函数

常用的数学函数如表 2-2 所示。使用数学函数时，应注意以下几点：

(1)三角函数中的参数以弧度为单位，在计算角度的值时需要做相应的转化，转化方法为：1(角度)=π/180=3.14159/180(弧度)。例如，Sin30°应写成 Sin(30*3.14159/180)。

(2)Int 函数和 Fix 函数的区别。Int(x)是求不大于 x 的最大整数，即 Int(3.5)=3，

Int（-3.5）=-4；Fix 函数截取数据的整数部分，而不是四舍五入。例如：Fix（3.5）=3，Fix（3.4）=3，Fix（-3.5）=-3。

表 2-2　常用数学函数

函　　数	功　　能	举　　例	结　　果
Abs（x）	求 x 的绝对值|x|	Abs（-3）	3
Int（x）	求不大于 x 的最大整数	Int（3.5） Int（-3.5）	3 -4
Fix（x）	求 x 的整数部分	Fix（3.4） Fix（-3.5）	3 -3
Sqr（x）	求 x 的算术平方根，x≥0	Sqr（25）	5
Log（x）	求 x 的自然对数 lnx，x>0	Log（2）/Log（10）	$Log_{10}2$
Exp（x）	求以 e 为底的指数函数	Exp（3）	e^3
Rnd（x）	产生[0，1]之间的随机小数	Rnd	随机数
Sgn（x）	求 x 的符号，x>0，返回 1；x=0，返回 0；x<0，返回-1	Sgn（8）	1
		Sgn（0）	0
		Sgn（-5）	-1
Sin（x）	求 x 的正弦值，x 为弧度值	Sin（30*3.14159/180）	0.499…
Cos（x）	求 x 的余弦值，x 为弧度值	Cos（60*3.14159/180）	0.500…

（3）利用 Int 函数可以完成数据的四舍五入处理。

例如，将正数 x 取整时进行四舍五入，可采用表达式 Int（x+0.5）。

当 x=2.3 时，Int（2.3+0.5）=2；当 x=2.6 时，Int（2.6+0.5）=3。

例如，对一个小数 x 按四舍五入的要求保留到小数点后面 3 位数据，可以先将 x 扩大 1000 倍，利用 Int 函数取整时进行四舍五入，最后再将所得结果缩小 1000 倍。采用的表达式为：（Int（x*1000+0.5））/1000。

当 x=3.12384 时，结果为 3.124；当 x=3.12329 时，结果为 3.123。

（4）利用随机函数 Rnd 生成任意范围内的随机数。随机函数 Rnd 产生[0，1）之间的随机小数，利用随机函数可以完成如下应用：

①生成[0,m)区间内的随机小数，可以使用表达式 Rnd*m。

②生成[n,m]区间内的随机整数，可以使用表达式 Int（n+Rnd*（m-n+1））。

若每次运行程序时希望得到不同的随机数，在使用函数之前，先使用 Randomize（n）语句（n 为整型数）或 Randomize 语句（不带参数）来初始化随机数生成器。

例 2-2　求下列函数的值。

```
Abs(Int(-17.8))              ' Int(-17.8)的值为-18，求绝对值后结果为 18
Int(3.14159*100+0.5)/100     ' 值为 3.14
Exp(0)                       ' 值为 1
Sgn(1-Abs(-3))               ' 1-Abs(-3)的值为-2，负数求符号位结果为-1
```

例 2-3　将下列数学计算公式表示成 Visual Basic 的数学函数。

$\sqrt{s(s-a)(s-b)(s-c)}$　　　　Visual Basic 表达形式是：Sqr(s*(s-a)*(s-b)*(s-c))

$\dfrac{-b+\sqrt{b^2-4ac}}{2a}$　　　　Visual Basic 表达形式是：((-b)+sqr(b*b-4*a*c))/(2*a)

例 2-4　利用随机函数生成 3 个不同的 10～99 之间的随机整数，程序运行时，单击命令按钮，将这 3 个数显示在窗体上。

```
Private Sub Command1_Click()
    Randomize                                 ' 保证生成的随机数不相同
    Dim  a As Integer, b As Integer, c As Integer   ' 定义 3 个整型变量
        a = Int(10 + Rnd * 90)                ' 生成一个 10～99 之间的随机整数
        b = Int(10 + Rnd * 90)
        c = Int(10 + Rnd * 90)
        Print a, b, c                         ' 显示这 3 个数
End Sub
```

2.3.2　字符串函数

利用字符串函数可以对字符串进行相应的处理。常用字符串函数如表 2-3 所示。

表 2-3　常用字符串函数

函　　数	功　　能	举　　例	结　　果
Mid(字符串,n,m)	取子字符串 n 为起始位置，m 为长度	Mid("ABCDEFG",4,3)	"DEF"
Left(字符串,n)	左取 n 位子字符串	Left("ABCDEFG",4)	"ABCD"
Right(字符串,n)	右取 n 位子字符串	Right("ABCDEFG",4)	"DEFG"
Len(字符串)	求字符串长度	Len("ABCDEFG")	7
InStr(字符串 1,字符串 2)	字符串 1 中含后字符串 2 的位置	InStr("Visual Basic", "B")	8
LTrim(字符串)	除去左空格	LTrim("　ABC　")	"ABC　"
RTrim(字符串)	除去右空格	LTrim("　ABC　")	"　ABC"
Trim(字符串)	除去左右空格	LTrim("　ABC　")	"ABC"
Space(n)	返回 n 个空格组成的字符串	Space(5)	"　　　　　"
String(n,字符)	返回 n 个重复字符	String(3,"abc")	"aaa"
Lcase(字符串)	转换为小写字母组成的字符串	Lcase("Visual ")	"visual "
Ucase(字符串)	转换为大写字母组成的字符串	Ucase("Visual ")	"VISUAL"

使用字符串函数时，需要注意以下几点：

(1) 字符串函数中出现的字符串常量必须以双引号定界。

(2) Space 函数中的 n 是整型值。

(3) String 函数只返回由字符串的第一个字符生成的重复字符串。

(4) 插入字符串语句 Mid 的格式为：

```
Mid(字符串，位置[，子字符串长度])＝子字符串
```

注意：Mid 函数的作用是返回字符串中指定数量的字符；Mid 语句的作用是以另一个字符串中的字符替换原字符串中指定数量的字符，结果保持原字符串的长度。

例如：

```
x = "abcde": y = "ABCDE": z = "Abcde"
Mid(x,3) = "1234"              ' x 的内容变为"ab123"
Mid(y,2,5) = "12"              ' y 的内容变为"A12DE"
Mid(z,3,1) = "1234"            ' z 的内容变为"Ab1de"
```

(5) 利用 Left、Right、Mid 函数可以完成对若干字符串中字符的重新组合。例如：

```
a = "HELLO GOOD MORNING"
b = "张小林"
c = Left(a, 5) + "!"           ' +的含义是做字符串连接
```

```
d = Right(a, 12) + "!"
e = Mid(b, 2, 2) + "!"
Print c + " " + e + " " + d
```

结果为:

HELLO! 小林! GOOD MORNING!

例 2-5　编程实现如下功能:在文本框中输入既有大写字母又有小写字母的字符串,单击"转大写"按钮将字符转为大写,单击"转小写"按钮将字符转为小写。

分析:此题需要用到大小写转换函数 UCase 和 LCase,文本框中的内容作为参数传递给函数,求得结果后仍然在文本框中输出。

设计步骤如下:

(1)建立应用程序用户界面并设置对象的属性(表 2-4)。新建一个工程,在窗体上建立 1 个标签 Label1,1 个文本框 Text1,2 个按钮 Command1 和 Command2。各控件的属性设置方案如表 2-4 所示,程序运行后的界面如图 2-1 所示。

表 2-4　对象属性设置表

默认对象名称	属性名称	属性设置值
Form1	Caption	大小写转换
Label1	Caption	输入大小写都有的字符串
Text1	Text	空
Command1	Caption	转大写
Command2	Caption	转小写

(2)编写程序代码。

```
Private Sub Command1_Click()
    Text1.Text = UCase(Text1.Text)
End Sub
Private Sub Command2_Click()
    Text1.Text = LCase(Text1.Text)
End Sub
```

图 2-1　程序运行后的界面

例 2-6　编程实现如下功能:在第一个文本框中输入一个字符串,单击"生成新字符串"按钮后,在第二个文本框中输出和第一个字符串长度相同的字符串,且内容全部是第一个字符串的最后一个字母。

分析:此题需要用到求字符串长度函数 Len、右截取函数 Right 和构建字符串函数 String,先求出第一个文本框中字符的长度,再用 Right 函数求得第二个文本框中最后一个字符,最后用 String 函数来生成字符串。

设计步骤如下：

(1)建立应用程序用户界面并设置对象属性。新建一个工程，在窗体上建立 2 个文本框 Text1 和 Text2，1 个按钮 Command1。各控件的属性设置方案如表 2-5 所示，程序运行后的界面如图 2-2 所示。

表 2-5　对象属性设置表

默认对象名称	属性名称	属性设置值
Text1	Text	空
Text2	Text	空
Command1	Caption	生成新字符串

图 2-2　程序运行后的界面

(2)编写程序代码。

```
Private Sub Command1_Click()
    Dim n As Integer, x As String
        n = Len(Text1.Text)
        x = Right(Text1.Text,1)
        Text2.Text = String(n,x)
End Sub
```

2.3.3　日期时间函数

日期与时间函数为用户提供时间和日期信息，缺省日期格式为 mm/dd/yy，时间格式为 hh:mm:ss。常用的日期时间函数如表 2-6 所示。

表 2-6　常用日期时间函数

函　数	功　能	举　例	结　果
Now	返回系统日期和时间 (yy-mm-dd hh:mm:ss)	Now	2014-10-30 22:41:11
Date	返回当前日期(yy-mm-dd)	Date	2014-10-30
Year(日期)	返回年份(yyyy)	Year(Now)	2014
Month(日期)	返回一年中的某月(1~12)	Month(Now)	10
Day(日期)	返回月中第几天(1~31)	Day(Now)	30
WeekDay(日期)	返回是星期几(1~7)	WeekDay(Now)	2(1 表示星期日)
Time	返回当前时间(hh:mm:ss)	Time	22:45:29
Hour(时间)	返回小时(0~23)	Hour(Time)	22
Minute(时间)	返回分钟(0~59)	Minute(Time)	45
Second(时间)	返回秒(0~59)	Second(Time)	29
Timer	返回从午夜算起已过的秒数	Timer	82078.19

例 2-7　编程实现如下功能：单击"显示当前日期"按钮后，在第一个文本框中输出当前日期；单击"显示当前时间"按钮后，在第二个文本框中输出当前时间。

分析：此题需要用到函数 Date 和函数 Time，在"显示当前日期"按钮的单击事件中调用当前日期函数 Date，将求得的结果输出到第一个文本框中，在"显示当前时间"按钮的单击事件中调用当前时间函数 Time，将求得的结果输出到第二个文本框中。

设计步骤如下：

（1）建立应用程序用户界面与设置对象属性。新建一个工程，在窗体上建立 2 个标签 Label1 和 Label2，2 个文本框 Text1 和 Text2，2 个按钮 Command1 和 Command2。各控件的属性设置方案如表 2-7 所示，程序运行后的界面如图 2-3 所示。

表 2-7　对象属性设置表

默认对象名称	属性名称	属性设置值
Label1	Caption	今天是：
Label2	Caption	现在是：
Text1	Text	空
Text2	Text	空
Command1	Caption	显示当前日期
Command2	Caption	显示当前时间

图 2-3　程序运行后的界面

（2）编写程序代码。

```
Private Sub Command1_Click()
    Text1.Text = Date
End Sub
Private Sub Command2_Click()
    Text2.Text = Time
End Sub
```

2.3.4　类型转换函数

Visual Basic 允许一个类型的数据赋值给其他类型的变量，由于不同类型的数据在计算机中的表示方法不同，所以在赋值过程中要进行必要的转换。在表达式的计算过程中，两种不同类型的数据进行运算时，运算结果的类型一般与表示范围大、精度高的数据保持一致，如：单精度型与双精度型做计算结果为双精度型。

除了赋值时进行转换外，在方法、过程的调用过程中，表达式的计算过程中，也可能进行类型转换。

1. 隐式转换

当使用赋值语句把一种类型的数据赋给另一种类型的变量时，或不同类型的数据进行运算时，Visual Basic 能够自动完成某些数据的转换，这种转换称为隐式转换。

1）数值型之间的转换

整数转为小数时，只进行格式转换。小数转为整数时，小数部分要"四舍五入"变为整数，若小数恰好是 0.5 则要向最近的偶数靠拢。例如：

```
Dim x As Single,y As Single
Dim n1 As Integer,n2 As Integer,n3 As Integer
x = 123.45: y = 2000              ' x 的值为 123.45，y 的值为 2000.0
n1 = x: n2 = -3.5: n3 = 4.5       ' n1 的值为 123，n2 的值为-4，n3 的值为 4
```

2）字符串类型的转换

如果字符串表示的内容全部是数值信息，则能将其转换为数值型变量。所有的数值型变量的值都能转换为字符串变量。当字符串中有非数字字符则不能转换，空字符串不能赋值给任何类型的数据。例如：

```
Dim num1 As Integer, num2 As Integer ,int1 As Integer, int2 As Integer
Dim str1 As String, str2 As String
num1 = 4561237: str1 = -3        ' num1 的值超出范围，字节型不能为负，溢出错误
str1 = "1234": num1 = str1        ' num1 的值为 1234
num2 = 38.914: str2 = num2        ' str2 的值为"39"
str1 = "1.2e3": num1 = str1        ' num1 的值为 1200
int2 = "abc123": int1 = ""        ' 类型不匹配，出错
```

用户还可以利用表 2-8 所示的类型转换函数来进行字符和数值型数据之间的转换。

表 2-8　字符和数值型数据之间的转换函数

函数	功　能	举　例	结果
Chr( )	将 ASCII 码转换成字符	Chr(65)	"A"
Str( )	将数值型转换成字符串型	Str(65)	" 65"
Asc( )	将字符转换成 ASCII 码	Asc("ABCDEFG")	65
Val( )	将字符转换成数值型	Val("345A45G")	345

正数前面有一个符号位，所以利用 Str( )函数转换为字符串后，数字符号前面会有一个空格。例如：

```
x=-2.3: y=125
z=Str(x)+str(y)        ' z 的长度为 8
```

例 2-8　在两个文本框中各输入一个两位数，单击"显示"按钮后，程序执行结果如图 2-4 所示。该过程的代码如下：

```
Private Sub Command1_Click()
    Print Text1.Text + Text2.Text
    Print Val(Text1.Text) + Val(Text2.Text)
End Sub
```

说明：文本框中输入的内容是字符型，如果需要利用文本框接收数值型数据，可以对文本框中的内容进行类型转换。

图 2-4　例 2-8 结果

3）逻辑型值的转换

逻辑型数据转换为数值型时，True 转换为–1，False 转换为 0。数值型数据转换为逻辑值时，非 0 转换为 True，0 转换为 False。

逻辑型数据转换为字符串时，True 和 False 分别转换为"True"和"False"。字符串数据转换为逻辑值时，只有"True"和"False"（包换其他大小写形式）能转换为 True 和 False，其他任何字符串都不能转换为逻辑值，否则出现"类型不匹配"错误。

2．显式转换

程序设计中，有时采用显式转换，显式转换 CType( )函数如表 2-9 所示。例如：

```
Dim x As Integer, y As Integer
x = CInt(123.56)       ' 123.56 由 CInt 函数显式地转换为 Integer 再赋值给变量 x
y = CDbl("9.5e4")      ' 首先将"9.5e4"转换为 Double 类型，然后在赋值时隐式地转换为整型值
```

表 2-9　CType( )函数

函数	返回类型	函数	返回类型
CBool	Boolean	CInt	Integer
CByte	Byte	CLng	Long
CCur	Currency	CSng	Single
CDate	Date	CStr	String
CDbl	Double	CVar	Variant

2.3.5　Shell 函数

Visual Basic 不但提供了丰富的内部函数,还可以通过 Shell 函数来调用 DOS 下或 Windows 下运行的任何可执行程序。其格式为:

```
Shell 命令字符串,[窗口类型]
```

其中,命令字符串是可执行的应用程序名(扩展名为.com、.exe、.bat 等),包括路径;窗口类型表示执行应用程序的窗口的大小,可取 0～6,一般取 1。窗口类型的值与意义如表 2-10 所示。函数调用成功后的返回值为一个任务标识符,它是运行程序的唯一标识。

表 2-10　窗口类型

内 部 常 数	窗 口 类 型	意　义
0	vbHide	窗口不显示
1	VbNormalFocus	正常窗口,有指针
2	VbMinimizedFocus	最小窗口,有指针
3	vbMaximizedFocus	最大窗口,有指针
4	vbNormalNoFocus	正常窗口,无指针
6	vbMinimizedNoFocus	最小窗口,无指针

注意:与函数调用不同的是,使用 Shell 函数启动其他程序之后,不等被启动的程序被关闭就立即执行本程序下面的其他语句。例如:

```
Shell "C:\windows\system32\calc.exe"
Shell "C:\windows\system32\mspaint.exe"
```

以上程序段执行后,先后打开"计算器"和"画图"程序窗口,其中"画图"程序窗口已经被最小化。关闭"计算器"窗口后,在任务栏上还原"画图"程序窗口,关闭该窗口即可回到程序界面。

2.4　运算符与表达式

运算是对数据进行加工的过程,表示各种不同运算的符号称为运算符。用运算符和圆括号将常量、变量、函数连接起来的式子称为表达式。Visual Basic 中有 4 种运算符:算术运算符、字符串运算符、关系运算符和逻辑运算符,表达式的类型由运算符类型来决定。本节介绍算术表达式、字符串表达式与日期型表达式。

2.4.1　算术运算符及算术表达式

1. 算术运算符

如表 2-11 所示是 Visual Basic 的算术运算符。其中只有负数运算符是单目运算符，其他均为双目运算符。

表 2-11　算术运算符

运算符	名称	举例	结果	优先级
^	乘方	2^3	8	高
−	负号运算	−3	−3	
*,/	乘法、浮点除法	3*8/4	6	
\	整数除法	5\2	2	
Mod	求余的模运算	5 Mod 2	1	
+,−	加法、减法	9+3−5	7	低

使用算术运算符时，需要注意以下几点：

（1）全部算术运算符适用于数值型数据，结果也为数值型。

（2）当一个表达式中含有多种算术运算符时，将按上述顺序求值。如果表达式中有括号，则先计算括号内表达式的值，若有多层括号，则先计算最内层括号中的表达式。例如，表达式 4+25 mod 10 \ 12 / 3 +2 ^3 的结果是 13。计算过程如图 2-5 所示。

（3）浮点除法/和整数除法 \ 是有区别的。浮点除法/和数学中的除法含义相同，如 1/2=0.5，但是整数除法 \ 是只取商的整数部分，如 1\2=0。在进行整数除法时，如果参加运算的数据有小数，首先将它们四舍五入，使其变为整型或长整型，然后再运算。例如：12.45\4.6 的计算相当于 12\5，值为 2。

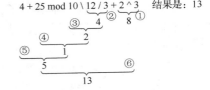

图 2-5　算术表达式的计算过程

（4）Mod 运算是求整数除法的余数。例如：9 Mod 6=3，18 Mod 10=8，14 Mod 29=14。同样，如果参加运算的数据有小数，首先将它们四舍五入，然后再运算。例如：25.28 Mod 6.99 的值为 4。

（5）表达式结果的数据类型是根据不同的运算而变化的，如两个整型数据做浮点除法后，结果会变为单精度型。例如：

```
a% = 2
b& = 33000
c! = 1.5
d# = 0.8
Print a% * b& - d# \ 2# + c!    ' 结果为 66001.5，数据类型为双精度型。
```

2. 算术表达式的书写规则

（1）所有字符必须写在同一水平线上，包括上标和下标。例如：x_1+x_2 要写为 x1+x2，3^2 要写为 3^2。

（2）乘号不能省略，用"*"来表示。例如：$2ab+a^2$ 要写为 2*a*b+a^2 或 2*a*b+a*a。

（3）只能用圆括号。例如：$5\{2/[3*(9-4)+7]+8\}-6$ 要写为 $5(2/(3*(9-4)+7)+8)-6$。

（4）要把数学表达式中的有些符号改为 Visual Basic 中可以表示的符号。如：除法用 "/" 表示，乘方用 "^" 表示，$2\pi r$ 要写为 $2*pi*r$。

（5）能用内部函数的地方尽量使用内部函数。

例 2-9　将一个 3 位数倒序输出。

分析：此题要用到整数除法\和求余运算 Mod。将一个 3 位数倒序输出首先应当把每一位上数据拆出来，再倒序组合。以百位数为例，求得一个数中有多少个整 100，即是它的百位数，即：$x\backslash 100$。编写程序代码如下。

```
Private Sub Form_Click()
    Dim x As Integer, a As Integer, b As Integer, c As Integer
        x = 123                       ' 赋初值
        a = x \ 100                   ' 求出百位数
        x = x - a * 100 : b = x \ 10  ' 求出十位数，也可以用b=x \ 10 Mod 10
        c = x Mod 10                  ' 求出个位数
        x = c * 100 + b * 10 + a      ' 将求得的数据重新组合
        Print x
End Sub
```

请读者尝试用字符运算函数实现例 2-9。

例 2-10　求 36500 分钟可以转换为多少天、多少小时和多少分钟。

分析：先求得 36500 分钟内有多少个完整的 60 分钟，即多少小时；这些小时中又有多少个完整的 24 小时，即求出多少天；在 36500 分钟内除了完整的 60 分钟外还有剩余多少分钟即为分钟数。在 "显示" 按钮的单击事件中计算并将结果直接显示在窗体上，编写程序代码。

```
Private Sub Command1_Click()
    Dim minute As Long
    Dim h As Integer, days As Integer, intHour As Integer, m As Integer
        minute = 36500
        h = minute \ 60               ' 也可以用h= Int(minute / 60)
        days = h \ 24                 ' 也可以用days = Int(h / 24)
        intHour = h Mod 24
        m = minute Mod 60
        Print "36500 分钟="; days; "天"; intHour; "小时"; m; "分钟"
End Sub
```

3. 代数式与 Visual Basic 表达式的互相转换

例 2-11　将下列代数式表示为 Visual Basic 表达式。

(1) $\dfrac{x+y}{x-y}$

转换成 Visual Basic 表达式后为：$(x+y)/(x-y)$。如果写成 x+y/x-y，就会变成 $x+\dfrac{y}{x}-y$。

(2) $\dfrac{1}{2}gt^2$

转换后为：$g*t^2/2$，或者转换为：$g*t*t/2$。

(3) $\sqrt{\dfrac{1+\cos\alpha}{1-\cos\alpha}}$

转换后为：Sqr((1+Cos(α))/(1−Cos(α)))，括号的嵌套要正确与完整。

(4) e^{x+1}

转换后为：Exp(x+1)。

例 2-12　改正下列 Visual Basic 表达式中的错误。

xy^3 表示 $(xy)^3$　　　　　　　改正：(x*y)^3

y+2/x−4 表示 $\dfrac{y+2}{x-4}$　　　改正：(y+2)/(x−4)

e^x*sin(x) 表示 $e^x\sin x$　　　　改正：Exp(x)*sin(x)

cos(30) 表示 $\cos 30^\circ$　　　　　改正：Cos(30/180*3.14)

2.4.2　字符串连接运算符

字符串表达式是用字符串连接运算符将字符串常量、字符串变量连接起来的式子。

Visual Basic 中有两个运算符可以完成字符串的连接运算，"+"和"&"。例如：

```
"Visual" & "Baisc" & "程序设计"     ' 结果为："VisualBaisc 程序设计"
"AB"+"CDE"                          ' 结果为："ABCDE"
```

为了避免与算术运算符中的加法运算符产生混淆，应该尽量使用"&"。另外，"&"会自动将非字符串型的数据转换成字符串后再进行连接，而"+"不能自动转换，所以用"+"做字符串连接时两个操作数都应当是字符型，否则会出错。例如：

```
123 + "456"         ' 结果为 579（算术运算,456 看作是数值）
"xyz" + 123         ' 出错(一个为字符型，一个为数值型)
"123" & 456         ' 结果为 "123456"
123 & 456           ' 结果为 "123456"
"xyz" & "123"       ' 结果为 "xyz123"
"abc" & 123         ' 结果为 "abc123"
```

注意：使用运算符"&"时，变量与运算符"&"之间应加一个空格。因为符号"&"是长整型的类型定义符，如果变量与符号"&"接在一起，系统会先把它作为类型定义符处理，因而就会出现语法错误。

例 2-13　如下程序段体现了"+"在做字符串连接和加法运算时的不同效果。在 Text1 和 Text2 两个文本框中分别输入"12345"和"6789"。单击"加法演示"按钮将 2 个文本框中的内容截取并转换为数值，相加后在 Text3 文本框中输出；单击"字符串连接演示"按钮将两个文本框中的内容截取，连接后在 Text4 文本框中输出。运行结果如图 2-6 所示。

编写程序代码如下。

```
Private Sub Command1_Click()
    a = Text1.Text: b = Text2.Text
    Text3.Text = Val(Left(a, 4)) + Val(Mid(b, 2, 3))
End Sub
Private Sub Command2_Click()
    a = Text1.Text: b = Text2.Text
    Text4.Text = Val(Left(a, 4) + Mid(b, 2, 3))
End Sub
```

图 2-6　"+"不同含义演示

2.4.3 日期型表达式

日期型表达式由算术运算符 "+" "−"、算术表达式、日期型常量、日期型变量和函数组成。日期型表达式能够完成以下 3 种情况的计算:

(1)两个日期型数据相减，结果为数值型数据，表示两个日期之间相差的天数。例如:

`#12/15/2006# − #12/3/2006#`   '结果为数值 12

(2)一个表示天数的数值型数据可以加到日期型数据中，表示向后推算天数。例如:

`#12/5/2006# + 3`   '结果为日期型的值#12/8/2006#

(3)一个表示天数的数值型数据可以从日期型数据中减去，表示向前推算天数。例如:

`#10/25/2000# − 2`   '结果为日期型的值#10/23/2000#

习 题

一、选择题

1. 下列哪个符号能作为 Visual Basic 中的变量名(   )。

    A. end   B. name10   C. t-name   D. x*y

2. 下列不合法的常量是(   )。

    A. "time"   B. 10E+01   C. 10^3   D. #11/20/2000#

3. 表达式 4+5 \ 6 * 7 / 8 Mod 9 的值是(   )。

    A. 4   B. 5   C. 6   D. 7

4. 设有如下变量声明语句: Dim a, b As Boolean，则下面叙述中正确的是(   )。

    A. a 和 b 都是布尔型变量   B. a 是变体型变量，b 是布尔型变量

    C. a 是整型变量，b 是布尔型变量   D. a 和 b 都是变体型变量

5. 下面可以产生 20～30(含 20 和 30)的随机整数的表达式是(   )。

    A. Int(Rnd*10+20)   B. Int(Rnd*11+20)   C. Int(Rnd*20+30)   D. Int(Rnd*30+20)

6. 设 x=3.3，y=4.5，表达式 x−Int(x)+Fix(y)的值是(   )。

    A. 3.5   B. 4.8   C. 4.3   D. 4.7

7. 表达式 Val(".123E2CD")的值是(   )。

    A. .123   B. 12.3   C. 0   D. .123E2CD

8. 设 a= "李大刚"，以下(   )语句输出的结果为 "李"。

    A. Mid(a,0,2)   B. Mid(a,1,1)   C. Mid(a,1,2)   D. Left(a,2)

9. 下列函数中，(   )函数的执行结果与其他 3 个不一样。

    A. String(555)   B. String(3, "5")   C. Right("5555",3)   D. Left("55555",3)

10. 执行语句 s=Len(Mid("VisualBasic",1,6))后，s 的值是(   )。

    A. Visual   B. Basic   C. 6   D. 11

11. 在窗体上添加 1 个文本框、1 个标签和 1 个命令按钮，其名称分别为 Text1、Label1 和 Command1，编写如下事件过程:

```
Private Sub Command1_Click()
```

```
        Text1.Text = " a  bcdef "
        Label1.Caption = Right(Trim(Text1.Text), 3)
    End Sub
```

程序运行后，单击命令按钮，则在标签中显示的内容是（　　）。

    A．空　　　　　　　　B．abcdef　　　　　　　C．abc　　　　　　　D．def

12．下面表达式中，（　　）的运算结果与其他 3 个不同。

    A．Log(Exp(–3.5))　　B．Int(–3.5)+0.5　　　　C．–Abs(–3.5)　　　D．Sin(30*3.14/180)

13．求一个 3 位正整数 n 的十位数的表达式是（　　）。

    A．Int(n/10)–Int(n/100)

    B．n–Int(n/100)*100

    C．Int(n-Int(n/100))*100

    D．Int(n/10)–Int(n/100) *10

14．在 Visual Basic 中，变量的默认类型是（　　）。

    A．Integer　　　　　　B．Double　　　　　　　C．Variant　　　　　D．Currency

15．把数值型转换为字符型需要使用的函数是（　　）。

    A．Val　　　　　　　　B．Str　　　　　　　　　C．Asc　　　　　　　D．Chr

二、填空题

1．把下列数学表达式改写成 Visual Basic 表达式。

(1) $\dfrac{1+\dfrac{y}{x}}{1-\dfrac{y}{x}}+\sqrt[3]{a+b}$ _____

(2) $|x+y|+5+\sin 45°$ _____

2．Visual Basic 表达式翻译成数学表达式。

(1) a/(b+c/(d+e/sqr(f))) _____

(2) sin(25*3.14/180) _____

3．利用 Shell 函数，在 Visual Basic 中调用 Word 应用程序，形式是：_____

三、简答题

1．Visual Basic 中的标准数据类型有哪些？

2．在 Visual Basic 中有哪些表达式？根据什么确定表达式的类型？

上 机 实 验

[实验目的]

    熟练掌握 Visual Basic 的标准数据类型、常量、变量、函数、表达式的使用，以及数据类型的转换。

[实验内容]

1．利用窗体事件或命令按钮单击事件，编程计算下列表达式的值。

(1) (6+5*7)\3+Asc("A")　　　　　　(2) 3*5^2+3*4/2+3^2

(3) "time" & "Basic"　　　　　　　　(4) "My" & 6 & "Ok"

(5) 7 Mod 2 +3^2/5\3　　　　　　　(6) #3/11/2000# - 26

（7）#12/31/2000# - #12/05/2000#

2．利用立即窗口，计算下列函数的值。

（1）Int（−5.48）　　　　　　　　（2）Fix（−3.86）

（3）Sgn（2^4−20）　　　　　　　　（4）Val（"32 Time"）

（5）Asc（"Basic"）　　　　　　　　（6）Len（"AbTime"）

（7）Mid（"Abcdefgh",3）　　　　　　（8）Len（Str（896−1000））

（9）Mid（Str（"Abcd1234"),2,2）　　（10）Format（5459.4, "##,##0.00"）

3．设计一个程序，单击"显示日期"按钮在 3 个文本框中分别显示当前日期的年、月、日，单击"显示时间"按钮在另外 3 个文本框中分别显示当前时间的时、分、秒。

4．设计一个程序，求一个 4 位数各位数字之和。

第3章 顺序结构程序设计

内容提要 顺序结构就是各语句按照出现的先后次序顺序执行。本章主要介绍顺序结构及相关语句、函数和控件，利用它们可方便地进行文本数据及图形数据的输入/输出操作。

本章重点 掌握 Visual Basic 中数据的输入输出方法及相关函数，并能够灵活运用。

3.1 基 本 语 句

Visual Basic 的程序语句是执行具体操作的指令，由 Visual Basic 关键字、属性、常量、变量、函数、表达式、对象名称、属性和方法，以及 Visual Basic 可识别符号的组合组成。最简单的语句可以只有一个关键字，例如：Cls。顺序结构的语句主要包括赋值语句、输入/输出语句等。建立程序语句时必须遵守的构建规则称为语法。Visual Basic 中统一约定符号如下：

[ ]	方括号，可选项
{ }	多项中选一项
|	(竖线)用来分隔多个选择项(选其中之一项)
, …	表示同类项目的重复出现

Visual Basic 中语句书写遵循的规则是：每个语句以回车键结束；一个语句行的最大长度不能超过 1023 个字符；一个语句行可以有多条语句，各语句之间必须用冒号(:)分隔；一条语句也可以分多行书写，但除了最后一行外，其他各行的末尾必须加续行符(空格+下划线)；Visual Basic 不区分应用程序代码字母的大小写；各关键字之间，关键字和变量名、常量名、过程名之间一定要有空格分隔，例如：Private␣Sub␣Form_Click()；与其他高级语言一样，在 Visual Basic 中使用的分号、引号、括号等符号都是英文状态下的半角符号，而不能使用中文状态下的全角符号。

3.1.1 赋值语句

赋值语句可以给变量赋值和修改对象的属性值，它是 Visual Basic 编程中最常见的语句。语法格式为：

变量名或对象的属性名=表达式

功能：先计算表达式的值，再将其值赋值给"="左边的变量或对象属性。

例如：

```
x=123: name= "张小华"          ' 给变量赋值
Text1.Text= "赋值语句的使用实例"   ' 给对象的属性赋值
sum=sum+n                      ' 累加
```

说明：

(1)赋值语句兼有计算与赋值的双重功能。将表达式的值赋值给变量或对象的属性后，变量或对象的属性原值将被表达式的值所替代。例如：在 x=x+1 语句中，执行时先计算"="右边表达式的值，然后将计算结果赋值给变量 x。

(2)赋值号两边的数据类型必须赋值相容。当表达式为数值型并与变量精度不同时，需要强制转换成左边变量的精度，例如：x%=3.5，赋值时 x 的值四舍五入自动转换为整数 4；任何非字符型的值赋值给字符型变量，自动转换为字符型；数字形式的字符串赋值给数值型变量时，自动进行类型转换，例如：假设 x 为整型变量，x= "123"是正确的，而 x= "计算机"是错误的；当逻辑型值赋值给数值型变量时，True 转换为-1，False 转换为 0，反之非 0 转换为 True，0 转换为 False。

例 3-1 设计程序，实现两个文本框内容的交换。

分析：可以借助一个临时变量(假设为 t)，直接在控件中交换数据。

设计步骤如下：

(1)建立应用程序用户界面与设置对象属性。在窗体上添加 2 个标签 Label1、Label2，2 个文本框 Text1、Text2，1 个命令按钮 Command1。2 个标签的 Caption 属性和 1 个命令按钮的 Caption 属性，如图 3-1 所示，2 个文本框的 Text 属性值为空值。

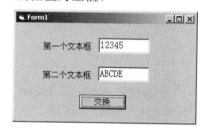

图 3-1 例 3-1 程序运行界面

(2)编写程序代码。

```
Private Sub Command1_Click()          '"交换"按钮
    Dim t As String
        t = Text1.Text
        Text1.Text = Text2.Text
        Text2.Text = t
End Sub
```

请读者思考，两个文本框中的数据进行交换，还可以使用什么方法？

3.1.2 注释、结束与暂停语句

1. 注释语句

为了提高程序的可读性，通常应在程序的适当位置加上注释。语法格式为：

Rem 注释内容 或 '注释内容

功能：注释语句是非执行语句，它是为了使程序员更好地阅读程序和理解程序，而在程序中增加的说明。

说明：任何字符都可以放在注释内容中；如果使用关键字 Rem，在 Rem 和注释内容之间要加一个空格。例如：

```
a=1:b=0:c=0                        ' 初始化变量
Rem 下面是循环控制部分
```

2. 结束语句

语法格式为：

```
End
```

功能：使正在运行的程序终止运行。

End 语句能够强行终止程序代码的执行，清除所有变量，并关闭所有数据文件。

3. 暂停语句

语法格式为：

```
Stop
```

功能：暂停程序的执行，主要用于程序调试，查看程序执行步骤中的状态是否正确。

说明：在解释系统中，程序运行时，运行到 Stop 语句，程序执行暂停，立即窗口打开；在可执行文件中有此语句则将关闭所有文件，在程序调试结束后，生成可执行文件前，应将所有 Stop 语句删除。

3.2　文本数据的输入输出

文本数据的输出既可以利用文本框的 Text 属性、标签的 Caption 属性，也可以通过 Print 方法在窗体、图片框等对象上输出，本节主要介绍 Print 方法及相关的函数。

常用的文本数据输入方式有：InputBox 函数、MsgBox 函数以及文本框等控件。第 1 章已经介绍了文本框，本节主要介绍 InputBox 函数及 MsgBox 函数。

3.2.1　Print 方法

使用 Print 方法可以在窗体上输出文本字符串或表达式的值。语法格式为：

```
[对象名称.] Print [表达式列表]
```

功能：在对象上输出各表达式的值。

说明：

(1) 对象可以是窗体(Form)、图片框(PictureBox)或打印机(Printer)等。如果省略"对象名称"，则在当前窗体上直接输出。

(2) 表达式列表可以是一个或多个表达式，如果省略，则输出一个空行。输出多个表达式时，各表达式之间使用逗号(,)或分号(;)分隔。使用逗号分隔，输出为标准格式，以 14 个字符为一个区段，一个区段放置一个表达式结果；使用分号分隔，输出为紧凑格式，输出时两个字符串相连。数值型数据前边有一个符号位，后面有一个空格。

(3) 表达式列表之间也可以用"&"或"+"字符串连接符将各列表项连接后输出。

(4) 如语句末尾无逗号或分号，下一次 Print 方法执行输出将放在下一行；如果有逗号或分号，下一次 Print 方法的输出结果则在下个区段或下一位置输出。

例 3-2　使用 Print 方法输出文本。

设计步骤如下：

(1)建立应用程序用户界面与设置对象属性。在窗体上添加 2 个命令按钮 Command1、Command2，Caption 属性如图 3-2 所示。

图 3-2　例 3-2 程序运行界面

(2)编写程序代码。

```
Private Sub Command1_Click()
    a = 100
    b = "Visual " & " Basic"
    Print 2 * a
    Print "2*3+6=" ;2 * 3 + 6              ' 紧凑格式输出
    Print                                  ' 输出一个空行
    Print "欢迎学习", b,                    ' 标准格式输出且句尾有","
    Print
    Print "    欢迎学习";                   ' 句尾有";"
    Print b
End Sub
Private Sub Command2_Click()
    Cls
End Sub
```

3.2.2　与 Print 方法有关的函数

Visual Basic 提供了几个与 Print 方法配合的函数，用来控制文本的输出格式。

(1)Tab 函数。语法格式为：

```
Tab(n)
```

功能：把输出位置移到第 n 列。

例如：

```
Print Tab(30);600
```

在第 30 列输出数值 600。

说明：通常，最左边列号为 1。如果当前行上的输出位置大于 n，则 Tab 函数将输出位置移动到下一个输出行的第 n 列上；如果 n 小于 1，则将输出位置移动到列 1；如果 n 大于输出行的宽度，则使用公式：n Mod 输出行的宽度，计算下一个输出位置。

(2)Spc 函数。语法格式为：

```
Spc(n)
```

功能：在输出下一项之前插入 n 个空格。

说明：如果 n 小于输出行的宽度，则下一个输出位置将紧接在 n 个已输出的空格之后；如果 n 大于输出行的宽度，则利用公式：当前位置+(n Mod 输出行的宽度)，计算下一个输出位置。例如：

```
Print "abc"; Spc(30); "def"      ' 首先输出"abc"，然后输出 30 个空格，最后输出"def"
```

如果当前输出位置为 15，而输出行的宽度为 80，则 Spc(100)的下一个输出位置将从 35 开始。

(3) Format 函数。用格式输出函数 Format()可以使数值、日期或字符型数据按用户指定的格式输出。语法格式为：

```
Format（表达式[, 格式串]）
```

功能：据根格式串所规定的格式输出表达式的值。

表达式可以是数值型、日期型或字符型的表达式；格式串是一个字符串常量或变量，由专门的格式说明字符组成，这些说明字符决定了数据项表达式的显示格式和长度。格式串及其含义如表 3-1 所示。

表 3-1　格式输出函数格式字符串说明

字符	含　义	举　例
#	表达式在#位置上有数字则显示，否则不显示	Format(123.45, "#####.###") 结果为"123.45"
0	表达式在 0 位置上有数字则显示，否则显示 0	Format(123.45, "00000.000") 结果为"00123.450"
:	显示冒号	Format(5, "00:") 结果为"05:"
,	在数值的千分位上显示千分位符号	Format(23123.45, "##,###.###") 结果为"23,123.45"
%	以百分符号显示百分位	Format(123.4567, "00.0%") 结果为"12345.7%"
-、+	负、正号，可以原样显示	Format(3456.78, "+##,###.#") 结果为"+3,456.8"
$	美元符号，可以原样显示	Format(1234.5, "$##,###.00") 结果为"$1,234.50"
&	若表达式在&位置上有字符存在就显示，否则什么都不显示	Format("ABcd", "&&&&&") 结果为"ABcd"
@	若表达式在@位置上有字符存在就显示，否则在该位置上显示空白	Format("ABcd", "@@@@@") 结果为" ABcd"
!	若表达式在@位置上有字符存在就显示，否则由左向右填充字符	Format("ABcd", "!@@@@@") 结果为"ABcd "
<	将所有字符以小写格式显示	Format("ABcd", "<@@@@@") 结果为" abcd"
>	将所有字符以大写格式显示	Format("ABcd", ">@@@@@") 结果为" ABCD"
dddddd	以完整日期表示法显示日期	Format(Date, "dddddd") 结果为 2015 年 1 月 18 日
mmmm	以全称来表示指定日期的月份	Format(Date, "mmmm") 结果为 January
yyyy	以 4 位数表示年	Format(Date, "yyyy") 结果为 2015
hh	以有前导 0 的数字来显示小时(00~23)	Format(Time, "hh") 结果为 20
nn	以有前导 0 的数字显示分(00~59)	Format(Time, "nn") 结果为 18
ss	以有前导 0 的数字显示秒(00~59)	Format(Time, "ss") 结果为 18 Format(Time, "hh:mm:ss") 结果为 20:18:18
ttttt	以完整时间显示(包括时、分、秒)	Format(Time, "ttttt") 结果为 23:37:43
AM/PM	AM 表示上午时间，PM 表示下午时间	Format(Time, "tttttAM/PM") 结果为 23:39:33PM

例 3-3　使用 Print 方法在窗体中输出字符串或表达式的值，如图 3-3 所示。

程序代码如下：

```
Private Sub Form_Load()
    Show
    FontSize = 12
    Print Now
    Print Format(Date, "mmmm")
    Print "Visual Basic" & "精品课程", "高等" + "教育"
    FontSize = 16
    Print "66-30="; 66-30
    Print "及格率为： " & Format(0.782, "##.00%")
    Print , , "ABCDEFG"
    Caption = "Print 方法应用实例"
    FontSize = 12
    Print
    Print Tab(10); "学号"; Tab(20); "姓名"; Tab(30); "成绩"
    Print Spc(9); "学号"; Spc(6); "姓名"; Spc(6); "成绩"
End Sub
```

请读者思考，上例中的输出方法能否在标签上使用？

3.2.3　InputBox 函数

InputBox 函数以对话框的形式接收用户输入的数据。语法格式为：

变量＝InputBox(提示信息 [,对话框标题] [,默认内容])

功能：显示一个能接收用户输入的对话框，并返回用户在对话框中输入的信息。

说明：

（1）"提示信息"用来提示用户输入什么信息，长度不能超过 1024 字节。可以显示多行文字，但必须在每行文字的末尾加回车符（Chr(13)）和换行符（Chr(10)）。

（2）"对话框标题"是指在对话框标题栏显示的标题信息。

（3）"默认内容"用于指定对话框的输入文本框中显示的默认文本。

（4）如果省略了某些可选项，必须加入相应的逗号分隔符。

例 3-4　利用 InputBox 函数输入信息，运行后的界面如图 3-4 所示。

图 3-4　InputBox 函数应用

程序代码如下：

```
Private Sub Form_Activate()
```

```
Dim s1 As String
    s1 = "请输入 E-mail 地址" + Chr(13) + Chr(10) + "然后单击[确定]按钮或按回车键"
    s1 = InputBox$(s1, "E-mail 地址", "keke@sohu.com")
    Print s1
End Sub
```

3.2.4 MsgBox 函数

在程序的运行中,如果需要显示一些警告或错误提示等简单信息时,可以利用 **MsgBox** 函数以对话框的形式显示这些内容。用户接收到信息后,可单击相应按钮(按钮个数及类型取决于对应参数,参见下列说明),返回单击的按钮值。语法格式为:

变量=MsgBox(提示信息 [,对话框类型 [,对话框标题]])

功能:在对话框中显示信息,等待用户单击按钮,返回一个整数,以标识用户单击了哪个按钮。

说明:

(1)"提示信息"指定在对话框中显示的文本。可以显示多行文字,但必须在每行文字末尾加回车符(Chr(13))和换行符(Chr(10))。

(2)"对话框标题"是指在对话框的标题栏显示的标题信息。

(3)"对话框类型"用于指定对话框中出现的按钮及图标,一般有 3 个参数,其取值及含义如表 3-2～表 3-4 所示。

表 3-2   参数 1—出现按钮

值	符号常量	显示的按钮	值	符号常量	显示的按钮
0	vbOKOnly	"确定"按钮	3	vbYesNoCancel	"是""否"和"取消"按钮
1	vbOKCancel	"确定"和"取消"按钮	4	vbYesNo	"是"和"否"按钮
2	vbAbortRetryIgnore	"终止""重试"和"忽略"按钮	5	vbRetryCancel	"重试"和"取消"按钮

表 3-3   参数 2—图标类型

值	符号常量	显示的按钮
16	vbCritical	停止图标
32	vbQuestion	问号图标
48	vbExclamation	感叹号图标
64	vbInformation	消息图标

表 3-4   参数 3—默认按钮

值	符号常量	默认的活动按钮
0	vbDefaultButton1	第一个按钮
256	vbDefaultButton2	第二个按钮
512	vbDefaultButton3	第三个按钮

这 3 个参数决定了对话框的模式。在将这些数字相加生成"对话框类型"参数值时,只能从每组值中取用一个数字。例如:

```
y = MsgBox("请选择下一步操作", 2 + 32 + 0, "请确定")      ' 也可以直接写为 34
```

表示显示 3 个按钮("终止"、"重试"和"忽略"按钮)、采用问号图标和指定第一个按钮为默认的活动按钮。

(4)MsgBox 函数返回值指明了用户在对话框中单击了哪一个按钮,如表 3-5 所示。

(5)选项中的值可以是数值,也可以使用符号常量,例如:

```
x= vbAbortRetryIgnore+ vbQuestion+ vbDefaultButton1
y = MsgBox("请选择下一步操作", x, "请确定")
```

(6)如果省略了某一可选项，必须加入逗号分隔符，将其位置罗列出来。例如：

```
y = MsgBox("请选择下一步操作", , "请确定")
```

(7)若不需要返回值，则可使用 **MsgBox** 语句。语法格式为：

```
MsgBox 提示信息 [,对话框类型 [,对话框标题]]
```

表 3-5　函数返回值

值	符号常量	所对应的按钮	值	符号常量	所对应的按钮
1	vbOK	"确定"按钮	5	vbIgnore	"忽略"按钮
2	vbCancel	"取消"按钮	6	vbYes	"是"按钮
3	vbAbort	"终止"按钮	7	vbNo	"否"按钮
4	vbRetry	"重试"按钮			

例 3-5　从输入框中输入圆的半径，计算圆的周长和面积。

设计步骤如下：

(1)创建应用程序的用户界面和设置对象属性。在窗体上添加两个标签 Label1、Label2，用于显示提示信息；两个文本框 Text1、Text2，用于输出圆的周长和面积；两个命令按钮 Command1、Command2，分别表示"开始"和"结束"。

(2)编写程序代码。

```
Private Sub Command1_Click()
    Const pi=3.1415926
    Dim r As Single, k As Single, s As Single
    r = Val(InputBox("请输入圆的半径", "计算圆的周长和面积"))    ' 输入圆的半径
    k = 2 * pi * r
    s = pi * r * r
    Text1.Text = k
    Text2.Text = s
    MsgBox "计算已完成", , "例3.5"
End Sub
Private Sub Command2_Click()
    End
End Sub
```

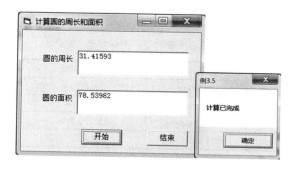

图 3-5　例 3-5 程序运行界面

运行后，首先单击"开始"按钮，在 InputBox 输入框中输入半径值，结果如图 3-5 所示。请读者思考，本例中变量 k、s 的值在文本框上输出时，可否使用 Format 函数控制格式？

例 3-6　利用 **MsgBox** 函数输出信息。

程序代码如下：

```
Option Explicit
Private Sub Form_Activate()
    Dim n1 As Integer
```

```
        n1 = MsgBox("确定是否继续运行程序？", 51, "确定是否继续")    ' 类型值为 3+48+0
        Print n1
End Sub
```

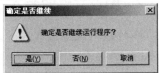

图 3-6 例 3-6 程序运行界面

程序运行结果：如果选择"是"按钮，在窗体中显示 6；如果选择"否"按钮，在窗体中显示 7，如果选择"取消"按钮，在窗体中显示 2，如图 3-6 所示。

3.3 图形数据输入输出控件

图片框控件(PictureBox)和图像框控件(Image)都可进行图形数据的输入输出，本节主要学习图片框控件，图像框控件将在第 9 章中介绍。

3.3.1 图片框

图片框可以作为其他控件的容器，像框架(Frame)一样，可以在图片框上放置其他控件，这些控件可随图片框的移动而移动。

1. 图片框属性

图片框的属性除 Name、Left、Top、Height、Width、Enabled、Visible、FontBold、FontItalic、FontName、FontSize、FontUnderline、AutoRedraw 等通用属性外，还有下列主要属性。

1)Picture 属性

该属性用于设置控件要显示的图形。该属性无论是在属性窗口中设置还是在运行时由程序代码设置，均需要完整的路径和文件名。

2)AutoSize 属性

如果 AutoSize 属性值设置为 True，图片框根据图形大小自动调整；如果设置为 False，保持原尺寸，当图形比图片框大时，则超出部分会自动被截去。

3)CurrentX 和 CurrentY 属性

用来返回或设置下一个输出的水平(CurrentX)或垂直(CurrentY)坐标。这两个属性只能在运行时使用。语法格式为：

```
[对象名称.]CurrentX[= x]
[对象名称.]CurrentY[= y]
```

对象可以是窗体、图片框或打印机。如果省略对象，则指当前窗体；如果省略"=x""=y"，则返回当前的坐标值。

4)Align 属性

图片框在窗体中的显示方式，如表 3-6 所示。

2. 图片框常用事件及方法

图片框控件与窗体一样，支持 Click 和 DblClick 等事件，以及对应的图形方法。

表 3-6 图片框在窗体中的显示方式

值	显示方式
0	无特殊显示(默认)
1	与窗体一样宽，位于窗体顶端
2	与窗体一样宽，位于窗体底端
3	与窗体一样高，位于窗体左端
4	与窗体一样高，位于窗体右端

3.3.2　图形文件的装入

图片框可以通过在设计阶段装入图形文件或在运行期间装入图形文件两种方式,把 Visual Basic 所能接收的图形文件装入其中,下面分别介绍这两种方法。

1.　在设计阶段装入图形文件

设计阶段装入图形有以下两种方法:

(1)使用对象的 Picture 属性。在对象的"属性窗口"属性列表中选择 Picture 属性,Visual Basic 将弹出一个"加载图片"对话框,从中可以选择图形文件并将其加载到图片框中。

(2)将剪贴板中的图片粘贴到图片框中。

2.　在运行期间装入图形文件

运行时装入图形有以下 3 种方法:

1)LoadPicture 函数装入图形文件

使用 LoadPicture 函数可以将指定的图形文件装入。语法格式为:

```
[对象名称.]Picture = LoadPicture("图形文件名")
```

说明:

(1)对象名称为窗体、图片框或图像框的 Name 属性。

(2)图形文件名必须是要装入的图形文件的全称,包括驱动器和路径。

(3)如果省略"图形文件名",即括号中的参数为空串("")时,将清除该对象所显示的图形。例如,Picture1.Picture = LoadPicture("")。

2)使用 Picture 属性在对象间相互复制

图形一旦被加载到图片框,运行时就可以把它赋值给另一窗体、图片框或图像框。例如,语句 Picture2.Picture = Picture1.Picture 的含义是将图片框 Picture1 中的图形复制到图片框 Picture2 中。

3)从剪贴板对象复制图形

如果剪贴板中存储有图形数据,则可使用下面的语句将剪贴板中的图形赋值给图片框的 Picture 属性。语法格式为:

```
[对象名称.]Picture = ClipBoard.GetData([format%])
```

说明:如果运行时用 LoadPicture 函数加载图形,则必须把源图形文件提供给用户。

图 3-7　程序运行后的界面

例 3-7　图片框的应用。

设计步骤如下:

(1)建立应用程序用户界面与设置对象属性。在窗体上添加 2 个图片框 Picture1、Picture2,将 Picture2 的 AutoSize 属性设置为 True,添加 2 个命令按钮 Command1、Command2,其 Caption 属性分别为"装载"和"清除"。运行如下程序,输出界面如图 3-7 所示。

(2)编写程序代码。

```
Private Sub Command1_Click()
    Picture1.Print "在图片框中画圆"
```

```
Picture1.Circle (800, 800), 500, RGB(0, 0, 255)
' 以(800,800)为圆心，500 为半径，在 Picture1 中绘制一个蓝色边框的圆
Picture2.Picture = LoadPicture(App.Path + "\p2.jpg")
' 也可以在 Picture2 的 Picture 属性中设置，App.Path 表示图片文件和应用程序在同
' 一个文件夹中，系统默认当前路径为 C:\Program Files\ Microsoft Visual Studio\
' VB98，如果该图片不在此文件夹中，可通过修改路径实现
End Sub
Private Sub Command2_Click()
    Picture1.Cls                          ' 清除 Picture1 中显示的文字
    Picture2.Picture = LoadPicture("")     ' 删除图片
End Sub
```

由该例可知，图片框不仅能进行图形数据的输入输出，也能利用 **Print** 方法在图片框中输出文本、利用图形方法绘制图形。

习　　题

一、选择题

1. 在代码编辑器中，续行符是用来换行书写同一个语句的符号，用以表示续行符的是(　　)。

  A. 一个空格加一个下划线"＿"　　　　　B. 一个下划线"＿"

  C. 一个连接字符"－"　　　　　　　　　D. 一个空格加一个连接字符"－"

2. 语句 m=m+1 的正确含义是(　　)。

  A. 变量 m 的值与 m+1 的值相等　　　　B. 将变量 m 的值存到 m+1 中去

  C. 将变量 m 的值加 1 后赋给变量 m　　　D. 变量 m 的值为 1

3. 下列赋值语句正确的是(　　)。

  A. A=B+C　　　　B. B+C=A　　　　C. －B=A　　　　D. 2=A+B

4. 执行如下两条语句，窗体上显示的是(　　)。

```
a=9.8596
Print Format(a,"$00,00.00")
```

  A. 0,009.86　　　　B. $9.86　　　　C. 9.86　　　　D. $0,009.86

5. 执行如下语句：a = InputBox("Today", "Tomorrow", "Yesterday", , , "Day before yesterday", 5)将显示一个输入对话框，在对话框的输入区中显示的信息是(　　)。

  A. Today　　　　B. Tomorrow　　　　C. Yesterday　　　　D. Day before yesterday

6. 可以实现从键盘输入一个作为双精度变量 a 的值的语句是(　　)。

  A. a=InputBox( )　　　　　　　　　　B. a=InputBox("请输入一个值")

  C. a=Val(InputBox("请输入一个值"))　　D. a=Val(InputBox( ))

7. 在窗体上添加 1 个文本框，然后编写如下事件过程：

```
Private Sub Form_Click()
    x = InputBox("请输入一个整数")
    Print x + Text1.Text
End Sub
```

程序运行时，在文本框中输入 456，然后单击窗体，在输入对话框中输入 123，单击"确定"按钮后，在窗体上显示的内容为（   ）。

    A．123   B．456   C．479   D．123456

8．在窗体上添加 1 个文本框、1 个标签和 1 个命令按钮，其名称分别为 Text1、Label1 和 Command1，然后编写如下两个事件过程：

```
Private Sub Command1_Click()
    strText = InputBox("请输入")
    Text1.Text = strText
End Sub
Private Sub Text1_Change()
    Label1.Caption = Right(Trim(Text1.Text), 3)
End Sub
```

程序运行后，单击命令按钮，如果在输入对话框中输入 abcdef，则在标签中显示的内容是（   ）。

    A．空   B．abcdef   C．abc   D．def

9．以下关于 MsgBox 的叙述中，错误的是（   ）。

    A．MsgBox 函数返回一个整数

    B．通过 MsgBox 函数可以设置信息框中图标和按钮的类型

    C．MsgBox 语句没有返回值

    D．MsgBox 函数的第二个参数是一个整数，该参数只能确定对话框中显示的按钮数量

10．假定有如下的窗体事件过程：

```
Private Sub Form_Click()
    a$ = "Microsoft Visual Basic"
    b$ = Right(a$, 5)
    c$ = Mid(a$, 1, 9)
    MsgBox a$, 34, b$, c$, 5
End Sub
```

程序运行后，单击窗体，则在弹出的信息框的标题栏中显示的信息是（   ）。

    A．Microsoft Visual   B．Microsoft   C．Basic   D．5

11．以下关于图片框控件的说法中错误的是（   ）。

    A．可以通过 Print 方法在图片框中输出文本

    B．清空图片框控件中图像的方法之一是加载一个空图形

    C．图片框控件可以作为容器使用

    D．用 Stretch 属性可以自动调整图片框中图形的大小

12．以下控件中可以入选为容器控件的是（   ）。

    A．Image 图像框   B．PictureBox 图片框

    C．TextBox 文本框   D．ListBox 列表框

二、填空题

1．Visual Basic 的赋值语句既可给_____赋值，也可给对象的_____赋值。

2．下面程序运行时，若输入 395，则输出结果是_____。

```
Private  Sub  Commandl_Click( )
    Dim x%
```

```
    x=InputBox("请输入一个 3 位整数")
    Print x Mod 10,x\100,(x Mod 100)\10
End Sub
```

3. ```
   Private Sub Commandl_Click( )
       Print "33"; "+"; "22"; "="; 33+22
   End sub
   ```

单击 Command1 后窗体显示的是_____。

4. 设 a="12"，b="34"，语句：Print b;Chr(45);a 能显示_____。

5. 在窗体上添加 1 个命令按钮和 3 个文本框，然后编写如下两个事件过程：

```
Private Sub Command1_Click()
    Dim x As Integer
    x=Val(Text1.Text)+ Val(Text2.Text)+ Val(Text3.Text)
    Text1.Text=10
    Text3.Text=x
End Sub
Private Sub Form_Load()
    Text1.Text=""
    Text2.Text=20
Text3.Text=30
End Sub
```

程序运行后，单击命令按钮，在 3 个文本框中显示的内容分别为_____。

6. 图片 flower.jpg 位于 D:盘根目录，将它加载到图片控件 Picture1 的语句是_____；然后将 Picture1 内的图片 flower.jpg 清空的语句是_____。

7. 用_____方法清除运行时在窗体和图片框中显示的文本或图形。

上 机 实 验

[实验目的]

1. 掌握简单顺序结构程序的编写；

2. 掌握输入数据的方法和不同数据类型的转换；

3. 掌握输出数据的方法。

[实验内容]

1. 设计程序，随机产生一个[m,n]之间的 3 位正整数，将这个数和其逆序数同时输出。例如，产生的随机数为 234，则逆序数为 432。要求：m 和 n 的值由程序运行时通过 InputBox 函数输入，结果用 MsgBox 函数输出。

2. 利用 3 个文本框分别输入商品的"单价""数量"及"折扣"，在第 4 个文本框输出应付款额。

3. 在窗体上建立 4 个文本框和 2 个命令按钮，当用户在第 1、第 2 及第 3 个文本框中输入数据和单击"交换"按钮时，3 个文本框内数据进行交换，即第 2 个文本框的内容放入第 1 个文本框，第 3 个文本框的内容放入第 2 个文本框，第 1 个文本框的原内容放入第 3 个文本框。当单击"合并"按钮时，将 3 个文本框内当前内容进行顺序合并，合并后内容放入第 4 个文本框中。

4. 在窗体上创建 2 个图片框，一个图片框用于加载图形，而另一个图片框用于以文字形式介绍所加载的图片。
```

第4章　选择结构程序设计

内容提要　选择结构是结构化程序设计的基本结构。本章在顺序结构程序设计的基础上，结合选择性控件（水平滚动条、垂直滚动条、计时器、框架、单选按钮、复选框），通过实例，介绍选择结构程序设计相关算法与设计方法，体现 Visual Basic 面向对象和事件驱动的编程机制。

本章重点　熟练掌握选择结构语句格式，并能够运用选择结构进行程序设计。

4.1　条件表达式

使用选择结构时，要根据选择条件的结果确定程序执行流程，而描述条件就要用到条件表达式。条件表达式可以分成两类：关系表达式和逻辑表达式。条件表达式的取值为逻辑值（又称布尔值），为真(True)或假(False)。Visual Basic 中 True 的值为−1，False 的值为 0。

4.1.1　关系运算符与关系表达式

关系表达式是指用关系运算符将两个表达式连接起来的式子。关系运算符也称为比较运算符，用来对两个表达式的值进行比较，比较结果是一个逻辑值，这个结果就是关系表达式的值。关系运算符常用于条件语句和循环语句的条件判断部分。表 4-1 给出了 Visual Basic 中的关系运算符及其说明。

表 4-1　关系运算符

运算符	名称	说　明
=	等于	比较两个表达式是否相等，相等为真，否则为假
<>	不等于	比较两个表达式是否不等，不等为真，相等为假
>	大于	若左边表达式的值大于右边表达式的值则结果为真，否则为假
<	小于	若左边表达式的值小于右边表达式的值则结果为真，否则为假
>=	大于等于	若左边表达式的值大于或等于右边表达式的值则结果为真，否则为假
<=	小于等于	若左边表达式的值小于或等于右边表达式的值则结果为真，否则为假
Like	比较样式	比较两个字符串，模式匹配为真，否则为假
Is	比较对象变量	比较两个对象是否一致，一致为真，否则为假

关系表达式的一般格式为：

<表达式 1>　<关系运算符>　<表达式 2>　[<关系运算符>　<表达式 3> …]

说明：

(1)=(等于运算符)。等于运算符用来比较两个数或表达式的值是否相等。例如：

`n1=3:n2=(5=n1 )` ' 判断 n1 与 5 是否相等，将判断结果赋值给 n2，n2 的值为 False(假)

上述第一个等号是赋值语句中的赋值号，表示将赋值号右边表达式的值赋给它左边的变量；第二个等号是表达式中的等于运算符。

一般情况下，一条语句中最左边的等号是赋值号，其他的等号都是等于运算符。

(2)<>(不等于运算符)。如果第一个表达式的值不等于第二个表达式的值，运算结果为 True，反之为 False。例如：

```
nl=3:n2=(5<>nl)                ' n2 的值为 True(真)
```

(3)>(大于运算符)。如果第一个表达式的值大于第二个表达式的值，运算结果为 True，反之为 False。例如：

```
nl=3:n2= (5>nl)                ' n2 的值为 True(真)
```

(4)<(小于运算符)。如果第一个表达式的值小于第二个表达式的值，运算结果为 True，反之为 False。例如：

```
nl =3:n2 = (5<nl)             ' n2 的值为 False(假)
```

(5)>= (大于等于运算符)。如果第一个表达式的值大于或等于第二个表达式的值，运算结果为 True，反之为 False。例如：

```
nl =3:n2=(5>= n1)             ' n2 的值为 True(真)
```

(6)<=(小于等于运算符)。如果第一个表达式的值小于或等于第二个表达式的值，运算结果为 True，反之为 False。例如：

```
n1= 3:n2= (5<= nl)           ' n2 的值为 False(假)
```

两个表达式进行比较运算时，通常有数值比较和字符串比较两种方式。字符串比较方式是按照字符的 ASCII 码值的大小进行比较。字符的 ASCII 码值按照数字和字母的顺序排列，其中常用的有：数字 0 到 9 的 ASCII 码值分别为 48 到 57；大写字母 "A" 到 "Z" 的 ASCII 码值分别为 65 到 90；小写字母 "a" 到 "z" 的 ASCII 码值分别为 97 到 122；空格的 ASCII 码值为 32。

对两个字符串进行比较运算时，从第一个字符开始，一个一个进行比较，一旦第一个字符串中某一字符的 ASCII 码值大于(或小于)另一个字符串中相应位置的字符，则称第一个字符串的值大于(或小于)第二个字符串的值。例如：

```
result= ("HELLO" < "hello" )        ' 运算结果是 result 的值为 True(真)
result=( "Hello World" >="Hello")    ' 运算结果是 result 的值为 True(真)
```

字符串的比较是区分大小写的，若在模块的声明部分添加一行代码：

```
Option Compare Text
```

则在这个模块中字符串的比较运算将不再区分大小写。

(7)Like (字符串匹配运算符)。Like 运算符将字符串和给定样式(Pattern)进行匹配，匹配成功则返回 True，否则返回 False。这里的样式指的是各种通配符，包括：

```
?                   表示任意一个字符
*                   表示零个或多个字符
#                   表示任意一个数字(0～9)
[字符列表]           表示字符列表中的任意一个字符
[！字符列表]          表示不在字符列表中的任意一个字符
```

通过 Like 运算符，可以对字符串进行全方位的检索和比较。例如：

```
result ="Hello Visual Basic" Like "H * V * "  ' 运算的结果为 result 的值为 True(真)
result = "H" Like " [A-F] "                    ' 运算的结果为 result 的值为 False(假)
result = " R3C4" Like " [!A-M] # ? * "  ' 运算的结果为 result 的值为 True(真)
```

(8) Is (对象比较运算符)。Is 运算符用来比较两个对象变量。如果它们引用的是同一个对象，那么运算的结果为 True，反之为 False。例如：下面的语句执行后，result 的值为 False。若将第二条语句中的 Command2 改为 Command1，result 的值为 True。

```
Set obj1 = Command1
Set obj2 = Command2
result = obj1 Is obj2
```

所有比较运算符的优先级别相同，运算时按其出现的顺序从左到右执行。比较运算符两侧可以是算术表达式、字符串表达式或日期表达式，也可以是常量、变量及函数，但两侧的数据类型必须一致。

4.1.2 逻辑运算符与逻辑表达式

条件表达式只针对单一条件，对于较复杂的复合条件，必须要用逻辑表达式。

逻辑表达式是用逻辑运算符把多个关系表达式或逻辑常量连接起来的式子。如数学表达式 $a \leqslant x < b$，在 Visual Basic 中必须表示为逻辑表达式 a<=x And x<b。Visual Basic 中的逻辑运算符有 And、Or、Not、Xor、Eqv、Imp 等 6 种，其功能及使用如表 4-2 所示。

表 4-2 逻辑运算符

运算	运算符	说　　明	逻辑表达式举例
非	Not	当操作数为真时结果为假	Not(6>3) 结果为 False
与	And	操作数都为真时结果为真，否则为假	True And True 结果为 True True And False 结果为 False
或	Or	操作数都为假时结果为假，否则为真	False Or False 结果为 False True Or False 结果为 True
异或	Xor	两个操作数相反时结果为真，否则为假	True Xor False 结果为 True True Xor True 结果为 False
等价	Eqv	两个操作数相反时结果为假，否则为真	True Eqv False 结果为 False True Eqv True 结果为 True
蕴含	Imp	左边为真右边为假时结果为假，否则为真	True Imp False 结果为 False True Imp True 结果为 True

例如：

```
Not (3>1)          ' 3>1 的值为 True，再取反，最后的结果为 False
6>=5 and 4<5+2     ' and 两侧的条件表达式均为 True，最后的结果为 True
```

一个逻辑表达式中包含多个逻辑运算符时，按照 Not、And、Or、Xor、Eqv、Imp 的优先顺序执行。表 4-3 给出了各种逻辑运算的真值表。

表 4-3 逻辑运算真值表

A	B	A And B	A Or B	Not A	A Xor B	A Eqv B	A Imp B
True	True	True	True	False	False	True	True
True	False	False	True	False	True	False	False
False	True	False	True	True	True	False	True
False	False	False	False	True	False	True	True

4.1.3　运算符的优先顺序

在第 2 章中已经介绍了一些运算符的优先顺序，这里给出 Visual Basic 中包含多类运算符时它们的优先顺序：算术运算符→字符串运算符→关系运算符(6 种运算符优先级相同)→逻辑运算符。

例如，判断 y 年是否为闰年的表达式 (y Mod 4=0 and y Mod 100<>0) Or (y Mod 400=0) 中，先计算括号内的部分，而前面括号内先进行算术运算，然后进行比较运算，最后再进行逻辑运算。

4.2　条件语句

选择结构的特点是根据所给条件的真与假，从不同分支中选择某一分支执行的操作，而且任何情况下总有："无论分支多寡，必择其一；纵然分支众多，仅选其一"。

Visual Basic 中提供的条件语句有：If …Then …Else、If …Then…Else If 和 Select Case。

4.2.1　单行结构条件语句

单行条件语句的语法格式为：

`If <条件> Then　[<语句序列 1>]　[Else <语句序列 2>]`

说明：<条件>可以是关系表达式、逻辑表达式或数值表达。如果以数值表达式作条件，所有非 0 值均被视为真，0 为假；如果没有 Else 子句，[<语句序列 1>]为必要参数，在条件为 True 时执行；单行条件语句应写在一行中，不能换行。

例 4-1　输入 x，计算 y 的值。其中：

$$y=\begin{cases}1+x & (x \geqslant 0)\\ 2+2x & (x<0)\end{cases}$$

分析：该题是要计算数学中的一个分段函数，它表示当 x<0 时，用公式 2+2x 来计算 y 的值；当 x≥0 时，用公式 1+x 来计算 y 的值。在选择条件时，既可选择 x<0 作为条件，也可以选择 x≥0 作为条件。在这里选 x<0 作为条件。这时，当 x<0 为真时，执行 y = 2+2x；为假时，执行 y = 1+x。

设计步骤如下：

(1)建立应用程序用户界面与设置对象属性。在窗体上添加 2 个标签，设置其 Caption 属性分别为"输入 x 的值:""函数值 y="。 添加 2 个文本框，设置其 Text 属性值均为空。添加一个命令按钮，设置其 Caption 属性值为"计算"，如图 4-1 所示。

(2)编写程序代码。

```
Private Sub Command1_Click()
    Dim x As Single, y As Single
    x = Val(Text1.Text)
    If x < 0 Then y = 2 + 2 * x Else y = 1 + x
    Text2.Text = y
End Sub
```

图 4-1　分段函数的计算

4.2.2　块结构条件语句

虽然单行 If 语句使用方便，可以满足许多选择结构程序设计的需要，但是当 Then 部分和 Else 部分包含较多内容时，在一行中就难以容纳所有命令。为此，Visual Basic 提供了块 If 语句，将一个选择结构用多个语句行来实现。块 If 语句又称为多行 If 语句，其语法结构为：

```
If <条件> Then
    [<语句序列 1>]
[Else
    [<语句序列 2>]]
End If
```

说明：

(1) 在块结构中，If 块必须以一个 End If 语句结束。

(2) 当程序运行到 If 块时，首先要测试<条件>，如果条件为 True，则执行 Then 之后的<语句序列 1>；如果条件为 False，并且有 Else 子句，则程序会执行 Else 部分的<语句序列 2>。而在执行完 Then 或 Else 之后的语句序列后，会从 End If 之后的语句继续执行。

(3) 使用块结构时，要严格遵循格式要求(Then 后面直接换行，Else 与 End If 单独成行)。

(4) Else 子句是可选项，如果缺省，则在条件不成立时直接执行 End If 后面的语句。

例 4-2　用文本框输入 3 个数 a、b、c，求其中的最大值。

设计步骤如下：

(1) 建立应用程序用户界面与设置对象属性。在窗体上建立 3 个文本框(用来输入数据)、一个标签(用来输出结果)和一个命令按钮(用来驱动程序)；3 个文本框的 Text 属性置为空，标签的 Caption 属性置为空，命令按钮的 Caption 属性设为"判断"。

(2) 编写程序代码。

```
Private Sub Command1_Click()
    Dim a As Integer, b As Integer, c As Integer, mx As Integer
    a = Val(Text1.Text): b = Val(Text2.Text): c = Val(Text3.Text)
    If a > b Then                ' 选 a 和 b 中较大的一个放在 mx 中
        mx = a
    Else
        mx = b
    End If
    If mx < c Then mx = c         ' 将 mx 与 c 比较，选出最大值
    Label1.Caption = "最大值为: " & Str(mx)
End Sub
```

程序中用了两个 If 语句，第一个为块结构，第二个为行结构。运行结果如图 4-2 所示。

例 4-3　在一个文本框内输入一段文本，在另一个文本框中输出该段文本中的所有数字字符，并分别用两个标签输出数字字符总数和非数字字符总数。

分析：该题可运用 Visual Basic 事件驱动编程机制，在用户通过键盘向文本框输入文本时每按键一次就触发一次文本框的 KeyPress 事件，在 KeyPress 事件过程中判断输入的字符是否是数字，若是则在另一文本框输出并且将数字字符计数器 n 加 1，否则将非数字字符计数器 m 加 1。

设计步骤如下：

(1)建立应用程序用户界面与设置对象属性。在窗体上添加 2 个标签，设置其 Caption 属性分别为"输入原文""找出数字"。 添加 2 个文本框，设置其 Text 属性值为空。另外，添加 2 个标签，设置其 Caption 属性值为空，分别用来输出数字字符总数和非数字字符总数。运行结果如图 4-3 所示。

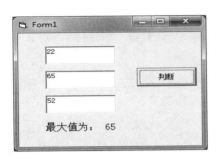

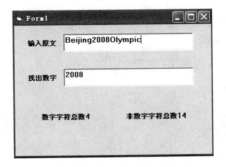

图 4-2　例 4-2 运行结果　　　　　　图 4-3　例 4-3 运行结果

(2)编写程序代码。

```
Private Sub Text1_KeyPress(KeyAscii As Integer)
    Static n As Integer, m As Integer
    If KeyAscii > 47 And KeyAscii < 58 Then    ' 判断输入的字符是否是数字字符
        Text2.Text = Text2.Text & Chr(KeyAscii)
        n = n + 1
        Label3.Caption = "数字字符总数" & n
    Else
        m = m + 1
        Label4.Caption = "非数字字符总数" & m
    End If
End Sub
```

因为 Text1_KeyPress 事件每输入一个字符就触发一次，为了使统计的值具有延续性，记录字符个数的变量 n 和 m 用 Static 来定义(Static 将在后续章节中讲到)。

4.2.3　条件函数 IIf

条件函数可以用来执行一些简单的条件判断操作。语法格式为：

```
IIf(条件,条件为真时的值,条件为假时的值)
```

功能：对条件进行测试，若条件成立(为真值)，取第一个值(即"条件为真时的值")，否则取第二个值(即"条件为假时的值")。例如，例 4-1 中的 If 块语句可以写成：

```
y=IIF(x<0,2+2*x,1+x)
```

条件语句也可以嵌套，例如，要比较 a 和 b 的大小，可使用如下语句：

```
Print IIf(a>b, "a 大于 b",IIf(a<b, "a 小于 b","a 等于 b"))
```

并不是所有的 if 语句都可以改用条件函数来简化，条件函数主要用来简化条件成立与不成立时都是对同一个变量赋值的情况。

4.2.4 条件语句的嵌套

前面介绍了条件语句的基本形式，解决的是二选一的情况。但在实际使用中常需要进行复杂的多重选择(多选一)，此时就需要用到条件语句的嵌套，即在条件语句中，Then 和 Else 后面的语句序列中也可以包含另一个条件语句。

1. 一般格式

```
If <条件1> Then
    If<条件2> Then
    ……
    End If
Else
    ……
End If
```

这种格式是将一个 If 语句完整地嵌入另一个 If 语句中。

例 4-4 将百分制成绩转换成五级制成绩。输入一个百分制的成绩，如果大于或等于 90 分视为优秀，80 到 89 分之间的视为良好，70 到 79 分之间的视为中等，60 到 69 分之间的视为及格，60 以下的视为不及格。

这是一个典型的多选一结构，可用 If 的嵌套来完成。

设计步骤如下：

(1)建立应用程序用户界面与设置对象属性。在窗体上绘制两个标签，其 Caption 属性分别为"输入百分制成绩"和空值，一个文本框，其 Text 属性为空，一个命令按钮，其 Caption 属性为"转换"。

(2)编写程序代码。

```
Private Sub Command1_Click()
    Dim sc As Integer, gr As String
    sc = Val(Text1.Text)
    If sc >= 60 Then
      If sc >= 70 Then
        If sc >= 80 Then
          If sc >= 90 Then
            gr = "优秀"
          Else
            gr = "良好"
          End If
        Else
          gr = "中等"
        End If
      Else
        gr = "及格"
      End If
    Else
      gr = "不及格"
```

```
    End If
    Label2.Caption = gr
End Sub
```

程序的运行结果如图 4-4 所示。请读者思考，还可以用怎样的嵌套语句实现。

例 4-5　判断三角形是锐角、直角还是钝角三角形。

要求：在窗体上添加 5 个标签、3 个文本框和 2 个命令按钮。运行程序时，先在文本框中输入边长，单击"判断"按钮，判断结果将显示在标签中。若单击"结束"按钮，程序结束运行。用户界面如图 4-5 所示。

图 4-4　例 4-4 运行结果　　　　　　　　　图 4-5　判断三角形类型界面

分析：根据三边取值情况，判断结果可有下列情况，三个边长有小于等于 0 的边或任意两条边长之和不大于第三边，不能构成三角形；任意两条边长的平方和小于第三边平方是钝角三角形；任意两条边长的平方和等于第三边平方是直角三角形；任意两条边长的平方和大于第三边平方是锐角三角形。

设计步骤如下：

(1)建立应用程序用户界面与设置对象属性。在窗体中添加 5 个标签，2 个命令按钮和 3 个文本框，设置 5 个标签的 Caption 属性分别为"边长 A""边长 B""边长 C""判断结果："和空。设置文本框的 Text 属性都为空，设置 2 个命令按钮的 Caption 属性分别为"判断"和"结束"。

(2)编写程序代码。

```
Private Sub Command1_Click()
    Dim a As Single, b As Single, c As Single
    a = Val(Text1.Text): b = Val(Text2.Text): c = Val(Text3.Text)
    If (a < 0 Or b < 0 Or c < 0) Or (a + b < c Or a + c < b Or b + c < a) Then
        Label5.Caption = "不能构成三角形"
    Else
      If a ^ 2 + b ^ 2 < c ^ 2 Or a ^ 2 + c ^ 2 < b ^ 2 Or b ^ 2 + c ^ 2 < a ^ 2 Then
        Label5.Caption = "该三角形是钝角三角形"
      Else
        If a ^ 2 + b ^ 2 = c ^ 2 Or a ^ 2 + c ^ 2 = b ^ 2 Or b ^ 2 + c ^ 2 = a ^ 2 Then
            Label5.Caption = "该三角形是直角三角形"
        Else
            Label5.Caption = "该三角形是锐角三角形"
        End If
      End If
```

```
        End If
End Sub
Private Sub Command2_Click()
    End
End Sub
```

2. ElseIf 格式

如果出现多层 If 语句嵌套，因每个 If 语句都带有 Else 和 End If 成分，这将使程序冗长，不便阅读。为此 Visual Basic 提供了带有 ElseIf 子句的选择结构，主要用来简化前一种格式。语法格式为：

```
If <条件 1> Then
    <语句序列 1>
ElseIf <条件 2> Then
    <语句序列 2>
ElseIf <条件 3> Then
    <语句序列 3>
      ……
[ Else
    <语句序列 n> ]
End If
```

执行该语句时，首先判断是否满足"条件 1"，如果满足则执行 Then 后面的"语句序列 1"，然后执行 End If 后面的语句；如果不满足"条件 1"，则判断是否满足"条件 2"，若满足则执行"语句序列 2"，然后执行 End If 后面的语句，……如果所有条件都不满足，则执行 Else 后面的"语句序列 n"，然后转去执行 End If 后面的语句。

例如，例 4-4 程序代码中的嵌套条件语句可改写成如下形式：

```
If sc >= 90 Then
   gr = "优秀"
ElseIf sc >= 80 Then
   gr = "良好"
ElseIf sc >= 70 Then
   gr = "中等"
ElseIf sc >= 60 Then
   gr = "及格"
Else
   gr = "不及格"
End If
```

这种写法比前一种写法不但简便，而且程序结构也清晰。同样，例 4-5 程序代码中的嵌套条件语句可改写成如下形式：

```
If (a < 0 Or b < 0 Or c < 0) Or (a + b < c Or a + c < b Or b + c < a) Then
   Label5.Caption = "不能构成三角形"
ElseIf a ^ 2 + b ^ 2 < c ^ 2 Or a ^ 2 + c ^ 2 < b ^ 2 Or b ^ 2 + c ^ 2 < a ^ 2 Then
   Label5.Caption = "该三角形是钝角三角形"
ElseIf a ^ 2 + b ^ 2 = c ^ 2 Or a ^ 2 + c ^ 2 = b ^ 2 Or b ^ 2 + c ^ 2 = a ^ 2 Then
   Label5.Caption = "该三角形是直角三角形"
```

```
Else
    Label5.Caption = "该三角形是锐角三角形"
End If
```

4.2.5　多分支控制结构

在实际问题中常常会遇到多分支选择的情况，虽然用 If 语句的嵌套可以实现多分支的选择，但当分支较多时，程序结构显得较为杂乱。而用 Select Case 语句能以更简单的方式实现多分支选择功能，使程序的结构更清晰、更直观，而且易于跟踪调试。

Select Case 语句的功能是根据一个<测试表达式>的值，在一组相互独立的语句块中挑选要执行的一个语句块。语法格式为：

```
Select Case<测试表达式>
    Case <表达式列表 1>
        <语句块 1>
    [Case <表达式列表 2>
        <语句块 2> ]
    ……
    [Case Else
        <语句块 n> ]
End Select
```

说明：

(1) 该结构的功能是根据第一行中"测试表达式"的值，依次测试 Case 子句中各表达式列表的值，判断是否匹配，如匹配就执行相应的 Case 语句后的语句块，然后从 Select Case 语句结构中跳出，继而执行 End Select 后面的语句；如所有 Case 子句无一匹配，则执行 Case Else 后面的<语句块 n>，<语句块 n>执行完成后，结束 Select Case 语句的执行。

(2) "测试表达式"的结果必须为有序类型(整型、字符型和逻辑型)，既可以是表达式，也可以是变量或常量。

(3) "表达式列表 i"称为域值，其类型必须与第一行的"测试表达式"类型相同。可以是下列形式之一：

①一组用逗号分隔的表达式。例如：

```
Case 2,4,6,8
Case "a","e","i","o","u"
```

②<表达式 1> To<表达式 2>。在这种情况下，必须把较小的值写在前面，较大的值写在后面，字符串常量的范围必须按字母顺序写出。例如：

```
Case 1 to 9,11,21,31          ，与第一种形式配合使用，表示一个数值范围
Case "A" to "Z"
```

③Is 关系运算表达式，如果<测试表达式>要原样出现在 Case 子句中，则用 Is 代替。例如：

```
Dim x As Integer
    ……
Select Case x
    Case x>5
```

```
......
End Select
```

这样书写得不到正确结果，因为 x 为整型，而 x>5 的结果为逻辑型，两者类型不匹配。应将 Case x>5 改成 Case Is>5，则问题得以解决。

Case 子句中的表达式列表，还可以将前面的 3 种形式混合使用，例如：

```
Case 3,6,12 to 21,Is>21      ' 3 种形式均可混合使用
```

（4）如果同一个域值的范围在多个 Case 子句中出现，则只执行符合匹配条件的第一个 Case 子句后的语句块。因此，在编程时尽量不要出现域值重叠的 Case 子句，那样会降低程序的可读性。

例 4-6　若基本工资大于等于 1100 元，增加工资 10%；若小于 1100 元大于等于 600 元，则增加工资 15%；若小于 600 元则增加工资 20%。请根据用户输入的基本工资，计算出增加后的工资。

分析：根据题意，本题显然属于多条件多分支选择结构，用 Select Case 语句实现判断处理能使结构更加清晰，表达更加直观。

设计步骤如下：

（1）建立应用程序用户界面与设置对象属性，如图 4-6 所示。

（2）编写程序代码。

```
Private Sub Text1_KeyPress(KeyAscii As Integer)
   Dim n As Single, gz As Single
     If KeyAscii = 13 Then    '回车后读入工资并判断处理
       n = Val(Text1.Text)
     Select Case n
           Case Is >= 1100
               gz = n * 1.1
           Case Is >= 600
               gz = n * 1.15
           Case Else
               gz = n * 1.2
      End Select
      Label2.Caption = "增加后的基本工资为:" & gz & "元"
      Text1.SelStart = 0
      Text1.SelLength = Len(Text1.Text)
   End If
End Sub
```

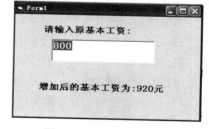

图 4-6　基本工资的计算

也可以将例 4-4 程序中的 If 嵌套结构改为多分支语句来完成。

```
Select Case sc
 Case Is >= 90
   gr = "优秀"
 Case Is >= 80
   gr = "良好"
 Case Is >= 70
   gr = "中等"
 Case Is >= 60
```

```
      gr = "及格"
   Case Else
      gr = "不及格"
End Select
```

4.3　选择性控件

选择性控件主要包括滚动条、计时器、框架、单选按钮、复选框等。

4.3.1　滚动条

滚动条控件用于为那些不能自动支持滚动的应用程序和控件提供滚动观察的功能，也可用于输入数据。滚动条控件有两种：水平滚动条(HScrollBar)和垂直滚动条(VScrollBar)。水平滚动条和垂直滚动条除了方向不同之外，其功能和操作完全相同。

1. 滚动条的常用属性

滚动条的常用属性如表 4-4 所示。

表 4-4　滚动条的常用属性

属　　性	说　　明
LargeChange	整型，决定当单击滚动条的前后部位时，Value 的改变量
SmallChange	整型，决定当单击滚动条的两端箭头时，Value 的改变量
Value	整型，滚动条的当前值(滑动块的位置)
Max	整型，决定 Value 的最大值，取值范围是-32768～32767
Min	整型，决定 Value 的最小值，取值范围是-32768～32767

2. 滚动条的事件

滚动条控件常用的事件有 Scroll 和 Change。

(1) Scroll 事件：当拖动滚动条滑块时触发 Scroll 事件。

(2) Change 事件：当滚动条滑块位置改变时触发 Change 事件。

常用 Scroll 事件过程来跟踪滚动条在拖动时数值的动态变化。由于在单击滚动条或滚动箭头时，将产生 Change 事件，因此常利用 Change 事件来获得滚动条变化后的最终值。

注意：Scroll 事件发生后，Change 事件必然发生；但 Change 事件发生后，Scroll 事件未必发生。

例 4-7　改变字体大小。设计一个窗体，该窗体包含 1 个文本框和 1 个水平滚动条。拖动滚动条滑块时，可以改变文本框的字体大小。

分析：可以使用 HScroll_Scroll 事件过程完成。Scroll 事件发生在拖动滑块时，它使滚动条的值连续变化。Change 事件发生在拖动滑块结束时。

设计步骤如下：

(1) 建立应用程序用户界面与设置对象属性。在窗体上添加一个文本框 Text1 和 1 个水平滚动条 HScroll1，设置 Text1 的 Text 属性为"滚动条"，设置 HScroll1 的 Min 属性为 10，Max 属性为 120。

(2)编写程序代码。

```
Private Sub HScroll1_Scroll()
    Text1.FontSize = HScroll1.Value
End Sub
```

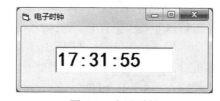

图 4-7　滚动条运用示例

运行结果如图 4-7 所示。请读者尝试用 Change 事件过程完成，并观察运行时的区别。

4.3.2　计时器

计时器(Timer)控件每隔一定的时间产生一次 Timer 事件，可根据这个特性来定时控制某些操作或进行计时。计时器控件在设计时显示为一个小时钟图标，在运行时不显示在屏幕上，通常另设标签或文本框来显示时间。计时器的默认名称为 Timer1、Timer2 ……

1. 计时器控件的常用属性

计时器控件的常用属性如表 4-5 所示。

表 4-5　计时器控件的常用属性

属性	说　　明
Enabled	该属性为 True 时，计时器开始工作，为 False 时暂停
Interval	该属性用来设置计时器触发的周期(单位为毫秒)取值范围为 0～65535，若该属性值为 0，则计时器不起作用

2. 计时器控件的事件

计时器只响应一个 Timer 事件，在间隔一个 Interval 设定时间，触发一次 Timer 事件。

例 4-8　设计一个电子时钟。

设计步骤如下：

(1)建立应用程序用户界面与设置对象属性。在窗体上建立一个计时器控件和一个文本框，计时器的 Interval 属性设置为 1000，文本框的 Text 属性为空，Fontsize 属性为 30。

(2)编写程序代码。

```
Private Sub Timer1_Timer()
    Text1.Text = Time
End Sub
```

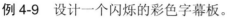

图 4-8　电子时钟

程序运行后，每秒刷新一次时间，效果如图 4-8 所示。

例 4-9　设计一个闪烁的彩色字幕板。

分析：要使字幕闪烁可以使用计时器控件，并周期性地利用 RGB 函数和随机函数 Rnd 改变其颜色。

设计步骤如下：

(1)建立应用程序用户界面与设置对象属性。将窗体的属性 Windowstate 设置为 2，以使程序运行后窗体最大化。添加一个计时器控件，其 Interval 属性设置为 500(0.5 秒)。

(2)编写程序代码。运行结果如图 4-9 所示。

```
Private Sub Form_Load()
    FontName = "幼圆"
```

```
    FontBold = True
    FontSize = 200
End Sub
Private Sub Timer1_Timer()
    ' 每隔0.5秒改变一次窗体的前景色
    Form1.ForeColor = RGB(Int(Rnd * 256),Int(Rnd * 256), Int(Rnd * 256))
    Form1.CurrentX = Form1.Width / 12
    Form1.CurrentY = Form1.Height / 16
    Print "闪烁字幕"
End Sub
```

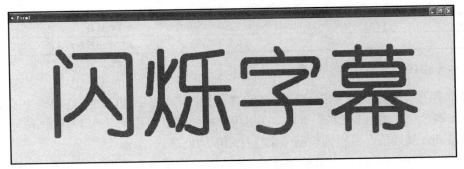

图 4-9　闪烁字幕

4.3.3　框架

框架(Frame)是一个容器控件,对窗体上的控件进行视觉上的分组,使窗体上的内容更有条理。希望被框架围起来的控件可以叠放在框架中,产生一种被组织到一起的视觉效果。在框架内添加对象可以直接在框架内绘制,或者将对象"粘贴"到框架内。框架内的所有控件将随框架一起移动、显示、消失。另外,框架还可以提供总体的激活或屏蔽特性。

1. 框架的常用属性

框架的常用属性如表 4-6 所示。

表 4-6　框架的常用属性

属性	说　　明
Name	框架的名称,为在程序中框架的唯一标识
Caption	框架上显示的标题文字
Visible	取值为逻辑值,决定框架和框架内的所有控件在程序运行时是否可见
Enabled	取值为逻辑值,决定框架和框架内的所有控件是否被屏蔽

2. 框架的事件

框架可以响应 Click 和 DbClick 事件。在应用程序中一般不需要编写框架的事件过程。

4.3.4　单选按钮

单选按钮(OptionButton)控件的功能是让用户在一组相关的选项中选择其中一项,其特点是成组出现,让用户从中选一。在一个单选按钮组中,选择一个选项后,其他选项会自动关闭。那么，怎样把几个单选按钮编成一组呢？只要把几个单选按钮放在一个容器中，就可以实现编组。通常所用的容器有窗体、框架和图片框。

1. 单选按钮的常用属性

单选按钮的常用属性如表 4-7 所示。

表 4-7　单选按钮的常用属性

属性	说　　　明
Caption	设置单选按钮旁边的文字说明(标题)
Value	表示单选按钮是否被选中，选中时值为 True，否则为 False
Alignment	设置单选按钮标题的对齐方式，值为 0 时居左，值为 1 时居右
Style	设置单选按钮外观，值为 0 表示标准方式，值为 1 表示以图形方式显示单选按钮

2. 单选按钮的事件

单选按钮使用最多的是 Click 事件。当程序运行时，单击单选按钮或在代码中改变单选按钮的 Value 属性值，将触发 Click 事件。在应用程序中可以创建一个事件过程，检测单选按钮控件对象 Value 属性值，再根据检测结果执行相应的处理。

例 4-10　在窗体上设置两组单选按钮，一组用来控制文本框的字体，另一组用来控制文本框的字号。运行结果如图 4-10 所示。

设计步骤如下：

(1)建立应用程序用户界面与设置对象属性。按照图 4-10 设计界面并设置属性。

(2)编写程序代码。

```
Private Sub Option1_Click()
    Text1.FontName = "宋体"
End Sub
Private Sub Option2_Click()
    Text1.FontName = "黑体"
End Sub
Private Sub Option3_Click()
    Text1.FontName = "隶书"
End Sub
Private Sub Option4_Click()
    Text1.FontSize = 18
End Sub
Private Sub Option5_Click()
    Text1.FontSize = 24
End Sub
Private Sub Option6_Click()
    Text1.FontSize = 36
End Sub
```

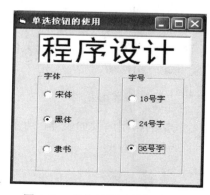

图 4-10　单选按钮和框架的使用

默认情况下，一个窗体上所有的单选按钮都被视为一组，而上面程序要求有两组，所以用框架控件对它们进行分组。

4.3.5　复选框

复选框(CheckBox)的功能是列出可供用户选择的多个选择项，用户根据需要选择其中的一项或多项，也可以一项都不选。复选框控件与单选按钮控件在使用方面的主要区别是在一组单选按钮控件中只能选中一项，而在一组复选框控件中，可以同时选中多项。

1. 复选框的常用属性

复选框的常用属性如表 4-8 所示。

2. 复选框的事件

复选框可响应的事件与单选按钮基本相同，最常用的事件也是 Click 事件。

表 4-8　复选框的常用属性

属性	说　　　明
Caption	设置复选框旁边的文字说明(标题)
Value	表示复选框的选择状态。有 3 种取值：0 表示未被选中(默认值)，1 表示被选中，2 为灰色显示
Alignment	设置复选框标题的对齐方式，值为 0 时居左，值为 1 时居右
Style	设置复选框的外观，值为 0 时表示标准方式，值为 1 时表示以图形方式显示复选框

例 4-11　用复选框来选择喜欢的体育运动。

设计步骤如下：

(1)建立应用程序用户界面与设置对象属性。在窗体上建立一个文本框用来显示结果，其 Text 属性为空；3 个复选框，其 Caption 属性分别为"足球""篮球"和"乒乓球"；再建立一个命令按钮，Caption 属性为"确定"。

(2)编写程序代码。

```
Private Sub Command1_Click()
    Dim re As String
    If Check1.Value = 1 Then re = re & Check1.Caption
    If Check2.Value = 1 Then re = re & Check2.Caption
    If Check3.Value = 1 Then re = re & Check3.Caption
    Text1.Text = "我喜欢" & re
End Sub
```

程序运行时，先选择自己的爱好，再单击"确定"按钮，结果如图 4-11 所示。

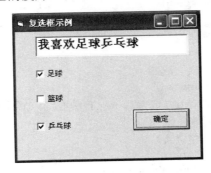

图 4-11　复选框的使用

4.4　应 用 举 例

例 4-12　为一个应用系统设计流动字幕板，标题为"构建和谐社会"，在程序中可以控制字幕是否移动、移动的速度、文字的字体、字号及颜色。

分析：设计流动字幕需使用计时器控件，每隔一定时间产生一次 Timer 事件，使字幕不断移动。为了控制字幕的移动与暂停、移动的速度，文字的颜色、文字的字体和字号，可使用框架将单选按钮、垂直滚动条、复选框等选择控制项分成 4 组，以实现控制功能。

设计步骤如下：

(1)建立应用程序用户界面与设置对象属性。在窗体上添加一个 Timer1 计时器控件和一个标签 Label1，设置 Label1 的 Caption 属性为"构建和谐社会"，Autosize 属性为 True。添加 4 个框架，设置其 Caption 属性分别为："移动控制""速度控制""颜色控制""字体字号控制"。在第一个框架里添加两个单选按钮 Option1、Option2，设置其 Caption 属性分别为"移动""暂停"，设置其 Style 属性均为 1；在第二个框架里添加一个垂直滚动条 Vscroll1，设置其 Min 属性为 1，Max 属性为 50；在第 3 个框架里添加两个单选按钮 Option3、Option4，设置其 Caption 属性分别为"红色""蓝色"；在第四个框架里添加三个复选框 Check1、Check2 和 Check3，设置其 Caption 属性分别为"楷体""粗体"和"65 号字"。

(2)编写程序代码。运行结果如图 4-12 所示。

```
Private Sub Form_Load()             ' 初始化设置字体为宋体、常规、25 号、红色
    Check1.Value = 0
    Check2.Value = 0
    Check3.Value = 0
    Option3.Value = True
    Timer1.Interval = 50
End Sub
Private Sub Option1_Click()
    Timer1.Enabled = True           ' 选中 Option1 时字幕开始移动
End Sub
Private Sub Option2_Click()
    Timer1.Enabled = False          ' 选中 Option2 时字幕停止移动
End Sub
Private Sub Option3_Click()
    Label1.ForeColor = vbRed        ' 选中 Option3 时标签的前景色为红色
End Sub
Private Sub Option4_Click()
    Label1.ForeColor = vbBlue       ' 选中 Option4 时标签的前景色为蓝色
End Sub
Private Sub VScroll1_Change()
    Timer1.Interval = VScroll1.Value ' 拖动垂直滚动条滑块改变字幕移动速度
End Sub
Private Sub Check1_Click()
    If Check1.Value = 1 Then
        Label1.FontName = "楷体_GB2312"
```

```
         Else
            Label1.FontName = "宋体"
         End If
      End Sub
      Private Sub Check2_Click()
         If Check2.Value = 1 Then
            Label1.FontBold = True
         Else
            Label1.FontBold = False
         End If
      End Sub
      Private Sub Check3_Click()
         If Check3.Value = 1 Then
            Label1.FontSize = 65
         Else
            Label1.FontSize = 25
         End If
      End Sub
      Private Sub Timer1_Timer()
         If Label1.Left + Label1.Width > 0 Then
            Label1.Move Label1.Left - 30        ' 若能看见字幕，则字幕向左移动
         Else
            Label1.Left = Form1.ScaleWidth      ' 若字幕消失则使字幕的左端从窗体右端出现
         End If
      End Sub
```

图 4-12　流动字幕

例 4-13　设计一个简单的计算器程序。要求输入两个运算数，从单选按钮中选择一种运算(加、减、乘、除)，将两者组成一个算式并计算结果，将算式与结果组合后显示在文本框内。界面如图 4-13 所示。

设计步骤如下：

(1)建立应用程序用户界面与设置对象属性。按图 4-13 添加控件，并设置相关属性。

(2)编写程序代码。

```
Private Sub Command1_Click()
   Dim a As Single, b As Single, r As Single, t As String
```

```
      a = Val(Text1.Text): b = Val(Text2.Text)
      Select Case True
        Case Option1.Value
          t = "+": r = a + b
        Case Option2.Value
          t = "-": r = a - b
        Case Option3.Value
          t = "*": r = a * b
        Case Option4.Value
          t = "/": r = a / b
      End Select
      Text3.Text = Str(a) & t & Str(b) & "=" & Str(r)
    End Sub
    Private Sub Command2_Click()
      Text1.Text = "": Text2.Text = "": Text3.Text = ""
    End Sub
    Private Sub Command3_Click()
      Unload Me
    End Sub
```

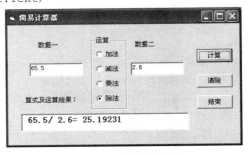

图 4-13　简易计算器

程序运行时，先利用 Text1 和 Text2 输入两个参与运算的数据，再选择一种运算符，单击"计算"按钮，用表达式 Str(a) & t & Str(b) & "=" & Str(r) 将算式和结果显示在 Text3 中；单击"清除"按钮时将 3 个文本框清空；单击"结束"按钮时，结束程序的运行。

习　　题

一、选择题

1. 表示条件"X 是大于等于 5，且小于 95 的数"的条件表达式是（　　）。

    A．5<=X<95   B．5<=X ,X<95   C．X>=5 and X<95   D．X>5 and <95

2. 设 a=3，b=5，则以下表达式中值为真的是（　　）。

    A．a>=b And b>10   B．(a>b) Or (b>0)

    C．(a<0) Eqv (b>0)   D．(-3+5>a) And (b>0)

3. 表示条件"a 是大于 b 的奇数"的表达式是（　　）。

    A．a>b and Int((a-1)/2)=(a-1)/2   B．a>b or Int((a-1)/2)=(a-1)/2

    C．a>b and a mod 2=0   D．a>b or (a-1) mod 2=0

4. 计算 z 的值：当 x 大于 y 时，z=x；否则 z=y。下列语句错误的是（　　）。

    A．If x=y Then z=x: z=y   B．If x>y Then z=x Else z=y

    C．z=y : If x>y Then　z=x   D．If x<=y Then z=y Else z=x

5. 下列程序：

```
    Private Sub Form_Click( )
        b=1: a=2
        Print IIf(a>=b,a,b)
    End Sub
```

运行后输出的结果是（　　）。

　　A. 0　　　　　　　　B. 1　　　　　　　　C. 2　　　　　　　　D. 3

6. 关于语句"If x=1 Then y=1",下列说法正确的是(　　)。

　　A. x 必须是逻辑型变量　　　　　　　　B. y 不能是逻辑型变量

　　C. x=1 是关系表达式,y=1 是赋值语句　　D. x=1 是赋值语句,y=1 是关系表达式

7. 在窗体上添加一个名称为 Command1 的命令按钮,然后编写如下事件过程。

```
Private Sub Command1_Click()
    x = InputBox("input x")
    Select Case x
      Case 1, 3
        Print "分支 1"
      Case Is > 4
        Print "分支 2"
      Case Else
        Print " Else 分支"
    End Select
End Sub
```

　　A. 分支 1　　　　　　B. 分支 2　　　　　　C. Else 分支　　　　D. 程序出错

程序运行后,如果在输入对话框中输入 2,则窗体上显示(　　)。

8. 以下程序段的输出结果为(　　)。

```
a="abcde":b="cdefg":c=Right(a,3):d=mid(b,2,3)
If c<d Then y=c+d Else y=d+c
Print y
```

　　A. abcdef　　　　　　B. cdebcd　　　　　　C. cdeefg　　　　　　D. cdedef

9. 在程序运行期间,如果拖动滚动条上的滚动块,则触发的滚动条事件是(　　)。

　　A. Scroll　　　　　　B. Change　　　　　　C. Move　　　　　　D. GetFocus

10. 若要获得滚动条的当前值,可访问的属性是(　　)。

　　A. Min　　　　　　　B. Max　　　　　　　C. Text　　　　　　D. Value

11. 当一个单选按钮被选中时,它的 Value 属性值是(　　)。

　　A. 0　　　　　　　　B. 1　　　　　　　　C. True　　　　　　D. False

12. 如果需要定时器控件每秒产生 10 个事件,则要将其 Interval 属性设置为(　　)。

　　A. 100　　　　　　　B. 200　　　　　　　C. 300　　　　　　D. 400

13. 下面程序中,当输入 a 的值依次是 5、10、15 时,程序的输出结果是(　　)。

```
Dim a As Integer
a=InputBox("输入 a 的值")
If a>10 Then
    If a>=15 Then Print "A" Else Print "B"
Else
    If a=5 Then Print "C" Else Print "D"
End If
```

　　A. C D B　　　　　　B. C D A　　　　　　C. A B C　　　　　　D. B A C

14. 执行下面的程序段,当输入的值为 5 时,输出结果为(　　)。

```
Dim x as single
```

```
x=InputBox("x=")
If x<0 Then
    y=1: Print y
ElseIf x>=0 Then
    y=3: Print y
Else
    y=4: Print y
End If
```

A. 1   B. 2   C. 3   D. 4

15. 下面的程序段执行结果是（ ）。

```
m=100:n=50:k=30
If m<n or n<k Then n=k
If n=k and m<k Then m=m-100
Print m;n;k
```

A. 100 50 30   B. 50 40 20   C. 40 40 40   D. 30 30 30

二、填空题

1. 闰年的条件是年号（变量名为 y）能被 4 整除但不能被 100 整除，或者能被 400 整除。则符合闰年条件的逻辑表达式是_____。

2. 征兵的条件是：男性的年龄在 16～20 岁，身高在 1.65 米以上；女性的年龄在 16～18 岁，身高在 1.60 米以上。现设性别 s（逻辑型，True 代表男性，False 代表女性），年龄 a（整型），身高 h（实型）。写出符合征兵条件的逻辑表达式_____。

3. 命题 "x,y 中只有一个小于 z" 所对应的逻辑表达为_____。

4. 设 a=10，b=5，c=1，执行语句 Print a>b>c 后，窗体上显示_____。

5. 在使用计时器控件时，语句 Timer1.Enabled=False 的作用是使计时器不起作用，与这条语句作用相同的语句还有_____。

6. 以下程序运行后的输出结果是_____。

```
Private Sub Form_Click()
    Dim h As Integer, f As Integer, t As Integer, j As Integer
    h = 4: f = 10
    If f Mod 2 = 0 And 2 * h <= f And f <= 4 * h Then
        j = 2 * h - f / 2
        t = f / 2 - h
        Print j, t
    End If
End Sub
```

7. 已知变量 cs 中存放一个字符，下面程序段用于判断该字符是数字、字母，还是其他符号，并输出结果。将程序补充完整。

```
Select cs
    Case _____
        Print "这是一个数字"
    Case _____
        Print "这是一个字母"
```

```
    Case _____
        Print "这是其他符号"
End Select
```

8. 在窗体上画一个文本框和一个计时器控件，名称分别为 Text1 和 Timer1，在属性窗口中把计时器的 Interval 属性设置为 1000，Enabled 属性设置为 False。程序运行后，如果单击命令按钮，则每隔 1 秒钟在文本框中显示一次当前时间。请将程序补充完整。

```
Private Sub Command1_Click()
    Timer1._____
End Sub
Private Sub Timer1_Timer()
    _____
End Sub
```

9. 下面程序是用 Rnd 函数随机产生[0，100]之间的一个整数作为某门课程的成绩，按 0~59、60~69、70~89、90~100 划分为不及格、及格、良好和优秀 4 个级别。请将程序补充完整。

```
Dim k As Integer
k = Int(Rnd() * 100): Print k
_____
Select Case k
    Case _____
            Print "不及格"
    Case 6
            Print "及格"
    Case 7, 8
            Print "良好"
    Case _____
            Print "优秀"
End Select
```

10. 下面的程序段可检查输入的文字中大括号是否配对，并显示相应的结果。程序用文本框输入数据（只能输入"{"和"}"），统计大括号的个数并判断左右的大括号是否配对，以回车键作为输入结束的标志。请将程序补充完整。

```
Dim x As Integer, s As String
Private Sub Text1_KeyPress(KeyAscii As Integer)
    s =_____
    If s = "{" Then
        _____
    ElseIf s = "}" Then
        _____
    End If
    If KeyAscii = 13 Then
        If _____ Then
            Print "左右大括号刚好配对！"
        ElseIf x > 0 Then
            Print "左边的大括号多" & Str(Abs(x)) & "个！"
        Else
```

```
            Print "右边的大括号多" & Str(Abs(x)) & "个！"
        End If
    End If
End Sub
```

上 机 实 验

[实验目的]

1．掌握条件表达式的使用；

2．掌握选择性控件和选择结构程序设计方法，并能够解决实际问题。

[实验内容]

1．编写一个程序，单击窗体，用输入框输入一实数，判断是"正数""负数"还是"零"，并用消息框输出判断结果。

2．编写程序，将任意输入的 3 个数字按照从大到小顺序输出。要求利用文本框完成数据的输入输出。

3．已知学号由 9 个数码组成，如 032343001，其中从左算起前 2 位表示年级，第 5 个数码表示学生类型，学生类型规定如下：

2—博士生，3—硕士生，4—本科生，5—专科生

设计程序，从文本框中输入一个学号，经过判断后在另外两个文本框中显示该生的年级及学生类型。

4．设计一个倒计时器，界面如图 4-14 所示。

图 4-14　倒计时器

5．输入圆的半径 r，利用单选按钮选择计算圆的面积、圆的周长等，界面如图 4-15 所示。

图 4-15　计算圆的面积、周长

6．设计一个字符转换程序。转换规则为：将其中的小写字母转换为大写字母，大写字母转换为小写字母，其余非字母字符均转换成"*"。在第一个文本框中每输入一个字符，马上就进行转换，将结果显示在第二个文本框中。

7．求一元二次方程 $ax^2+bx+c=0$ 的根。其中 a、b、c 通过文本框控件输入，结果显示在标签上。

8．某航空公司规定在旅游的旺季（7 月到 9 月），如果订票数在 20（包含 20）张以上票价优惠 15%，20 张以下优惠 5%；在淡季（1 月到 3 月，10 月到 12 月），如果订票数在 20（包含 20）张以上票价优惠 30%，20 张以下优惠 20%；其他月份一律优惠 10%。设计程序，输入订票的数量，打印出每月的优惠率。

9．设计一个流动字幕。要求：在一个标签上显示相关文字，让该标签从左向右移动。当标签完全移出窗体时，让它的右边缘从窗体的左边再次进入。

第5章 循环结构程序设计

内容提要 计算机具有运行速度快的特点，特别适合进行有规律且有重复性的工作。而循环就是在条件驱动下反复执行某组语句的控制结构。因此在解决具体问题时，应尽可能地将问题转换成简单而有规律的重复运算和操作，充分发挥计算机运算速度快、精度高的特点。本章介绍循环结构程序设计，主要包括循环结构的各种控制语句、与循环结构相关的列表框和组合框控件，以及程序调试与错误处理的一些基本方法。

本章重点 掌握循环结构的各种控制语句的格式、使用方法，结合相应控件灵活运用。

5.1 循环语句

循环是指有规律地重复执行某一程序段的现象，被重复执行的程序段称为循环体。编写循环结构的程序有许多方法，比如用 Goto 语句和 If 语句也可以组成循环结构，但使用 Visual Basic 的循环控制结构语句编程更加符合结构化编程思想，可以简化程序，节约内存，提高效率。Visual Basic 提供两种类型的循环语句：一种是计数型循环语句，一种是条件型循环语句。具体有：For…Next、Do…Loop 和 While…Wend，以及 For Each…Next 语句。

5.1.1 For…Next 循环语句

For…Next 循环语句是计数型循环语句，用于控制循环次数预知的循环结构。语法格式为：

```
For <循环控制变量>=<初值> To<终值> [Step <步长>]
       <循环体>
    [Exit For]
Next [<循环变量>]
```

说明：

（1）初值、终值和步长都可以是常量、变量或表达式，循环控制变量必须为数值型，用作循环计数器，Step 若缺省，默认值为 1。

（2）循环执行时，先将初值赋给循环控制变量，然后判断是否超过终值，若未超过则执行循环体；遇到 Next 语句后，循环控制变量增加一个步长值，再次判断是否超过终值，若未超过则继续执行循环体；如此重复直到循环控制变量超过终值，退出循环。步长可为正数，也可为负数。若为正数，则循环控制变量大于终值时退出循环；若为负数，则循环控制变量小于终值时退出循环。

（3）Exit For 用来强制退出循环，可以放在循环体的任何位置，一般与条件语句配合使用。

（4）For 循环结构常用于已知次数的循环，具有先判断后执行的特点，如果第一次判断时初值就超过终值，将不再执行循环体。而循环体也可以是空语句。

（5）For 循环的循环次数为：Int（（终值−初值）/步长值+1）。

For…Next 语句的执行过程如下：

(1)初值赋给循环变量。

(2)将循环变量的值和终值比较，若未超过则执行(3)，否则执行(6)。

(3)执行循环体。

(4)将循环变量的值加步长再赋给循环变量。

(5)转向执行(2)。

(6)执行 Next 之后的语句，即退出循环。

例 5-1　输出 101 到 500 之间的所有偶数，并计算这些偶数之和。

分析：该问题将穷举法和迭代法结合起来解决。依次判断 101 到 500 之间的每个数是否是偶数，若是则输出并累加。由于循环次数已知，因此可采用 For…Next 语句实现。

设计步骤如下：

(1)建立应用程序用户界面与设置对象属性。在窗体中添加 1 个标签，2 个命令按钮，和 1 个文本框，设置文本框的 Multiline 属性为 True，Scrollbars 属性为 2-Vertical。

(2)编写程序代码。运行结果如图 5-1 所示。

```
Private Sub Command1_Click()
    Dim s As Long ,x As Integer        ' s用来累加偶数，x 为循环变量
    s = 0
    For x = 101 To 500                 ' 缺省 Step，步长为1
      If x Mod 2 = 0 Then
          Text1.Text = Text1.Text & Str(x) & Chr(13) & Chr(10)
          s = s + x
      End If
    Next x
    Label1.Caption = "101 到 500 之间的所有偶数之和为:" & Str(s)
End Sub
Private Sub Command2_Click()
    Text1.Text = ""
    Label1.Caption = ""
End Sub
```

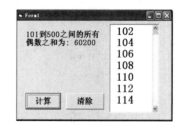

图 5-1　例 5-1 运行结果

例 5-2　通过文本框接收一个正整数 m，判断 m 是不是素数。

分析：该问题是一个穷举问题。要判断 m 是否为素数，只能从 2 开始，一直到 m–1 为止逐个做整除测试。测试过程中，如果出现一次整除，m 就不是素数；如果所有的测试数据都没有出现整除，m 就是素数。

设计步骤如下：

(1)建立应用程序用户界面与设置对象属性。在窗体上绘制一个文本框，将其 Text 属性清空，再添加一个命令按钮，Caption 属性为"判断"。设置两个标签，一个用作提示，另一个用来输出结果。

(2)编写程序代码。

```
Private Sub Command1_Click()
    Dim m As Integer, i As Integer, yn As Boolean
    yn = True
    m = Val(Text1.Text)
    For i = 2 To m-1
```

```
            If m Mod i = 0 Then yn = False
        Next i
        If yn = True Then
            Label2.Caption = Str(m) & "是素数"
        Else
            Label2.Caption = Str(m) & "不是素数"
        End If
End Sub
```

图 5-2　判断素数

程序中循环变量 i 提供 2 到 m−1 的测试数据，变量 yn 是测试变量，其初值设为 True，如果循环执行过程中出现整除，则把其值改为 False。循环结束后再次检测 yn 的值，如果依然为 True，说明循环中没有出现过整除，说明 m 为素数；yn 的值为 False 时，说明循环中至少出现过一次整除，则 m 就不是素数。依据数学理论，i 的测试范围最简只要测试到 $\sqrt{m}$ 就行，因此上述程序中的 For i = 2 To m−1 可以改成 For i = 2 To sqr(m)。运行结果如图 5-2 所示。

例 5-3　用级数 $\dfrac{\pi}{4}=1-\dfrac{1}{3}+\dfrac{1}{5}-\dfrac{1}{7}+\cdots$，求 π 的近似值。要求取前 3000 项来计算。

分析：该问题是一个迭代问题，是一个有规律数据的累加运算。要计算前 3000 项，就是要求循环执行 3000 次，但表达式中的分母是奇数序列，因此可以用 For i=1To 6000 Step 2 来控制其变化。正负交错也可用一个符号变量来控制，将其初值设成 1，每循环一次，就对它进行一次取相反数操作。

程序代码如下：

```
Private Sub Command1_Click()
    Dim p As Single, t As Integer, i As Integer
    t = 1                         ' 控制符号
    For i = 1 To 6000 Step 2
        p = p + t * (1 / i)
        t = -t                    ' 实现正负交错
    Next i
    Print "π="; 4 * p
End Sub
```

程序的运行结果为：π= 3.14126。

5.1.2　Do…Loop 语句

For…Next 循环语句主要用在已知循环次数的情况下，若事先不知道循环次数，可以使用条件型 Do…Loop 语句。Do…Loop 语句即可以处理次数已知的循环，也可以处理次数未知的循环。

Do…Loop 循环语句有两种语法格式：前测型循环结构和后测型循环结构。两者的区别在于判断条件的先后次序不同。

1. 前测型 Do…Loop 循环

语句格式：

```
Do [{ While|Until } 条件]
    [<语句序列 1>]
    [Exit Do]
    [<语句序列 2>]
Loop
```

说明：使用 While 关键字是当条件为 True 时执行循环体，当条件为 False 时终止循环；使用 Until 关键字是当条件为 False 时执行循环体，直到条件为 True 时终止循环。条件为关系表达式或逻辑表达式；Exit Do 是可选的，Exit Do 语句用来跳出本层 Do 循环，一般与条件语句配合使用。

Do While…Loop 形式执行过程如下：

(1)计算条件表达式的值，若条件成立，执行(2)，否则执行(4)。

(2)执行循环体。

(3)转向执行(1)。

(4)执行 Loop 之后的语句，即退出 DO…Loop 循环。

Do Until…Loop 形式执行过程如下：

(1)计算条件表达式的值，若条件不成立，执行(2)，否则执行(4)。

(2)执行循环体。

(3)转向执行(1)。

(4)执行 Loop 之后的语句，即退出 DO…Loop 循环。

例 5-4　设 S=1×2×3×…×n，求 S 不大于 300000 时最大的 n。

分析：本题利用循环进行累乘运算。设计数器为n，累乘器 s=s * n，由于不知道循环次数，故使用 Do…Loop 循环，其循环条件是 s<=300000。又由于求的是最大的 n 值，其实也就是循环次数。输出语句应该在循环体外。

设计步骤如下：

(1)建立应用程序用户界面与设置对象属性。在窗体中添加 2 个标签，1 个命令按钮。窗体界面设计与运行结果如图 5-3 所示。

(2)编写命令按钮的 Click 事件代码。

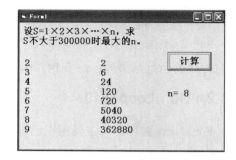

```
Private Sub Command1_Click()
    Dim n As Integer, s As Long
    CurrentY = Label1.Height + 200
    n = 1
    s = 1
    Do While s <= 300000
        n = n + 1
        s = s * n
        Print n, s
    Loop
    Label2.Caption = "n=" & Str(n-1)
End Sub
```

图 5-3　例 5-4 运行结果

请读者思考，若改为用 Do Until…Loop 语句实现，应如何修改程序？

2. 后测型 Do...Loop 循环

语句格式：

```
Do
  [<语句序列 1>]
  [Exit Do]
  [<语句序列 2>]
Loop [{ While|Until } 条件]
```

说明：这种格式的语句与前测型 Do...Loop 形成的循环结构类似，区别在于前测型先进行条件判断，再执行循环体(有可能循环体一次也不执行)，后测型则先执行循环体，再进行条件判断(循环体至少执行一次)。

Do...Loop While 形式执行过程如下：

(1)执行循环体。

(2)计算条件表达式的值，若条件成立，继续执行(1)，否则执行(3)。

(3)执行 Loop 之后的语句，即退出 Do...Loop 循环。

Do...Loop Until 形式执行过程如下：

(1)执行循环体。

(2)计算条件表达式的值，若条件不成立，继续执行(1)，否则执行(3)。

(3)执行 Loop 之后的语句，即退出 Do...Loop 循环。

例 5-5　输入两个正整数，求它们的最大公约数。

分析：求两个正整数 m 和 n 的最大公约数可采用"辗转相除法"，算法如下：求出 m/n 的余数 p，若 p=0，n 即为最大公约数；若 p 非 0，则把原来的分母 n 作为新的分子 m，把余数 p 作为新的分母 n 继续求解。在 Do...Loop 循环体中运用条件语句进行判断，当 p=0 时使用 Exit Do 退出循环。

设计步骤如下：

(1)创建应用程序用户界面和设置对象属性。在窗体中添加 4 个标签、3 个文本框和 1 个命令按钮。3 个文本框名称分别为 Text1、Text2 和 Text3，其 Text 属性均为空。按钮名称为 Command1，其 Caption 属性为"计算"。窗体界面设计与程序运行结果如图 5-4 所示。

(2)编写命令按钮的 Click 事件代码。

```
Private Sub Command1_Click()
    Dim m As Integer, n As Integer, p As Integer
    m = Val(Text1.Text)
    n = Val(Text2.Text)
    If m < 0 Or n < 0 Then
        MsgBox "数据错误!"
        End
    End If
    Do
        p = m Mod n
        If p = 0 Then
            Exit Do
        End If
```

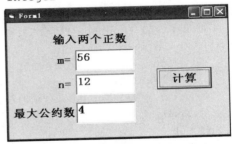

图 5-4　求两个正整数的最大公约数

```
        m = n
        n = p
   Loop Until False
   Text3.Text = m
End Sub
```

请读者思考，若改为用 Do...Loop While 语句实现，应如何修改程序？

5.1.3　While...Wend 语句

While...Wend 循环语句基本上是继承了早期 Basic 语言中的循环语句，其功能与 Do While...Loop 语句相同，但其循环体内不能使用强制出口语句 Exit。

语句格式：

```
While <条件>
    <循环体>
Wend
```

While...Wend 循环结构的执行过程如下：

(1) 计算条件表达式的值，若成立执行(2)，否则执行 (4)。

(2) 执行循环体。

(3) 转向执行(1)。

(4) 执行 Wend 之后的语句，即退出 While 循环结构。

例 5-6　设计一个"累加器"程序，该程序的作用是将每次输入的数累加，当输入 0 时结束程序的运行。

分析："累加器"程序可采用输入对话框输入数据，当输入的数据不是 0 时，将其累加，否则停止累加运算。

设计步骤如下：

(1) 创建应用程序用户界面和设置对象属性。在窗体中添加 1 个标签、1 个文本框。文本框的名称为 Text1，Text 属性为空。程序运行结果如图 5-5 所示。

(2) 编写事件代码。

图 5-5　累加器

```
Private Sub Form_Load()
    Dim x As Single, sum As Single
    Show
    sum = 0
    x = Val(InputBox("请输入要累加的数(0 表示结束)", "输入数据"))
    While x <> 0
        sum = sum + x
        Text1.Text = sum
        x = Val(InputBox("请输入要累加的数(0 表示结束)", "输入数据"))
    Wend
End Sub
```

前面的例子只是用其中的一种循环结构来完成的，我们也可以将其改造成其他的结构。事实上，能用某种循环完成的题目，同样也可以用其他循环语句完成。

5.1.4　循环的嵌套

一个循环体内包含另一个完整的循环结构称为循环的嵌套，内嵌的循环中还可以嵌套循环，这就是多重循环。

在程序设计中，许多问题要用二重或多重循环才能解决。前面介绍过的 For 循环、Do 循环、While 循环都可以互相嵌套，如在 For…Next 的循环体中可以嵌入 While 循环，而在 While…Wend 的循环体中也可以嵌入 For 循环等。在循环嵌套中要注意，内层循环应完全包含在外层循环里面，也就是不允许出现交叉。如用缺口矩形表示每层循环结构，则图 5-6(a)、(b) 是正确的多层循环结构，而图 5-6(c) 是错误的多层循环结构，因为它出现了循环结构的交叉。

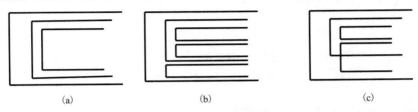

　　　(a)　　　　　　　　　　　(b)　　　　　　　　　　　(c)

图 5-6　多层循环结构

多重循环的执行过程是：外层循环执行一次，内层的循环就要从头开始执行一轮。

例 5-7　编写程序，在窗体上输出如图 5-7 所示的图形。

分析：该图形是由 "$" 构成的三角形，观察其特征发现第一行输出一个 "$"，从第二行开始每行输出的 "$" 比上一行多两个，并且从第二行开始每行开始打印的位置比上一行左移一个位置。因此可以使用循环嵌套，在外层循环控制打印的行数及每行开始打印的位置，内层循环控制每行打印的 "$" 个数。

设计步骤如下：

(1)创建应用程序用户界面和设置对象属性。添加一个命令按钮，设置其 Caption 属性为 "打印三角形"。

(2)编写事件代码。

```
Private Sub Command1_Click()
    Print
    For i = 1 To 12
      Print Tab(40 - i);   '确定当前行的起始位置
        For j = 1 To i*2-1
          Print "$";
        Next j
      Print
    Next i
End Sub
```

例 5-8　打印 100 到 200 之间的所有素数。

分析：例 5-2 解决的是判断一个数是不是素数的问题，而现在要输出一个范围内的全部素数。因此可以用外层的循环专门提供 m 的值，其变化范围是 100 到 200，而内层的循环专门用来检测外循环提供的 m 是不是素数，若是则输出该数后进入下一次外循环，否则直接进入下一次外循环。

设计步骤如下：

(1)创建应用程序用户界面和设置对象属性。添加一个命令按钮 Command1，设置 Caption 属性为"打印"，窗体 Caption 属性设置为"打印素数"。

(2)编写 Command1 的单击事件代码。

```
Private Sub Command1_Click()
    Dim m As Integer, i As Integer
    For m = 100 To 200
        For i = 2 To Sqr(m)
            If m Mod i = 0 Then Exit For
        Next i
        If i > Sqr(m) Then Print m
    Next m
End Sub
```

因为所有的素数都是奇数，所以程序中 For m = 100 To 200 可以写成 For m = 101 To 200 Step 2，这样可以减少外循环次数。程序运行结果如图 5-8 所示。

图 5-7　打印三角形

图 5-8　打印素数

5.2　与循环结构相关的控件

与循环结构相关的控件主要有列表框和组合框。它们都能为用户提供若干个选项，供用户任意选择。而这两种控件的特点是都能为用户提供大量的选项，而且占用较少的屏幕空间，操作简单方便。

5.2.1　列表框

列表框(ListBox)用于列出可供用户选择的项目列表，用户可以从中选择一项或多项。如果项目数超过了列表框可显示的数目，控件上将自动出现滚动条，供用户上下滚动选择。在列表框内的项目称为表项，表项的加入是按一定的顺序号进行的，这个顺序号称为索引。

1. 列表框的常用属性

列表框除了包括一般控件都有的属性，如 Name、Enabled、FontName、FontBold、FontItalic、FontUnderline、Height、Left、Top、Visible、Width 等以外，还具有一些常用的其他属性。表 5-1 列出了列表框的常用属性。

表 5-1　列表框的常用属性

属性	说　明
Name	用于设置列表框控件对象的名称
List	字符串数组，用于设置或返回列表中的选项，下标从 0 开始，即 List(0) 是第一个列表项
ListCount	整型，用于返回列表框中的表项数目
ListIndex	整型，用于返回已选定表项的顺序号(索引)，如选中第一项，其值为 0，选中第二项，其值为 1
Text	用于存放当前选定表项的文本内容。该属性是一个只读属性，可在程序中引用其值
Selected	逻辑型数组，表示列表框中对应表项是否被选中。例如，List1.Selected(2) 为 True 时，表示 List1 的第 3 项被选中，若为 False，表示未被选中
SelCount	当允许同时选定多个表项时，该属性表示当前已选定的表项的总个数，即列表框中 Selected 属性值为 True 的表项总个数
MultiSelect	确定是否允许同时选择多个表项。0 为不允许(默认)，1 为允许(用单击或按空格键来选定或取消)，2 也为允许(按 Ctrl 键的同时单击或按空格键来选定或取消；单击第一项，再按 Shift 键的同时单击最后一项，可以选定连续项)
Sorted	逻辑型，设置列表框中各表项在运行时是否按字母顺序排列。True 为按字母顺序排列，False 为不按字母数序排列(默认)
ItemData	整型数组，用于为列表框的每个表项设置一个对应的数值，其个数与表项个数一致，通常用于作为表项的索引或标识值
Columns	确定列表框是水平滚动还是垂直滚动，并决定列表中表项的显示方式。默认值为 0，表示每一个表项占一行，列表框按单列垂直滚动方式显示。当属性值为 n(n 大于 1) 时，多个表项占一行，列表框按多列水平滚动方式显示
Style	确定控件的样式。默认值为 0，表示标准形式；设置该属性为 1 时，表示复选框形式，即在每个表项前增加一个复选框以表示该表项是否被选中

2.　列表框的常用事件

列表框控件可以接收 Click、DbClick、GotFocus、LostFocus 等事件。

3.　列表框的常用方法

(1) AddItem 方法：向列表框添加项目。语法格式为：

```
[对象.] AddItem 列表项 [, 索引]
```

其中，"索引"值不能大于表中项数(ListCount)。若省略"索引"参数，则自动在最后一个表项的后面添加所需的列表项。

(2) RemoveItem 方法：从列表框中删除一个表项。语法格式为：

```
[对象.] RemoveItem 索引
```

(3) Clear 方法：删除列表框中的所有表项。语法格式为：

```
[对象.] Clear
```

4.　列表框表项的输出

输出列表框中的表项，有以下 3 种常用的方法：

(1) 用鼠标单击列表框内某一个表项，则该表项的值就存放在它的 Text 属性中，直接输出控件的 Text 属性值。

(2) 指定索引号获取表项的值。例如：语句 List1.ListIndex=5 : s=List1.Text，就可以将索引号为 5 的表项值存放在 s 中。

（3）从列表框的 List 属性数组中读取表项的值，如 s=List1.List（2）就可将索引号为 2 的表项值存于 s 中。

例 5-9　设计一个选课程序，界面如图 5-9 所示。

设计步骤如下：

（1）创建应用程序用户界面和设置对象属性。窗体上含有 2 个标签、2 个列表框和 2 个命令按钮。List1（其 MultiSelect 属性值为 2）中显示可供选择的课程，用户可以用鼠标选择其中的一项或多项，当单击"显示"按钮时将所选的结果存放于 List2 中，单击"清除"按钮时清除 List2 中的内容。

（2）编写事件代码。

```
Private Sub Form_Load()              ' 向 List1 添加备选课程
    List1.AddItem "计算机基础"
    List1.AddItem "计算机网络"
    List1.AddItem "Visual Basic 程序设计"
    List1.AddItem "多媒体技术"
    List1.AddItem "数据库原理"
    List1.AddItem "数据结构"
End Sub
Private Sub Command1_Click()         ' 选择课程
    List2.Clear
    For i = 0 To List1.ListCount - 1
      If  List1.Selected(i) Then
          List2.AddItem List1.List(i)
      End If
    Next i
End Sub
Private Sub Command2_Click()         ' 清空 List2
    List2.Clear
End Sub
```

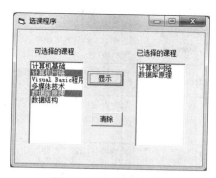

图 5-9　选课程序示例

列表框有时也用来保存程序的运行结果。下面的程序段是将 1000 到 2000 之间能同时被 3 和 7 整除的数据添加到列表框中。

```
Private Sub Command1_Click()
    For i = 1000 To 2000
      If i Mod 3 = 0 And i Mod 7 = 0 Then List1.AddItem  i
    Next
End Sub
```

5.2.2　组合框

组合框（ComboBox）由一个列表框和一个文本框组合而成，因此它具备列表框和文本框的相关属性。当列表框中没有所需要的表项时，通常情况下都允许用户在文本框中用键盘输入相关内容。另外，若用户选择了列表框中的某个表项，则该表项内容自动装入文本框中。

由于组合框可以看成是列表框和文本框构成的组合体，所以组合框拥有文本框与列表框的大多数常用的属性、事件和方法。这里只介绍组合框的 Style 属性，它的不同取值决定了组合框的 3 种不同类型。表 5-2 列出了组合框的 Style 属性。

表 5-2　组合框的 Style 属性

属性	值	说　　　明
Style	0	下拉组合框(Dropdown Combo)，执行时，用户可以直接在文本框内键入内容，也可单击其下拉箭头，再从打开的列表框中选择，选定内容会显示在文本框上
	1	简单组合框(Simple Combo)，它列出所有的项目供用户选择，没有下拉箭头，列表框不能收起，即设计阶段其大小可以改变。这种组合框也允许用户直接在文本框内输入内容
	2	下拉列表框(Dropdown List)，不允许用户输入内容，只能从下拉列表框中选择

例 5-10　设计一个购物程序，用户界面如图 5-10 所示。窗体上含有 3 个标签、1 个下拉式组合框、2 个列表框和 2 个命令按钮。下拉组合框 Combo1 显示可供选择的商品种类，左列表框 List1 显示与选中的商品种类对应的商品名称，用户可以用鼠标在该列表框中选择一个或多个(操作方法见表 5-1 中的 MultiSelect 属性)商品。用户单击"显示"按钮时，选中准备购买的商品显示在右列表框 List2 中。单击"清除"按钮，清除右列表框 List2 中的所有商品名称。

分析：该购物程序需要综合应用列表框和组合框的一些属性、事件和方法来完成。

设计步骤如下：

(1)建立应用程序用户界面与设置对象属性。在窗体上添加 3 个标签，设置其 Caption 属性分别为"商品类别""商品名称"和"购物清单"。添加一个组合框 Comb11，设置其 Style 属性为 0。然后添加 2 个列表框 List1 和 List2，设置 List1 的 MultiSelect 属性为 2。添加 2 个命令按钮，设置其 Caption 属性分别为"显示""清除"。

(2)编写程序代码。

```
Private Sub Form_Load()                 ' 初始化时在组合框中添加商品种类
    Combo1.AddItem "家用电器"
    Combo1.AddItem "数码产品"
    Combo1.AddItem "体育器材"
End Sub
Private Sub Combo1_Click()              ' 根据被选中的商品种类在列表框中添加相应的商品
    If Combo1.Text = "家用电器" Then
        List1.Clear
        List1.AddItem "液晶电视"
        List1.AddItem "组合音响"
        List1.AddItem "滚筒洗衣机"
        List1.AddItem "电冰箱"
        List1.AddItem "微波炉"
    ElseIf Combo1.Text = "数码产品" Then
        List1.Clear
        List1.AddItem "数码照相机"
        List1.AddItem "数码摄像机"
        List1.AddItem "MP3"
        List1.AddItem "便携式 VCD"
    Else
        List1.Clear
        List1.AddItem "网球拍"
        List1.AddItem "篮球"
        List1.AddItem "足球"
    End If
```

```
  End Sub
  Private Sub Command1_Click()              ' 将选中的商品添加到购物清单中
    For i = 0 To List1.ListCount - 1
      If List1.Selected(i) Then
        List2.AddItem List1.List(i)
      End If
    Next i
  End Sub
  Private Sub Command2_Click()              ' 清除购物清单
    List2.Clear
  End Sub
```

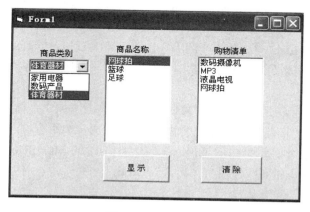

图 5-10   购物程序

5.3   应 用 举 例

例 5-11   我国古代数学家张丘建在"算经"里提出一个世界数学史上有名的百鸡问题：鸡翁一，值钱五，鸡母一，值钱三，鸡雏三，值钱一，百钱买百鸡，问鸡翁、母、雏各几何？

分析：设一百文钱可买公鸡 x 只，母鸡 y 只，小鸡 z 只，依题意可以列出以下方程组：

$$\begin{cases} x + y + z = 100 \\ 5x + 3y + \dfrac{z}{3} = 100 \end{cases}$$

在这个方程组中，由于有 3 个未知数，属于不定方程，无法直接求解。下面用"穷举法"将各种可能的组合全部一一测试，将符合方程条件的组合输出。

设计步骤如下：

(1)建立应用程序用户界面与设置对象属性如图 5-11 所示。

(2)编写程序代码。

```
Private Sub Command1_Click()
For x = 1 To 100
   For y = 1 To 100
      z = 100 - x - y
      If 5 * x + 3 * y + z / 3 = 100 Then
```

```
        p = Format(x, "@@@@") &Format(y, "@@@@@") & Format(z, "@@@@@")
        List1.AddItem p
      End If
    Next y
  Next x
End Sub
```

注意：由方程可知 x 可能的取值最大为 20，y 可能的取值最大为 33，为了提高程序执行效率，减少不必要的循环，以上程序中的循环初值和终值可以修改为：For x = 0 To 20，For y = 0 To 33。

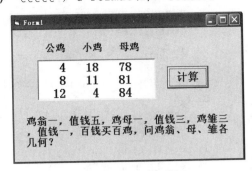

图 5-11　百鸡问题

例 5-12　利用下面的公式近似计算 e 的值（直到最后一项小于 10^{-6} 为止），并将结果输出到窗体上。

$$e \approx 1 + \frac{1}{1!} + \frac{1}{2!} + \frac{1}{3!} + \cdots + \frac{1}{n!}$$

本题考虑先进行内循环计算阶乘 n!，再进行外循环累加。建立应用程序，在代码窗口编写如下程序代码：

```
Private Sub Form_click()
    Dim s As Single
    Dim p As Long, n As Integer
    s = 1:n = 1
      Do
        p = 1
        For i = 1 To n          '计算 n 的阶乘
          p = p * i
        Next i
        s = s + 1 / p           '累加
        n = n + 1
      Loop Until 1 / p < 1E -6
    Print s
End Sub
```

程序的运行结果为 2.718282。

例 5-13　设计一个进制转换器。要求输入一个十进制的整数，可将其转换成对应的二进制、八进制或十六进制。

分析：将十进制整数转换成其他进制都采用"除基数取余法"，到商为 0 时，将其余数序列按逆序排列。

设计步骤如下：

(1)建立应用程序用户界面与设置对象属性。在窗体上添加两个文本框 Text1（输入数据）和 Text2（输出结果），一个组合框 Combo1（提供要转为的进制），它有 3 个表项，"二进制""八进制""十六进制"，它们对应的 ItemData 属性值分别为 2、8、16，两个命令按钮。界面如图 5-12 所示。

(2)编写程序代码。

```
Private Sub Command1_Click()          ' 转换
```

```
    Dim y As String, x As Long, s As Integer, ch As String, n As Integer
    ch = "0123456789ABCDEF"
    If Combo1.ListIndex = -1 Then      ' 组合框中无选项时，默认转换成二进制
        n = 2
    Else
        n = Combo1.ItemData(Combo1.ListIndex)
    End If
    y = ""
    x = Val(Text1.Text)
    If x = 0 Then
        Text2.Text = ""
        MsgBox "请输入一个十进制整数！"
        Exit Sub
    End If
    Do While x > 0
        s = x Mod n
        x = Int(x / n)
        y = Mid(ch, s + 1, 1) + y
    Loop
    Text2.Text = y
End Sub
Private Sub Command2_Click()        ' 结束
    Unload Me
End Sub
```

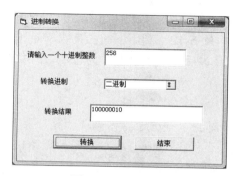

图 5-12　进制转换

例 5-14　验证"哥德巴赫猜想"。1742 年 6 月，德国数学家哥德巴赫在给彼得堡的大数学家欧拉的信中提出一个问题："任何大于 6 的偶数均可表示为两个素数之和吗？"欧拉答复到："任何大于 6 的偶数均可表示为两个素数之和，这一猜想我还不能证明，但我确信无疑地认为这是完全正确的定理。"这就是至今尚未被证明的哥德巴赫猜想。

分析：利用计算机可以对任意的具体偶数进行验证。算法如下，对于任意偶数 n 先求出小于 n 的一个素数 x，再令 y=n–x，判断 y 是否是素数。如果 y 也是素数，则输出 n=x+y，否则取另一个小于 n 的素数 x 而找 y。直至 x 和 y 均为素数为止。如果要将某一范围内的偶数都做这样"1+1"的分解，则需要利用循环。

设计步骤如下：

(1)建立应用程序用户界面与设置对象属性。在窗体上添加 1 个标签，设置其 Caption 属性为"验证哥德巴赫猜想：任何大于 6 的偶数均可表示为两个素数之和"。添加一个列表框 List1。然后添加 1 个命令按钮，设置其 Caption 属性为"确定"。

(2)编写程序代码。程序运行结果如图 5-13 所示。

```
Private Sub Command1_Click()
    Dim a As Integer, b As Integer, p As Integer
    For n = 6 To 1000 Step 2          ' 对 6 到 1000 的所有偶数进行验证
        For x = 3 To n / 2 Step 2     ' 取其中的一个和因子，它必为大于等于 3 的奇数
            f = True
            For i = 2 To Sqr(x)        ' 判断 x 是否为素数
                If x Mod i = 0 Then
```

```
            f = False                      '若 x 不是素数，则退出 For 循环
          Exit For
        End If
      Next i
    If f = True Then                   '若 x 是素数计算另一个和因子 y
      y = n - x
    For i = 2 To Sqr(y)                '判断 y 是否是素数
        If y Mod i = 0 Then
        f = False
        Exit For
      End If
    Next i
    End If
    If f = True Then                   '若 x 和 y 都是素数输出结果
        List1.AddItem Str(n) & "=" & Str(x) & "+" & Str(y)
        Exit For
    End If
    Next x
  Next n
End Sub
```

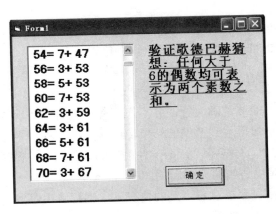

图 5-13　验证哥德巴赫猜想

5.4　程序调试与错误处理

程序调试就是上机试运行程序，找出错误的、不满意的地方并加以修正，直到程序运行正确和满足用户的要求。程序调试是程序设计的基本功之一，也是一项实践性很强的工作，需要在实践中不断总结经验，逐步提高自己调试代码的能力。

5.4.1　Visual Basic 程序中的错误类型

程序调试的关键在于发现并识别错误，然后才能采取相应的纠错措施。代码中出现的错误可分为 3 类：语法错误、逻辑错误和运行错误。

1. 语法错误

语法错误，又称为"编译错误"，通常在语法不正确，即代码书写不符合 Visual Basic 规

图 5-14　显示语法出错信息

范时发生。例如，关键字拼写错误、遗漏标点符号、括号不匹配等。

编译错误是上述 3 种错误中较容易被发现的一种，Visual Basic 提供了自动语法检查功能，能指出并显示这些错误，帮助用户纠正语法错误。例如，用户输入代码 For i＝＝1 To 100 时，Visual Basic 会弹出如图 5-14 所示的消息框给出错误信息。如果仅仅通过消息框上的简单提示信息还不足以了解出错原因，还可以单击对话框中的"帮助"按钮，以获得更详细的错误分析信息。

说明：多数情况下，Visual Basic 会指明语句中的出错部位。但有时它并没有定位到真正的错误，而是指出出错后的第一个单词。因此程序员要通过分析检查，才能确定错误的确切原因和位置。

2. 运行错误

当程序开始运行后，如果在程序中试图进行非法的操作，就会引起运行错误。如在除法运算中除数为 0、访问文件时找不到文件等。这种错误只有在程序运行时才能被发现。

3. 逻辑错误

程序的语法正确并且能够正确运行，并不表明程序就可以实现预定的功能。很多时候，程序可以正确运行，但是却得不到希望的结果，这就是因为程序中存在逻辑错误。例如，在一个算术表达式中，把"*"写成了"+"，条件语句的条件写错，循环次数计算错误等都属于这类错误。死循环经常是由逻辑错误引起的。

逻辑错误往往发生在程序员意想不到的情况下，编程者很难发现自己考虑不周的地方。所以在检查逻辑错误时不要想当然，要多思考、多测试。要防止这样的错误，在设计程序的时候应该养成良好的习惯。例如，把与程序有关的所有事件都整理出来，并考虑程序如何响应事件；程序中尽可能地加入详细的注释，便于在程序调试的过程中理解程序，使代码更具有可读性；在程序中强制要求变量声明等。

5.4.2　程序工作模式

在 Visual Basic 集成开发环境中有 3 种工作模式：设计模式、运行模式和中断模式。从 Visual Basic 主窗口的标题栏上会显示［设计］、［运行］和［Break］。

1. 设计模式

用户创建应用程序的大部分工作是在设计模式下完成的。在设计模式下，用户可以建立应用程序的用户界面、设置控件的属性、编写程序代码。

2. 运行模式

单击工具栏上的"启动"按钮或选择"运行"菜单中的"启动"命令，即可进入运行模式。在运行模式下，用户可以检测程序的运行结果，可以与应用程序对话，还可以查看程序代码，但不能修改程序。

3. 中断模式

在程序中可以设置若干个断点，程序运行到断点处会中断程序的执行而进入中断模式。在中断模式下，用户可以利用 Visual Basic 提供的各种调试工具检查或更新某些变量或表达式的值，或者在断点附近单步执行程序，以便发现错误或改正错误。

进入中断模式的方法很多，常用的几种途径有：

(1) 在代码中插入 Stop 语句，当程序运行到该语句时就会停下来，进入中断模式。

(2) 在代码窗口中，把光标移到要设置断点的那一行，选择"调试"菜单中的"切换断点"命令(或按下功能键 F9)。

(3) 在代码窗口中，在要设置断点的代码行的左页边上单击，此时被设置的断点代码行加粗并反白显示，并在左页边上出现圆点。

(4) 在程序运行时，单击工具栏上的"中断"按钮，或选择"运行"菜单中的"中断"命令，或按 Ctrl+Break 快捷键。不过使用这一方式，程序停顿的位置难以控制。

(5) 当程序运行出现错误时，也会自动切换到中断模式。

当检查调试通过后，需要清除断点，方法是：直接单击断点代码行在左页边上的圆点，或选择"调试"菜单中的"清除所有断点"命令。如果断点是由 Stop 语句产生的，必须消除 Stop 语句。

5.4.3 Visual Basic 中的调试工具

为了提高调试程序的效率，Visual Basic 提供了一组调试工具和调试手段。通过 Visual Basic 主窗口的"调试"菜单，或打开"调试"工具栏(选择"视图"菜单中的"工具栏"命令，再选"调试"选项)，可以获得全部调试工具。"调试"工具栏如图 5-15 所示，其中大多数调试工具只能在中断模式下使用。

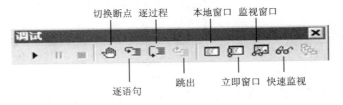

图 5-15 "调试"工具栏

下面通过一个例子来简单介绍调试工具的使用方法。

例 5-15 计算 $t=0.1+0.2+0.3+\cdots+0.9+1$，编写程序代码如下：

```
Private Sub form_load()
    Dim t as single, i As Single
        Show
        t = 0
```

```
    For i = 0.1 To 1 Step 0.1
        t = t+i
    Next i
  Print "总和: "; t
End Sub
```

运行结果为:

总和: 4.5

这不是正确答案,正确结果应该是 5.5。那么错误究竟出现在什么地方呢?下面利用调试工具来查找,操作步骤如下:

(1)在代码窗口中设置断点。为了解循环过程中变量 i 和 t 的变化情况,可在语句 t=t+i 处按照前述方法设置断点,此时显示如图 5-16 所示。

(2)重新运行程序。程序在断点处中断运行,并进入中断模式,如图 5-17 所示。

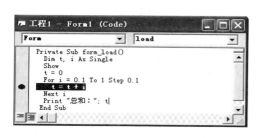

图 5-16　在指定语句处设置断点

图 5-17　中断模式

(3)单击"调试"工具栏上的"本地窗口"按钮,利用本地窗口来监视过程中各变量及属性值的变化情况,如图 5-18 所示。

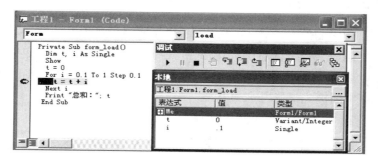

图 5-18　本地窗口

(4)单击"调试"工具栏上的"逐语句"按钮,让程序单步执行。Visual Basic 用黄颜色突出显示当前执行的语句行,并在语句行左侧空白处用黄色小箭头加以标识。单步执行中,"本地窗口"会显示出程序中所用变量的当前值。

(5)连续单击"逐语句"按钮,使程序在 For 循环执行 9 次,此时本地窗口显示的变量值如图 5-19 所示。

(6)再次单击"逐语句"按钮,从显示的执行点可知,程序不再继续循环,而是退出循环,去执行 Next i 的下一条语句 Print。

经过上述跟踪检测,可以发现上述循环只循环了 9 次。本来应该循环 10 次,但由于小数点在机器内存储和处理时会发生微小误差,当执行到第9次循环时,循环变量 i 的值为 0.9000001,再加上步长值 0.1,已经超过 1,往下就不再执行循环体了。所以实际上才循环 9 次,即只计算 0.1+0.2+0.3+…+0.9(=4.5)。

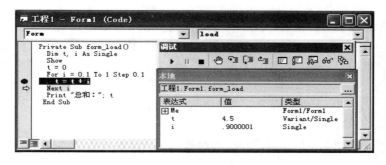

图 5-19　本地窗口,显示的变量值

当步长值为小数时,为了防止丢失循环次数,可将终值适当增加,一般是加上步长值的一半,例如:

```
For i=0.1 to 1.05 Step 0.1
```

调试程序往往比写程序难。希望读者通过实践逐步摸索,掌握调试程序的方法及技巧。

5.4.4　错误处理

调试通过的程序,由于应用环境等因素的改变,还会出现错误。例如,要访问一个移动硬盘中的文件,但移动硬盘没有连接到系统中,会产生文件未找到的错误。这类"运行错误"并非致命的,如果简单地停止程序运行,显然是不大合理的。

在发生的错误中有些错误是可以事先预见的。对于这些可预见的错误,可以利用 Visual Basic 的错误处理程序捕获它,对其进行适当的处理,并使程序继续执行。这样就能够使开发的软件具有更强的适应性。

1. 错误处理的步骤

使用 Visual Basic 错误处理工具进行错误处理的基本步骤如下:

(1)利用 Err 对象记录错误的类型和出错原因等。

(2)强制将程序流程转移到用户自编的"错误处理程序段"的入口处。

(3)在"错误处理程序段"内,根据具体错误进行处理。如果有解决办法,在处理后返回原程序某处继续执行,否则,停止程序运行。

2. Err 对象

Err 对象是全局性的固有对象,用来保存最新的运行时的错误信息,其属性由错误生成者设置。Err 对象的主要属性如下:

(1)number 属性。本属性值为数值类型,用来保存错误号。例如,"除数为零"的错误号为 11,"内存不够"的错误号为 7 等。

(2)Source 属性。本属性为字符串类型,它指明错误产生的对象或应用程序的名称。

(3)Description 属性。本属性为字符串,用于记录简短的错误信息描述。

3. 捕获错误语句

在 Visual Basic 中，使用 On Error 语句可以捕获错误，其语法格式为：

```
On Error GoTo 标号
```

其中，标号是以字母开头的任意字符序列，它必须与本语句处于同一过程中。

通常该语句放置在过程的开始位置。在程序运行过程中，当该语句后面的代码出错时，程序会自动跳转到标号所指定的程序行去运行。标号所指示的程序行通常为错误处理程序段的开始行。

4. 退出错误处理语句

当指定的错误处理完成后，应该控制程序返回到合适的位置继续执行。返回语句 Resume 有以下 3 种用法：

(1) Resume [0]。程序返回到出错语句处继续执行。

(2) Resume Next。程序返回到出错语句的下一行语句。

(3) Resume 标号。程序返回到标号处继续执行。

例 5-16 输入某个数，求该数的平方根。当用户输入负数时，使用 On Error 语句进行处理。

程序代码如下：

```
Private Sub Form_Load()
    Dim x As Single, y As Single, i As String
    On Error GoTo errln
    Show
    i = ""
    x = Val(InputBox("请输入一个数字"))
    y = Sqr(x)
    Print y; i
    Exit Sub
errln:
    If Err.number = 5 Then
        x = -x
        i = "i"
        Resume
    Else
        MsgBox ("错误发生在" & Err.Source & "，代码为" & Err.number & "，
                即" & Err.Description)
        End
    End If
End Sub
```

程序中，**On Error GoTo errln** 使得程序出错时跳转到以标号 errln 为入口的错误处理程序段。程序运行时，当用户输入一个正数时，显示该数的平方根；如果输入的是一个负数，则因求负数的平方根而出错，此时会跳转到错误处理程序段。在错误处理程序段中，先判断错误码，若是 5(即"非法函数调用的错误")，将该负数转换成正数，设置复数标记，然后执行 Resume 语句返回原出错处继续执行。如果发生的不是 5 号错误，则显示有关信息后强行结束。

习　　题

一、选择题

1. For...Next 循环的最少执行次数为（　　）次。

    A．0　　　　　　　B．1　　　　　　　C．2　　　　　　　D．不确定

2. 下面语句中，循环执行的次数为（　　）次。

```
For i = 2 E 2 To 100 Step -2*10
```

    A．3　　　　　　　B．4　　　　　　　C．5　　　　　　　D．6

3. 假定有以下的循环结构：

```
Do Until <条件>
   <循环体>
Loop
```

则下面说法中正确的是（　　）。

    A．如果"条件"是一个为 0 的常数，则一次循环也不执行

    B．如果"条件"是一个为 0 的常数，则至少执行一次循环体

    C．如果"条件"是一个不为 0 的常数，则至少执行一次循环体

    D．不论"条件"是否为"真"，至少要执行一次循环体

4. 执行下面的程序段后，x 的值为（　　）。

```
x=5
For i=1 To 20 Step 2
   x=x+i\5
Next i
```

    A．21　　　　　　B．22　　　　　　C．23　　　　　　D．24

5. 在窗体上添加一个命令按钮和一个文本框，并编写如下程序代码。

```
Private Sub Command1_Click()
   k = 0
   While k < 70
      k = k + 2 : k = k * k + k : a = a + k
   Wend
   Text1.Text = a
End Sub
```

运行程序后的结果为（　　）。

    A．76　　　　　　B．77　　　　　　C．78　　　　　　D．79

6. 以下程序段的输出结果为（　　）。

```
a = 1: b = 0
Do
 a = a + b: b = b + 1
Loop While b < 5
Print a; b
```

A. 11　　5　　　　　B. 16　　6　　　　C. a　　b　　　　D. 10　　20

7. 执行下列程序：

```
Private Sub Form_Click( )
    For i=1 To 10
      For j=1 To i
        s=s+1
      Next j
    Next i
    Print s
End Sub
```

运行程序，循环体执行的次数是(　　　)。

A. 45　　　　　　　B. 50　　　　　　C. 55　　　　　　D. 100

8. 阅读以下程序。

```
Private Sub Command1_Click()
    Dim check As Boolean, counter As Integer
      check = 0
      Do
        Do While counter < 20
          counter = counter + 1
          If counter = 10 Then
            check = False: Exit Do
          End If
        Loop
      Loop Until check = False
      Print counter, check
End Sub
```

程序运行后，单击窗体，输出结果为(　　　)。

A. 15　　0　　　　B. 20　　−1　　　C. 10　　True　　　D. 10　　False

9. 假定有以下当型循环：

```
While Not 条件
  循环体
Wend
```

则执行循环体的"条件"是(　　　)。

A. True　　　　　　B. 1　　　　　　C. False　　　　　D. −1

10. 在窗体上添加一个命令按钮，其名称为 Command1，然后编写如下事件过程。

```
Private Sub Command1_Click()
    Dim i As Integer, x As Integer
        For i = 1 To 6
            If i = 1 Then x = i
            If i <= 4 Then
                x = x + 1
            Else
                x = x + 2
```

```
        End If
      Next i
    Print x
  End Sub
```

程序运行后，单击命令按钮，其输出结果为（ ）。

    A．9   B．6   C．12   D．15

11．窗体上有名称为 Command1 的命令按钮和名称为 Text1 的文本框，然后编写如下事件过程。

```
Private Sub Command1_Click()
    n = Val(Text1.Text)
      For i = 2 To n
        For j = 2 To Sqr(i)
          If i Mod j = 0 Then Exit For
        Next j
        If j > Sqr(i) Then Print i
      Next i
  End Sub
```

该事件过程的功能是（ ）。

    A．输出 n 以内的奇数   B．输出 n 以内的偶数

    C．输出 n 以内的素数   D．输出 n 以内能被 j 整除的数

12．以下能够正确退出循环的语句序列是（ ）。

A．i=10	B．i=1	C．i=10	D．i=1
Do	Do	Do	Do
i=i+1	i=i+1	i=i+1	i=i-3
Loop Until i<10	Loop Until i=10	Loop Until i>0	Loop Until i=0

13．在窗体中添加命令按钮，执行下面程序，单击命令按钮后，输出结果是（ ）。

```
Private Sub Command1_Click()
    a = 0
    For m = 1 To 10
      a = a + 1
      b = 0
      For j = 1 To 10
        a = a + 1: b = b + 2
      Next j
    Next m
    Print a, b
  End Sub
```

    A．10，20   B．20，110   C．110，20   D．200，110

14．下面程序段中，语句 Print i 执行的次数是（ ）次。

```
Private Sub Form_Click()
    Dim i As Integer, j As Integer
      i = 0
      Do
        i = i + 1
```

```
           For j = 10 To 1 Step -3
               i = i + j
               Print i
           Next j
       Loop While i < 50
    End Sub
```

   A. 4   B. 8   C. 12   D. 16

15. 下面程序段的运行结果是(　　)。

```
    For i = 3 To 1 Step -1
        Print Spc(10 - i);
        For j = 1 To 2 * i - 1
          Print "*";
        Next j
        Print
    Next i
```

   A. *****   B. *   C. *   D.   *

        ***   ***   ***   ***

         *   *****   *****   *****

16. 设组合框 Combo1 中有 3 个表项，则以下语句中能删除最后一项的语句是(　　)。

   A. Combo1.RemoveItem　Text   B. Combo1.RemoveItem　2

   C. Combo1.RemoveItem　3   D. Combo1.RemoveItem Combo1.Listcount

17. 下面选项中，不能用于列表框控件的方法是(　　)。

   A. AddItem   B. RemoveItem   C. Clear   D. Cls

18. List 属性用来设置列表框的(　　)。

   A. 列数   B. 内容

   C. 一次可以选择的表项数   D. 表项的数量

19. 为了在列表框中使用 Ctrl 和 Shift 功能键进行多个表项的选择，应将列表框的 MultiSelect 属性设置为(　　)。

   A. 0   B. 1   C. 2   D. 3

20. 调试程序的工作重点是(　　)。

   A. 证明程序的正确性   B. 检查和纠正程序错误

   C. 优化程序结构   D. 提高运行效率

二、填空题

1. 读取列表框中的第三个表项，并把它赋给变量 x 的语句是_____。

2. 设有如下程序：

```
Private Sub Form_Click()
    Dim a As Integer, s As Integer
        n = 8: s = 0
        Do
          s = s + n: n = n - 1
        Loop While n > 0
```

```
    Print s
End Sub
```

以上程序的功能是_____。程序运行后，单击窗体，输出结果为_____。

3. 在窗体上设置一个命令按钮，然后编写如下事件过程。

```
Private Sub Command1_Click()
    k = 0
    For i = 1 To 3
        For j = 1 To 5
            If  j Mod 2 <> 0 Then
                k = k + 1
            End If
          k = k + 1
        Next j
    Next i
    Print k
End Sub
```

程序运行后，单击命令按钮，则输出结果为_____。

4. 若 A 的平方加 B 的平方等于 C 的平方，则 A、B、C 称为一组勾股数。下面程序的功能是找出 100 以内的所有勾股数，并按 A、B、C 顺序输出。请在划线处填入适当内容。

```
Private Sub Command1_Click()
    For a = 2 To 99
        For b = a + 1 To 100
            c=_____
            if _____and c<=100 then
                Print a, b, c
            End If
        Next b
    Next a
End Sub
```

5. 下面程序运行后的输出结果是_____。

```
Private Sub Form_Click( )
    k＝1
    For j＝2 to 5
        k=k*j
    Next j
    Print k+j
End Sub
```

6. 列表框 List1 中已经有若干人的简单信息，运行时在 Text1 文本框(即"查找对象"文本框)中输入一个姓或姓名，单击"查找"按钮，可在列表框中进行查找。若查找成功，则把被查找人的信息显示在 Text2 文本框中，若有多个匹配列表项，则只显示第一个匹配项，若未找到，则在 Text2 中显示"查无此人"。试填空完善下列程序。

```
Private Sub Command1_Click()
    Dim k As Integer, n As Integer, found As Boolean
```

```
        found = False
        n=len(_____)
        k = 0
        While k < List1.ListCount And Not found
            If Text1.Text = Left(list1.List(k), n) Then
                Text2.Text=_____
                found = True
            End If
            k = k + 1
        Wend
        If Not found Then
            Text2.Text = "查无此人"
        End If
    End Sub
```

7. 从字符串中查找所有子串"123"，并将这些子字符串删除，但"1234"子字符串则应保留，例如，将字符串"AB123DE1234FG123H"处理成"ABDE1234FGH"。请将下面的程序段补充完整。

```
    Private Sub Form_Click()
        s = InputBox("请输入一个字符串: ")
        p = InStr(s, "123")
        Do While p > 0
            If Mid(s, p + 3, 1) <> "4" Then
                s = Left(s, p - 1) +_____
            Else
                _____
            End If
            p =_____
        Loop
        Print "处理的结果是: "; s
    End Sub
```

8. 以下程序的功能是将文本框中输入的十进制数转换成二进制数。请将程序补充完整。

```
    Private Sub Command1_Click()
        Dim n As Integer, k As Integer, nk As String
        n = Val(Text1.Text)
        Do
            _____
            n = n \ 2
            nk = LTrim(Str(k)) + nk
        Loop _____
        Print nk
    End Sub
```

9. 下面是一个求两位数的程序，要求每一个两位数的两个数码各不相同，统计有多少个这样的两位数，并打印输出。程序中变量 a 表示十位数，b 表示个位数，r 表示 a、b 组合后的新数据，请将程序补充完整。

```
    Private Sub Command1_Click()
        Dim n As Integer, a As Integer, b As Integer, r As Integer
        n = 0
```

```
      For _____
        For b = 0 To 9
          If _____Then
            r = _____
            n = n + 1
            Print r
          End If
        Next b
      Next a
      Print "Total number="; n
End Sub
```

上 机 实 验

[实验目的]

1．学会根据问题的要求找规律、写通项，掌握循环的正确使用；

2．掌握常用的迭代和穷举算法设计与程序设计。

[实验内容]

1．打印 1～100 所有数的平方、平方根、自然对数、e 指数的数学用表。

2．设计程序，输出 100～200 能被 3 或 5 整除的数，结果存放在列表框中。

3．"完备数"是指一个数恰好等于它的因子之和，如 6 的因子为 1、2、3，而 6=1+2+3，因而 6 是完备数。编制程序，找出 1～1000 中全部"完备数"。

4．Fibonacci 数列的第一项为 1，第二项为 1，从第三项起每项都是其前两项之和，即 1、1、2、3、5、8……设计程序计算 Fibonacci 数列的前 30 项，并在窗体上输出。

5．编写程序，找出所有小于或等于 100 的自然数对。自然数对是指两个自然数的和与差都是平方数，如 17 与 8 的和为 25，差为 9，两者都是平方数，则 17 和 8 被称为自然数对。

6．打印如图 5-20 所示的九九乘法表。

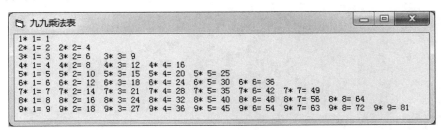

图 5-20　九九乘法表

7．编写程序，计算 s=1+(1+2)+(1+2+3)+…+(1+2+3+…n)，n 从键盘输入。

8．利用下面的近似公式计算 e^x（直到最后一项的值小于 10^{-6} 为止），x 由键盘输入。

$$e^x = 1 + \frac{x}{1!} + \frac{x^2}{2!} + \frac{x^3}{3!} + \cdots + \frac{x^n}{n!}$$

9．设计一个简易抽奖机。在组合框中输入一组号码，按"抽奖"按钮时从中随机抽取一个作为中奖号码，界面如图 5-21 所示。

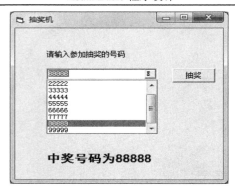

图 5-21　简易抽奖机

10. 在窗体上设置一个名称为 Combo1 的下拉列表框，一个名称为 Label1 的标签。程序运行后，当在组合框中输入一个新项后按回车健（ASCII 码为 13）时，如果输入的项在组合框的列表中不存在，则添加到组合框的列表中，并在标签中提示"已添加输入项"；如果输入的项在组合框的列表中已经存在，则在标签中给出提示"输入项已存在组合框中"。请完善下列事件过程。

```
Private Sub Combo1_____(1)_____(KeyAscii AS Integer)
    If KeyAscii=13 Then
        For k=0 to Combo1.Listcount-1
            If Combo1.Text=_____(2)_____Then
                Label1.Caption= "输入项已存在组合框中"
                Exit Sub
            End If
        Next k
        _____(3)_____Combo1.Text
        Label1.Caption= "已添加输入项"
    End If
End Sub
```

第 6 章 数　　组

内容提要　数组是程序设计中使用相当广泛的一种复合数据类型，它可以方便地组织和处理同类型的批量数据，与循环结构结合，可使程序结构简洁、清晰。本章在介绍数组概念的基础上，详细讲解一维数组、多维(二维)数组、静态数组、动态数组、控件数组的建立及使用。

本章重点　掌握静态数组、动态数组的定义，能够应用数组进行程序设计。

6.1　一　维　数　组

6.1.1　一维数组的概念

在前面章节的程序中，要存储数据都要用变量来完成，程序中如果要处理一大批同类型的数据，则需要的变量数目十分庞大，给编程带来诸多不便。因此在 Visual Basic 实际应用中，要处理一批具有相同类型的数据，使用数组可以进行方便的编程。例如，要处理 50 个职工的工资数据，如果用简单变量处理，需要定义 50 个变量来分别表示每个职工的工资数据，如果使用一种具有相同名称但不同下标的量来表示职工工资，如把这 50 个变量改为 $w(1)$，$w(2)$，…，$w(50)$ 的形式，会使得这些数据的表示和处理相当方便。

在 Visual Basic 中，把一组具有相同名称、相同类型、不同下标(必须用括号引用)的变量集合称为数组。数组元素各自处于确定位置，带有对应的下标，因此数组元素也称为下标变量，其用法和性质与简单变量相同。

下标变量用数组名后加圆括号的对应下标来表示，默认下标是从 0 开始计数。若想使数组的下标从 1 开始，应在程序模块的通用段中使用如下语句：

```
Option Base 1
```

数组中的每个元素在内存中按一定的顺序排列，占据连续的存储单元，数组元素的下标表明了该元素在数组中的相对位置。拥有一个下标的数组称为一维数组。

6.1.2　一维数组的定义

在程序中使用数组，一般要遵从先定义(以便让系统给数组分配相应的存储空间)，后使用的原则。定义一维数组的语法格式为：

```
Dim <数组名> ( <下标上界>) [As  <数据类型>]
```

或

```
Dim <数组名> (<下标下界>  To  <下标上界>) [As <数据类型>]
```

如：

```
Dim sum(20) As Integer          ' 定义 21 个元素的整型数组 sum，下标从 0 到 20
Dim sum(0 To 20) As Integer     ' 与前面一条语句等价
```

说明：

(1)数组必须先定义，后使用。"数组名"可以是任意合法的 Visual Basic 变量名，但不能与当前程序中其他变量同名。"As 数据类型"用来说明数组的类型，数组的类型就是数组中每个元素的类型。若数组的类型是 Variant，则数组中每个元素的类型可以不一致。若省略"As 数据类型"，则说明数组类型是 Variant。

(2)当用 Dim 语句定义数组时，该语句把数值数组中的全部元素都初始化为 0，字符串数组中的全部元素初始为空字符串。

(3)数组在内存中占据连续的存储空间。

(4)可以用 Public、Private 定义数组的范围。

6.1.3　一维数组的使用

建立一个数组之后，就可以对数组或数组元素进行操作。数组的基本操作包括输入、输出、引用及复制。

1. 数组的输入

数组元素的输入一般有以下几种常用方法。

(1)通过 For…Next 循环语句结合 InputBox 函数输入，每循环一次输入一个数据。如：

```
Option Base 1
Private Sub Form_Click()
    Dim t(5) As Integer,i As Integer
    For i=1 to 5
        t(i)=Val(InputBox("请输入数据："))
    Next i
End Sub
```

程序运行时，在对话框中依次输入的 5 个整数被存放在 t 数组的对应位置。

(2)通过赋值操作输入。如：

```
Dim t(5) As Integer
t(1)=10: t(2)=20 : t(3)=30: t(4)=40: t(5)=50
```

(3)用 Array 函数输入。Visual Basic 提供的 Array 函数可以方便地解决一次给数组中的所有元素提供值的问题。用 Array 函数给数组赋值的格式如下：

<变量名>=Array(<数据值列表>)

其中，"变量名"是预先定义的一个 Variant 类型的变量，而数据值列表是多个用逗号隔开的数据。例如，下列语句：

```
Dim D As Variant
D=Array(1,2,3,4)
```

结果是将 4 个数 1、2、3、4 赋给 D(0)～D(3)，形成由 4 个元素构成的 D 数组。

使用 Array 函数前，必须先定义一个 Variant 类型的变量，用 Array 函数是给该变量赋多个值，当该变量获得多个值后就自然成为一个数组。数据的个数就是数组元素的个数。Array 函数只能给一维数组赋值，不能给二维或多维数组赋值。

(4)用 Rnd 函数给数组元素提供值。有时只关心数组的控制结构而不在意具体的数据时，就可以用 Rnd 函数产生随机数给数组元素提供数据。例如：

```
Private Sub Form_Click()
    Dim a(20) As Integer,i As Integer
      For i=1 To 20
       a(i)=Int(Rnd()*100)
      Next i
End Sub
```

程序运行后，通过 20 次的循环，每次产生一个 100 以内的随机整数，被依次存放在 a 数组的对应位置。

2. 数组的引用

数组的引用是指对数组元素的引用，其方法是在数组名后的括号中指定下标。例如：

```
Dim x(8) As Integer, tep As Integer,s As Integer
tep=x(8)
s=x(1)+x(5)
```

上面出现了两个 x(8)，其中 Dim 语句中的 x(8)是数组说明，指出它所建立的 x 数组中最大的可用下标是 8；而 tep=x(8)中的 x(8)是一个数组元素，表示将下标为 8 的元素赋值给变量 tep；语句 s=x(1)+x(5)是将下标为 1 和下标为 5 的数组元素相加，结果赋给 s。

引用数组元素时，需要注意以下几点：

(1)在引用数组元素时，数组名、类型和维数要与定义数组时一致。

(2)定义数组时，下标可以是常量或常量表达式，但不能是变量或变量表达式。例如，Dim a(5)、Dim a(12+3)是合法的。而 Dim s(n)、Dim m(2*n+1)是不合法的。但是引用数组时，其下标可以是常量、变量或表达式。当下标值带有小数部分时，系统会自动对它四舍五入取整，如 u(7.7)将作为 u(8)处理。

(3)引用数组元素时，其下标值应在建立数组时所指定的范围内，否则会产生"下标越界"的错误。

由于数组元素是带下标(也称索引)的，所以只要改变下标的值，就可以引用不同的数组元素。例如，要求 10 个整数的和，可以有两种方法：一种是把这 10 个数分别存入 10 个简单变量 x1，x2，…，x10 中，然后在代码中用语句 s=x1+x2+…+x10 来求和。另一种方法是在代码中用如下循环结构程序段求和。

```
Dim d(1 To 10) As Integer
   For i = 1 To 10
     s = s + d(i)
   Next i
```

显然后一种方法要简洁得多。尤其是数据量很大的时候，这种简洁性体现得更明显。

例 6-1 随机产生 20 个两位的正整数，并求和。

程序代码如下：

```
Private Sub Form_Click()
    Dim d(19) As Integer, s As Integer
```

```
      s = 0
      For i = 0 To 19
         d(i) = Int(90 * Rnd) + 10
         s = s + d(i)
      Next i
      Print "s="; s
   End Sub
```

本例中，通过在循环中改变 i 的值给数组元素赋值，并求数组元素值之和。如果没有数组，就必须进行 20 次赋值操作，求和时要写一个有 20 个加数的加法算式。利用数组和循环结构的结合，几行简单的代码，问题都解决了。

3. 数组元素的复制

单个数组元素可以看作是一个简单变量，因此通过赋值将其复制给另外一个元素或同类型的变量。例如：

```
Dim a(10) As Integer,b(10) As Integer, k As Integer
a(1)=9 : b(2)=a(1) :k=b(2)
```

为了复制整个数组，仍可使用循环语句实现。

例如，下列代码段执行后，将把 d1 数组中的数据复制到 d2 数组中。

```
Option Base 1
Private Sub Form_Click()
    Dim d1(10) As Integer, d2(10) As Integer, i As Integer
       For i = 1 To 10
           d1(i) =Int(Rnd()*50)
       Next i
       For i = 1 To 10
          d2(i) = d1(i)
       Next i
End Sub
```

4. 数组元素的输出

数组元素的输出，一般用循环语句结合 Print 语句逐个输出。

例 6-2　随机产生 10 个两位的正整数，按顺序和逆序分别输出。

分析：用 Rnd 函数产生 10 个两位的正整数存放在数组中，先按下标从 1 到 10 输出，再按下标从 10 到 1 输出即可。

```
Private Sub Form_Click()
   Dim a(1 to 10) As Integer,i As Integer
   For i=1 To 10
     a(i)=Int(Rnd()*90)+10              '产生 10 个 10～99 的数据
   Next i
   Print "顺序打印："
   For i=1 To 10
     Print a(i);
   Next i
   Print                                '换行
```

```
        Print "逆序打印: "
        For i=10 To 1 Step -1
            Print a(i);
        Next i
    End Sub
```

6.1.4　LBound 和 UBound 函数与一维数组

Visual Basic 提供了 LBound 和 UBound 两个函数，如果是对一维数组操作，它们分别用来测试数组的下界值和上界值。语法格式为：

```
LBound(<数组名> 和 UBound(<数组名>
```

这两个函数分别返回数组下标的下界和上界。例如上面例子中的两个输出控制语句可以改成：For i=LBound(a) To UBound(a)，For i=UBound(a) To LBound(a) Step –1，同样也可以实现顺序输出和逆序输出。

6.1.5　For　Each…Next 语句

For Each…Next 语句与 For…Next 语句类似，两者都用来执行已知次数的循环。但 For Each…Next 语句专门作用于数组或对象集合中的每个成员(元素)。语法格式为：

```
For Each <成员> In <数组>
    [<语句列>]
    [Exit For]
Next[<成员>]
```

其中，成员必须是一个 Variant 类型的变量，它实际上代表数组中的每一个元素。

该语句可以对数组元素进行读取、查询或输出，所执行的次数由数组中元素的个数决定，作用相当于将数组中的元素依次赋给成员变量，每个元素对应一次循环操作。这在不知道数组中元素数目的情况下非常有用。

例 6-3　用 For Each…Next 语句显示数组元素，并求所有数组元素的和。

程序代码如下：

```
Private Sub Form_Click()
    Dim d(8) As Integer, s As Integer,i As Integer
    For i = 0 To 8    ' 默认下标从 0 开始
        d(i) = i
    Next i
    For Each x In d
        Print x;
        s = s + x
    Next x
    Print
    Print "s="; s
End Sub
```

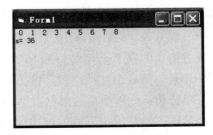

图 6-1　例 6-3 的运行结果

该程序执行的结果是将数组 d 中 d(0)~d(8) 9 个元素的值在窗体上显示出来,并求其和。其运行结果如图 6-1 所示。

上述程序中 For Each…Next 语句根据数组 d 的元素个数来确定循环的次数，语句中的 x

用来代表数组元素，开始执行时，x 是数组 d 的第一个元素的值；第二次循环时，x 是第二个元素的值，依次类推。

　　数组操作中，For Each…Next 语句比 For…Next 语句使用方便，它不需要指明循环的初值和终值。

6.1.6　一维数组程序举例

　　一维数组经常与循环相结合，可以方便地处理一批同类型数据的查询、统计以及排序相关的操作。

　　例 6-4　随机产生 10 个 100 以内的正整数，输出它们的最大值、最小值和平均值。

　　分析：问题分两个步骤，首先产生 10 个正整数并将它们存放在一维数组中，然后对数组进行查询和统计。输入以下程序段，运行结果如图 6-2 所示。

```
Private Sub Form_Click()
    Dim a(1 To 10) As Integer, mx As Integer, mi As Integer, ave As Single
    For i = 1 To 10                         ' 产生数组并输出
      a(i) = Int(Rnd() * 100)
      Print a(i);
    Next i
    Print
    mx = a(1): mi = a(1)
    For i = 1 To 10
        ave = ave + a(i)                    ' 累加
        If a(i) > mx Then mx = a(i)         ' 找最大值
        If a(i) < mi Then mi = a(i)         ' 找最小值
    Next i
    Print "最大值="; mx, "最小值="; mi, "平均值="; ave / 10
End Sub
```

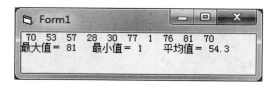

图 6-2　例 6-4 的运行结果

　　例 6-5　某数组有 10 个元素，其值由键盘输入，要求将前 5 个元素与后 5 个元素存储位置对调，即第 1 个元素与第 10 个元素互换位置，第 2 个元素与第 9 个元素互换位置……第 5 个元素与第 6 个互换位置。输出数组原来各元素的值和互换后各元素的值。

　　分析：此程序是数组结合循环控制进行数据交换的一个例子，先用 InputBox 函数输入 10 个数据，然后根据下标的规律(i 与 11−i 互换位置)进行 5 次循环，每次互换一组数据，最后打印输出结果。

```
Option Base 1
Private Sub Form_Click()
    Dim a(10) As Integer, t As Integer, i As Integer
    For i = 1 To 10
```

```
    a(i) = Val(InputBox("请输入第" & Str(i) & "个数据"))
   Next i
   Print "原来的数据顺序: "
   For i = 1 To 10
       Print a(i);
   Next i
   Print
   For i = 1 To 5
       t = a(i): a(i) = a(11 - i) : a(11 - i) = t
   Next i
   Print "互换后数据的顺序: "
   For i = 1 To 10
       Print a(i);
   Next i
End Sub
```

程序的运行结果如图 6-3 所示。

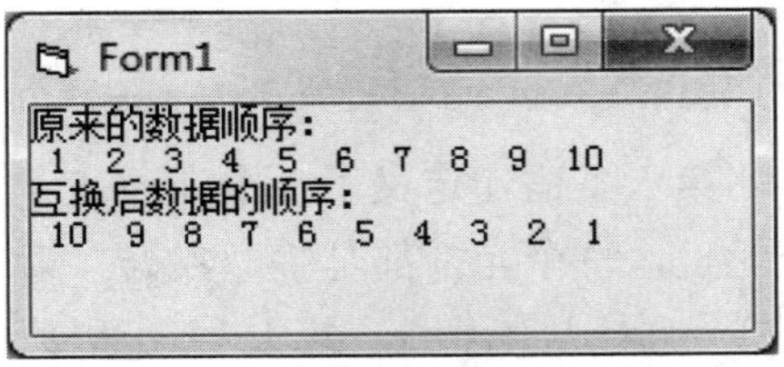

图 6-3　例 6-5 的运行结果

例 6-6 用一维数组解决斐波那契(Fibonacci)数列问题。

分析：在斐波那契数列中，第一项的值为 1，第二项的值为 1，从第三项开始，它的值等于前面两项的和。因此数列中第 n 项的计算公式为 $Fib(n)=Fib(n-1)+Fib(n-2)$。现在用数组使得问题的解决非常简单：先建立一个具有 n 个元素的数组，将下标为 1 和 2 的两项置成 1，然后从第 3 到第 n 项用循环控制结合通项公式计算来得到，最后将整个数组的元素打印输出。下面的程序输出了 Fibonacci 数列的前 30 项。

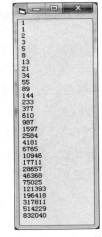

```
Private Sub Form_Click()
   Dim fib(1 to 30) As long,i As Integer
   fib(1)=1:fib(2)=1
   For i=3 To 30
       fib(i)=fib(i-1)+fib(i-2)
   Next i
   For i=1 to 30
       Print fib(i)
   Next i
End Sub
```

程序运行时，此数列的前 30 项将在窗体上打印输出，由于 Fibonacci 数列中数据增大的速度比较快，用 long 类型是为了防止整数的溢出。运行结果如图 6-4 所示。

图 6-4　Fibonacci 数列

6.2　二　维　数　组

拥有两个下标的数组称为二维数组，有 n 个下标的数组称为 n 维数组，也称多维数组。二维数组的操作和一维数组很相似，只是多了一个下标，因此，可以把它与数学中的矩阵联系起来，在操作时不但要考虑行标，还要考虑列标。

6.2.1　二维数组的定义

二维数组的定义也用 Dim 语句。语法格式为:

```
Dim <数组名>(行标上界,列标上界)[As <数据类型>]
Dim <数组名>(行标下界 To 行标上界,列标下界 To 列标上界)[As <数据类型>]
```

如果省略了数据类型,系统默认为 Variant 类型。默认情况下,行列都从 0 开始计数,如果在模块的通用段中有 Option Base 1 语句,它们将从 1 开始计数。

```
Dim a(3,4) As Integer
Dim b(-2 To 2,1 to 3) As Single
```

第一条语句定义了一个 4 行 5 列的二维数组 a,行标从 0 到 3,列标从 0 到 4,共有 20 个元素,每个元素都是整型数据。第二条语句定义了一个 5 行 3 列的二维数组 b,行标从-2 到 2,列标从 1 到 3,共 15 个实型数据。

在 Visual Basic 中,二维数组中数组元素的排列次序是先行后列的。

例如,定义如下二维数组:

```
Dim d(2,3) As Integer
```

则数组元素的排列次序是:d(0,0)、d(0,1)、d(0,2)、d(0,3)、d(1,0)、d(1,1)、d(1,2)、d(1,3)、d(2,0)、d(2,1)、d(2,2)、d(2,3)。

同样方法,可以定义三维及以上的数组,Visual Basic 中最多可以有 16 维的数组。

6.2.2　二维数组的使用

二维数组的输入、引用和复制与一维数组基本一样,就是在输出方面,由于二维数组对应矩阵,因此在输出完每一行的元素之后,一定要加一个换行符。再者操作二维数组时要同时控制行和列,这就经常把它与双重循环结合在一起,一般是用外循环控制行的变化,用内循环控制列的变化。

例 6-7　矩阵转置问题。

分析:这个问题涉及二维数组的输入、引用、复制和输出方面的基本操作。已知 a 矩阵为 3 行 2 列,转置后生成的 b 矩阵为 2 行 3 列。例如:

$$\begin{matrix} 1 & 4 \\ 2 & 5 \\ 3 & 6 \end{matrix} \quad 转置后为 \quad \begin{matrix} 1 & 2 & 3 \\ 4 & 5 & 6 \end{matrix}$$

在输入 a(i,j)的时候,直接把它赋值给 b(j,i),即可完成转置。

在窗体上添加一个命令按钮,然后编写如下程序段。

```
Private Sub Command1_Click()
    Dim a(1 To 3, 1 To 2) As Integer, b(1 To 2, 1 To 3) As Integer, i As Integer, j As Integer
    For i = 1 To 3
        For j = 1 To 2
            a(i, j) = Val(InputBox("请输入第" & Str(i) & "行第" & Str(j) & "列的元素"))  ' 输入
            Print a(i, j);
            b(j, i) = a(i, j)           ' 复制与引用
```

```
        Next j
        Print                      ' 换行
     Next i
     Print "转置后的结果为: "        ' 输出二维数组
     For i = 1 To 2
        For j = 1 To 3
          Print b(i, j);
        Next j
        Print                      ' 换行
     Next i
End Sub
```

图 6-5 例 6-7 的运行结果

程序的第一个双重循环用来输入并输出矩阵 a，同时将其 i 行 j 列的元素复制到 b 矩阵的 j 行 i 列，第二个循环只输出了转置后的 b 矩阵。程序中的两个空的 Print 语句都是在每一行的所有元素输出结束后用来换行的。运行结果如图 6-5 所示。

6.2.3 LBound 和 UBound 函数与二维数组

二维数组中也可以使用 LBound 和 UBound 两个函数，分别用来测试数组的某一维的下界值和上界值。语法格式为：

```
LBound(<数组名>,<维>)
UBound(<数组名>,<维>)
```

这两个函数分别返回一个数组中指定维的上界和下界。其中的"维"是用 1，2，3，… 数字表示的。若省略"维"则默认为第一维。LBound 返回数组某一维的下界值，而 UBound 返回数组某一维的上界值。例如，Dim A（1 To 10,0 To 50）定义了一个二维数组，用以下语句：

```
Print LBound(A,1),UBound(A,1)
Print LBound(A,2),UBound(A,2)
```

输出结果为：

```
1      10
0      50
```

分别表示数组中第一维、第二维下标的下界、上界值。

6.2.4 二维数组程序举例

例 6-8 设有一个 5×5 的方阵，数据元素为随机生成的小于 100 的整数，请编程求解：(1)对角线上的元素之和；(2)矩阵中的最大元素；(3)矩阵中的每一行的最大元素。

分析：矩阵中的所有元素可以用一个二维数组表示，用 Rnd 函数生成。对角线上的元素刚好是行列号相同，因此利用单重循环就可以计算对角线上的元素之和；要计算最大值和每行上的最大值就要用到双重循环，通过比较来完成。

在窗体上添加一个命令按钮，编写如下程序代码。

```
Private Sub Command1_Click()
    Dim a(1 To 5, 1 To 5) As Integer, sum As Integer, mx1 As Integer, mx2 As Integer
    For i = 1 To 5                    ' 产生并输出矩阵
```

```
        For j = 1 To 5
          a(i, j) = Int(Rnd() * 100)
          Print a(i, j);
        Next j
        Print
      Next i
      For i = 1 To 5                    ' 计算对角线元素之和
        sum = sum + a(i, i)
      Next i
      Print "对角线元素之和="; sum
      mx1 = a(1, 1)                     ' 计算整个矩阵的最大值
      For i = 1 To 5
        For j = 1 To 5
          If a(i, j) > mx1 Then mx1 = a(i, j)
        Next j
      Next i
      Print "整个矩阵的最大值="; mx1
      For i = 1 To 5          ' 计算每一行元素的最大值
        mx2 = a(i, 1)
        For j = 1 To 5
          If a(i, j) > mx2 Then mx2 = a(i, j)
        Next j
        Print "第" & Str(i) & "行的最大值="; mx2
      Next i
    End Sub
```

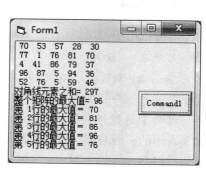

图 6-6　例 6-8 的运行结果

程序的运行结果如图 6-6 所示。

例 6-9　用二维数组打印 9 行的杨辉三角形。

分析：杨辉三角形中的各行是二项式 $(a+b)^n$ 展开式中各项的系数，根据图形的排列格式可以看出，三角形的第一列和对角线上的元素均为 1，其余各项的值都是其上一行中的前一列元素与上一行同一列元素之和，由此可得到算法为：$y(i,j)=y(i-1,j-1)+y(i-1,j)$。

要打印 9 行的杨辉三角形，就是先按照以上规律将数据存放在一个二维数组中，然后利用循环控制打印出该矩阵的左下角的数据。程序如下：

```
Private Sub form_click()
    Dim y(1 To 9, 1 To 9) As Integer, i As Integer, j As Integer
    For i = 1 To 9                     ' 先处理第 1 列和对角线上的元素
        y(i, 1) = 1: y(i, i) = 1
    Next i
    For i = 3 To 9                     ' 处理剩余的元素
        For j = 2 To i - 1
            y(i, j) = y(i - 1, j - 1) + y(i - 1, j)
        Next j
    Next i
```

```
    For i = 1 To 9                   ' 打印矩阵的左下角
      For j = 1 To i
        Print y(i, j);
      Next j
      Print
    Next i
End Sub
```

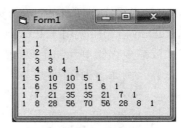

图 6-7 例 6-9 的运行结果

程序的结果如图 6-7 所示。

6.3 动 态 数 组

定义数组后，系统会为数组分配存储空间。根据分配时机的不同，Visual Basic 中把数组分为静态数组和动态数组。静态数组是指数组元素的个数在程序运行过程中保持固定不变的数组，而动态数组的元素个数在程序运行过程中根据需要可以改变。在前面的所有例子中，使用的都是静态数组。

在编写程序时，并不知道数组中究竟有多少个元素，而无法准确地定义元素个数，往往会声明一个很大的数组，这会使这些存储单元长期被占用，但未必被使用，从而导致系统效率降低。而动态数组可以在程序运行过程中改变数组的大小，按照实际的需要再次分配存储空间，刚好解决了上面的问题。

6.3.1 动态数组的创建和使用

创建动态数组，通常分为两个步骤：第一步，在过程内、窗体模块或标准模块中声明一个没有维数的数组。语法格式为：

`[Public|Private|Dim] <数组名>( )[As<数据类型>]`

注意：格式中数组名后的括号不能省略。

第二步，在过程中用 ReDim 语句重新定义带维数的数组。语法格式为：

`ReDim[<Preserve>] <数组名>(<维数定义>)`

注意："维数定义"给数组指定维数，并给出每一维的上、下界。

例如，下列代码段在通用声明部分中定义了一个不带维数的动态数组 M，然后在事件过程中用 ReDim 重新定义数组，并具体给出了数组的维数及元素个数。

```
Dim M() As Integer
Private Sub Form_Click()
    Dim x As Integer, y As Integer
    x=10:y=8
    ReDim M(x, y)
End Sub
```

说明：

（1）用 ReDim 语句重新定义数组时，每一维的上界、下界可以是常量、变量或表达式。

（2）不同于 Dim 语句，ReDim 语句是一个可执行语句，只能用在过程中。在程序运行期间，执行 ReDim 语句时，为数组分配内存空间。这也正是前面提到的动态数组的含义。

(3)当再次用 ReDim 语句定义同一个动态数组时，数组中原有的内容将被清除，但如果在 ReDim 语句中使用了 Preserve 选项，可保持数组中原有的数据不变，在原来的基础上动态增加或减少存储单元的个数。在使用 Preserve 选项的 ReDim 语句中，只能改变数组最后一维的上界。例如下列代码段：

```
Dim M() As Integer
Private Sub Form_Click()
    Dim x As Integer, y As Integer
    x = 2: y = 3
    ReDim M(x, y)
    For i = 0 To 2
        For j = 0 To 3
            M(i, j) = i * j
        Next j
    Next i
    For i = 0 To 2
        For j = 0 To 3
            Print M(i, j)
        Next j
    Next i
    ReDim Preserve M(2, 2)
    For i = 0 To 2
        For j = 0 To 2
            Print M(i, j)
        Next j
    Next i
End Sub
```

其中，语句 ReDim Preserve M(2, 2)改变了 M 数组第 2 维的上界，程序的运行结果如图 6-8 所示。原 M 数组有 M(0,0)，M(0,1)，M(0,2)，M(0,3)，…，M(2,0)，M(2,1)，M(2,2)，M(2,3)，共计 12 个元素。第 2 次定义后的 M 数组有 9 个元素：M(0,0)，M(0,1)，M(0,2)，…，M(2,0)，M(2,1)，M(2,2)。从运行结果看，重新定义后的数组保留了原数组中相应元素的值。程序的运行是正常的。如果改变了最后一维的下界或其他维的上、下界，则程序不能正常运行。如将以上代码中的 ReDim Preserve M(2, 2)语句改为 ReDim Preserve M(2, 1 to 3)或 ReDim Preserve M(3, 2)或 ReDim Preserve M(1, 3)，则程序运行后弹出一个"下标越界"的出错消息框，如图 6-9 所示。

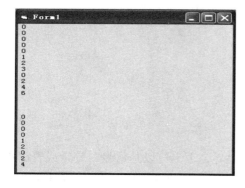

图 6-8　正常的运行结果

图 6-9　错误信息提示

(4) 声明动态数组时并不指定数组的维数，数组的维数由第一次出现的 ReDim 语句决定。以后出现的 ReDim 语句可以改变数组元素的个数，但不能改变数组的维数。

(5) 用 ReDim 语句重新定义数组时不能改变数组的数据类型。

(6) 可以用 ReDim 语句来直接定义数组(像 Dim 语句一样)，但通常只是把它作为重新声明数组大小的语句使用。

运用动态数组可以减少程序对内存资源的占用，当事先不知道究竟需要多少个元素来存储数据时，最好采用动态数组。动态数组的实现是定义一个空数组(即事先不给定元素个数)，而在每次添加元素时用 ReDim 语句动态分配元素个数。如果在 ReDim 语句中使用 Preserve 关键字，则可以保留数组中的原有数据，否则不保留。

例 6-10 ReDim 语句应用举例。

```
Private Sub Form_Load()
    Dim a() As Integer
    Show
    ReDim a(800)
    k=0
    For i=100 To 999 Step 7
        If i Mod 8=0 then k=k+1: a(k)=i
    Next i
    ReDim Preserve a(k)
    For j=1 To k
        Print a(j)
    Next j
End Sub
```

程序刚开始定义了一个动态数组 a，第一次将其声明为具有 800 个单元的数组，但程序仅是将 100，107，114，…，999 序列中 8 的倍数存放在该数组中，这将使绝大多数的空间处于闲置状态。而第二次声明选用了 Preserve 参数，将保留数组的前 k 个空间，而将多余的空间释放。这个例子正好说明动态数组只能定义一次，但可以多次被声明。

例 6-11 用动态数组解决输出杨辉三角形。

分析：例 6-9 用二维数组已经解决了输出杨辉三角形的问题，但每次运行只能打印出 9 行的三角形，不够灵活。现在需要根据用户输入的行数，打印出对应的杨辉三角形，这就要用到动态数组。

设计步骤如下：

(1) 建立应用程序用户界面与设置对象属性。在窗体上添加一个框架 Frame1，其 Caption 属性为"请输入一个整数"，添加一个文本框 Text1，三角形的行数由 Text1 的 Text 属性决定。

(2) 编写代码。在 Text1 中输入行数后，按回车键将杨辉三角形用消息框(MsgBox)显示出来。程序代码如下：

```
Dim a()
Private Sub Text1_KeyPress(KeyAscii As Integer)
    Dim n As Integer
    If KeyAscii = 13 Then
        n = Val(Text1.Text)
```

```
    If n > 16 Then
        MsgBox "请不要超过16"
        Exit Sub
    End If
    ReDim a(n, n)
    For i = 1 To n
        a(i, 1) = 1: a(i, i) = 1
    Next i
    p = Format(1, "!@@@@") & Chr(13)
    p = p & Format(1, "!@@@@") & Format(1, "!@@@@@") & Chr(13)
    For i = 3 To n
        p = p & Format(a(i, 1), "!@@@@")
          For j = 2 To i - 1
            a(i, j) = a(i - 1, j - 1) + a(i - 1, j)
            p = p & Format(a(i, j), "!@@@@@")
          Next j
          p = p & Format(a(i, i), "!@@@@@") & Chr(13)
    Next i
    MsgBox p, 0, "杨辉三角形"
  End If
End Sub
```

程序的运行结果如图 6-10 所示。

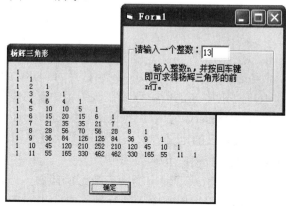

图 6-10　杨辉三角形

6.3.2　数组的清除

数组一旦定义，就可以在内存中分配相应的存储空间，其大小就不能轻易改变。需要清除数组的内容，可用 Erase 语句来实现。语法格式为：

`Erase <数组名>[, <数组名>…]`

Erase 语句既可用于静态数组，也可用于动态数组。对于静态数组而言，Erase 语句把所有元素都设置为初始值，相当于清除了原来的内容。对于动态数组，Erase 语句是释放动态数组所占有的所有内存空间。

说明：

（1）Erase 语句中，只给出要清除的数组名，不带括号和下标。

（2）对于静态数组，Erase 语句将数组重新初始化，即把所有数组元素置为其类型对应的初始值。表 6-1 给出了 Erase 语句对静态数组的影响。

（3）对于动态数组，Erase 语句将删除整个数组结构并释放该数组所占用的内存。也就是说，经 Erase 处理后动态数组即不复存在。

（4）Erase 释放动态数组所使用的内存。在下次引用该动态数组之前，必须用 Redim 语句重新定义该数组，这时可以重新定义维数。

表 6-1　Erase 语句对静态数组的影响

数组类型	Erase 对数组的影响
数值型	置数值 0
字符串型(变长)	置长度为 0 的空字符串
字符串型(定长)	置为定长的空(NUL，ASCII 码为 0)字符串
Variant	置为 Empty
用户定义类型	将每个元素作为单独的变量来处理
对象型	置为 Nothing

例 6-12　Erase 语句作用于静态数组的应用举例。

```
Private Sub Form_Click()
    Dim t(1 To 20) As Integer
    Print "输出各元素的值："
    For i = 1 To 20
        t(i) = i:Print t(i);
    Next i
    Erase t                    ' 数组清 0
    Print: Print
    Print "数组清 0 后各元素的值："
    Print
    For i = 1 To 20
        Print t(i);
    Next i
End Sub
```

程序的运行结果如图 6-11 所示。Erase 语句实现了对数组 t 的清 0。

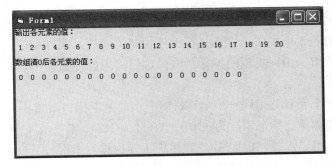

图 6-11　例 6-12 的程序运行结果

例 6-13　Erase 语句作用于动态数组的应用举例。

```
Private Sub Form_Click()
    Dim t() As Integer
    ReDim t(20)
    Print "输出各元素的值: "
    For i = 1 To 20
        t(i) = i
        Print t(i);
    Next i
    Erase t                   ' 数组清 0
    Print
    Print "数组清除后各元素的值: "
    For i = 1 To 20
        Print t(i);
    Next i
End Sub
```

程序运行结果如图 6-12 所示,因为动态数组清除后,将不再占用存储单元,所以无法引用它的任何元素,导致程序出错。

图 6-12　例 6-13 的程序运行结果

6.4　控　件　数　组

6.4.1　基本概念

数组是一系列同类型数据的集合,经常用来存放数值或字符等数据。但在实际问题中,可能用到同一类型的若干个控件,它们执行大致相同的功能,同样可以把这样的若干个同类型的控件构成一个数组。由同类型的控件构成的数组称为控件数组,它的每一个元素都是一个控件对象。

控件数组的每一个元素共用同一个名称,但有不同的下标。如图 6-13 中的命令按钮控件数组的数组元素的名称从上到下依次为 C(0)、C(1)、C(2)、C(3)、C(4),它们共用一个名称 C,下标分别为 0、1、2、3、4。在控件数组中下标也称为索引。下标必须放在名称后的一对括号中。控件数组的名称由控件的 Name 属性决定,下标由 Index 属性决定。控件数组的所有元素共享同一个事件过程。图 6-13 所示的控件数组有如下的事件过程：

```
Private Sub C_Click(Index As Integer)
    ……
End Sub
```

图 6-13　命令按钮控件数组

无论单击哪一个命令按钮，都会调用以上事件过程。单击了某一个命令按钮后，系统会将该按钮的索引值传给事件过程，在事件过程中由一个专用变量 Index 来接收这个索引值，并用 Index 变量的值来确定是哪个按钮被按下，并依据选择结构编写相应的程序代码。

6.4.2　控件数组的建立与使用

建立控件数组时，Visual Basic 给每个控件元素赋一个下标值，默认情况下，第一个控件元素的下标值为 0，第二个控件元素的下标值为 1……依次类推。通过属性窗口中的 Index 属性可以知道每个元素的下标值。在设计阶段，可以改变控件数组元素的 Index 属性值，但在运行时不能改变这一属性值。Visual Basic 有 3 种方法创建控件数组。

1．通过改变控件名称建立控件数组

将多个同类型控件的 Name 属性改为相同的名称，具体步骤如下：

(1)画出控件数组中要添加的控件(必须为同一类型的控件)，选定作为数组第一个元素的控件。

(2)选定控件后，将其 Name 属性设置成需要的数组名称。

(3)选定另一个控件，将其 Name 属性也设置成以上的数组名称，这时会出现如图 6-14 所示的对话框，要求确认是否要创建一个控件数组。单击"是"按钮，确认操作。

(4)依次选定其他控件，并将其 Name 属性也设置成同样的数组名称(不再出现对话框)，这样就完成了控件数组的建立。

图 6-14　确认创建控件数组

2．通过复制控件对象建立控件数组

具体步骤如下：

(1)画出控件数组中的第一个控件。

(2)选定控件，执行"编辑"菜单中的"复制"命令或按 Ctrl+C 组合键，完成复制。

(3)执行"编辑"菜单中的"粘贴"命令或按 Ctrl+V 组合键，这时弹出如图 6-14 所示的对话框，要求确认是否创建一个控件数组。单击"是"按钮，确认操作。

(4)重复(3)，不再出现对话框，完成添加控件元素的操作。

3. 通过指定控件的索引值创建控件数组

具体步骤如下：

(1)绘制控件数组中第一个控件，设置好 Name 属性值，并将其 Index 属性设为一个整数。

(2)采用以上第 2 种方法，多次进行"复制""粘贴"操作(不出现对话框)，完成数组的建立。

例 6-14　设置如图 6-15 所示的界面，当单击"命令按钮 1"时，在窗体上显示"你单击了命令按钮 1"的字样。若单击"命令按钮 2"，则显示"你单击了命令按钮 2"的字样，依此类推。

先在窗体上绘制 5 个命令按钮，然后将所有命令按钮的 Name 属性都设为 C。

程序代码如下：

```
Private Sub c_Click(Index As Integer)
    Select Case Index
        Case 0
            Print "你单击了命令按钮 1"
        Case 1
            Print "你单击了命令按钮 2"
        Case 2
            Print "你单击了命令按钮 3"
        Case 3
            Print "你单击了命令按钮 4"
        Case 4
            Print "你单击了命令按钮 5"
    End Select
End Sub
```

图 6-15　例 6-14 运行结果

以上代码也可以简化为下列代码形式：

```
Private Sub c_Click(Index As Integer)
    If Index Then
        Print "你单击了命令按钮" & Trim(Str(Index + 1))
    Else
        Print "你单击了命令按钮 1"
    End If
End Sub
```

程序运行结果如图 6-15 所示。

例 6-15　设计如图 6-16 所示的窗体，其中 3 个单选按钮构成一个控件数组。要求当单击某个单选按钮时，能够改变文本框中文字的大小。

设计步骤如下：

(1)创建控件数组 opt1，其中包含 3 个单选按钮。Index 属性从上到下依次为 0、1 和 2。

(2)控件数组元素从上到下的 Caption 属性依次为 12、20 和 28。

(3)建立一个文本框 Text1，其 Text 属性设置为"控件数组的使用"。再建立一个标签，其 Caption 属性为"字号控制"，并将窗体的 Caption 属性设置为"控件数组的使用"。

程序代码如下:

```
Private Sub opt1_Click(Index As Integer)
    Select Case Index
        Case 0
            Text1.FontSize = 12
        Case 1
            Text1.FontSize = 20
        Case 2
            Text1.FontSize = 28
    End Select
End Sub
```

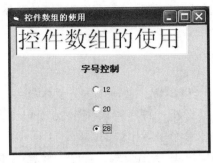

图 6-16　控件数组的使用

程序运行结果如图 6-16 所示。

控件数组即一组具有相同名称但有不同下标标识的同类控件的集合。用控件数组的好处是多个同类型的控件可以共享同一段代码,使程序代码大大精简。

6.4.3　动态管理控件数组中的元素

Visual Basic 提供了 Load 和 Unload 方法,可以在程序运行期间动态增减控件数组中控件的数目,实现按需加载控件,从而节约内存开销。Load 和 Unload 方法的基本格式如下:

> Load 控件数组名(数组成员索引号)　　(增加一个控件)
> Unload 控件数组名(数组成员索引号)　　(减少一个控件)

新加载的元素在默认情况下其所有属性(除 Visible 与 Index)值与设计阶段已有的首个(索引值最小)元素的属性值相同,Visible 的值为 False。

例 6-16　用 Load 和 Unload 方法实现控件数目的动态增减。

先在窗体上绘制一个标签控件 Label1,将其 index 属性设置成 0,再绘制两个命令按钮 Command1 和 Command2,其对应的 Caption 属性分别为"增加标签"和"删除标签"。Command1 的 Click 事件过程实现单击按钮一次,增加一个标签控件,并在增加的标签上显示出窗体中已有标签的总个数。Command2 的 Click 事件过程实现单击按钮一次,将删除一个标签控件,并在最后一个标签上显示窗体中余下的标签个数。但设计时所加载的控件元素不能在运行时删除。

```
Private Sub Command1_Click()
    Dim i As Integer
    i = Label1.Count              ' 得到标签的总个数
    Load Label1(i)                ' 增加一个标签
    Label1(i).Top = Label1(i - 1).Top + 250
    Label1(i).Visible = True
    Label1(i).Caption = "共有" & Str(i + 1) & "个标签"
End Sub
Private Sub Command2_Click()
    Dim i As Integer
    i = Label1.Count              ' 得到标签的总个数
    If i <= 3 Then Exit Sub       ' 假设设计时加载了 3 个标签,则它们不能被删除
    Unload Label1(i - 1)          ' 删除一个标签
    Label1(i - 2).Caption = "还剩" & Str(i - 1) & "标签"
End Sub
```

　　需要指出的是，Load 只能为在设计阶段已经创建的控件数组增加元素，而不能在运行阶段直接添加控件；Unload 只能删除在运行阶段增加的控件数组元素，不能删除设计时添加的控件数组元素，更不能删除设计时添加的一般控件。

6.5　应 用 举 例

　　例 6-17　在一个多行文本框中输入一段英文文字，统计每一个字母出现的次数。

　　分析：程序要求统计 26 个结果，因此要定义一个具有 26 个元素的一维数组，每个元素存放一个字母出现的次数。下标和字母的对应关系可以用当前字母的 ASCII 码值减字符 "a" 的 ASCII 码值得到。程序先计算出文本框中字符的总长度；然后从头开始，每次截取一位字符，计算出相应下标并对该元素进行自身加 1 的操作；最后将数组中的元素输出。

　　具体的设计过程为：在窗体上添加一个文本框，将其 MultiLine 属性设置为 True，添加一个组合框，用来存放输出结果，添加一个命令按钮，编写单击事件过程。

```
Private Sub Command1_Click()
   Dim a(1 To 26) As Integer, legth As Integer,Dim c As String
   legth = Len(Text1.Text)                        ' 计算总的字符个数
   For i = 1 To legth
      c = LCase(Mid(Text1.Text, i, 1))            ' 逐位截取字符
      If (Asc(c) <> 13 And Asc(c) <> 10And c <> " ") Then  ' 除去回车换行和空格
         a(Asc(c) - Asc("a") + 1) = a(Asc(c) - Asc("a") + 1) + 1
      End If
   Next i
   For i = 1 To 26
      Combo1.AddItem  Chr(i + Asc("a") - 1) & "  " & a(i)
   Next i
End Sub
```

程序的运行结果如图 6-17 所示。

图 6-17　例 6-17 的运行结果

　　例 6-18　随机产生 20 个 1～100 的整数，用"选择排序法"从小到大排序。要求将随机产生的 20 个数以及排序后的结果显示在窗体上。

　　分析：首先，利用 Int((100*Rnd)+1) 产生 20 个 1～100 的随机整数，并将 20 个数放入数组 a 的 a(1)～a(20) 中。

　　用"选择排序法"按值从小到大排序的过程如下：

　　(1)将 a(1) 与 a(2) 比较，若 a(1)>a(2)，则将 a(1) 与 a(2) 的值交换，将较小的值放在 a(1)

中，再将 a(1) 与 a(3) 的值进行比较，仍将较小的值放在 a(1) 中。依次类推，将 a(1) 与 a(3)～a(20) 中的所有元素进行比较，最终将最小的数放在 a(1) 中。

(2) 除 a(1) 之外，从余下的 19 个下标变量中选出最小值，通过交换把该值放入 a(2) 中。

(3) 采用上述方法，选出 a(3)～a(20) 中的最小值，通过交换把该值放入 a(3) 中。

(4) 重复上述处理过程至 a(18)，可使 a(1)～a(18) 按由小到大顺序按列。

(5) 第 19 次处理，选出 a(19)～a(20) 中的较小值，通过交换把该值放入 a(19) 中，此时 a(20) 中存放的自然是最大值。

完成上述比较及排序处理过程，可以采用二重循环结构，外循环的循环变量 i 从 1 到 19 共循环 19 次；内循环的循环变量 j 从 i+1 到 20。

设计步骤如下：

(1) 建立应用程序用户界面与设置对象属性。在窗体上建立两个命令按钮 Command1 和 Command2，其 Caption 属性分别为 "随机数" 和 "排序"。单击 Command1 后，产生 20 个随机数并在窗体上显示出来；单击 Command2 后将排序的结果在窗体上显示出来。

(2) 编写程序代码。

```
Dim a(1 To 20) As Integer
Private Sub Command1_Click()
  Randomize
  Print "原始数据:"
  For i = 1 To 20                              ' 产生 20 个随机数
    a(i) = Int(100 * Rnd) + 1
    Print a(i);
  Next i
  Print: Print
End Sub
Private Sub Command2_Click()
  For i = 1 To 19
    For j = i + 1 To 20
      If a(i) > a(j) Then
        t = a(i): a(i) = a(j): a(j) = t        ' 交换位置
      End If
    Next j
  Next i
  Print "排序结果: "
  For i = 1 To 20
    Print a(i);
  Next i
  Print: Print
End Sub
```

程序运行结果如图 6-18 所示。

"选择法排序" 也可使用如下方法：

(1) 先将指针 k 指向 1，将 a(1) 与 a(2) 进行比较，若 a(1)>a(2) 则将指针 k 指向 2 (指针指向较小者)。再将 a(k) 与 a(3)，a(4)，…，a(20) 比较，并依次做出同样的处理，指针 k 指向 20 个数中的最小者，然后将 a(k) 与 a(1) 互换。

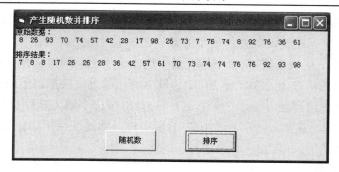

图 6-18　例 6-18 的运行结果

(2)将指针 k 指向 2，将 a(k)与 a(3)，a(4)，…，a(20)比较，并依次做出同样的处理，指针 k 指向第 1 轮余下的 19 个数中的最小者，然后将 a(k)与 a(2)互换。将第 1 轮余下的 19 个数中的最小者放入 a(2)中。

(3)重复(2)的步骤，直到第 19 轮，余下的 a(20)自然就是 20 个数中的最大者。

显然，这种方法较前面的方法减少了许多数据交换的次数，是一种更好的算法。将上述代码段中的 "For i=1 to 19" ～ "Next i" 共 7 个语句行改为：

```
For i = 1 To 19
  k = i                     ' k 用来记录每次选择的最小值的下标
  For j = i + 1 To 20
    If a(k) > a(j) Then
      k = j
    End If
  Next j
  t = a(k): a(k) = a(i): a(i) = t
Next i
```

例 6-19　用 "冒泡法" 对随机产生的 20 个不同的 2 位正整数排序，并将随机整数及其由小到大的排序结果显示在窗体上。

分析：将随机产生的 20 个不同数放在 d 数组的 d(1)～d(20)中。"冒泡法" 排序的过程如下：

(1)将 d(1)与 d(2)比较，若 d(1)>d(2)，则将 d(1)、d(2)的值交换(否则什么也不做)，d(2)中存放较大者。d(2)与 d(3)比较，较大者放入 d(3)中……依次将相邻的两数做比较，并作出同样的处理，最后将 20 个数中的最大者放入 d(20)中。

(2)将余下的 d(1)～d(19)的 19 个数两两比较，将最大的数放入 d(19)中。

(3)重复(2)的步骤。第 19 轮时，d(1)与 d(2)进行一次比较，将较大的数放入 a(2)中。d(1)中剩下的自然是 20 个数中最小的数。

程序的界面设计同例 6-19。程序代码如下：

```
Option Base 1
Dim d(20) As Integer              ' 前两行在窗体模块
Private Sub Command1_Click()
  Randomize
  Print "随机整数："
  d(1) = Int(Rnd * 90) + 10
```

```
    Print d(1);
    k = 1
    Do While k < 20                    ' 产生不同的随机整数
        x = Int(90 * Rnd) + 10
        f = 0
      For j = 1 To k
        If d(j) = x Then
           f = 1
           Exit For
        End If
      Next j
      If f = 0 Then
        k = k + 1
        d(k) = x
        Print d(k);
       End If
     Loop
     Print: Print
    End Sub
    Private Sub Command2_Click()
        For i = 19 To 1 Step -1    ' 每次循环从剩余的数中进行
          For j = 1 To i
            If d(j) > d(j + 1) Then
               t = d(j): d(j) = d(j + 1): d(j + 1) = t
            End If
          Next j
        Next i
        Print "排序结果: "
        For i = 1 To 20
          Print d(i);
        Next i
        Print: Print
    End Sub
```

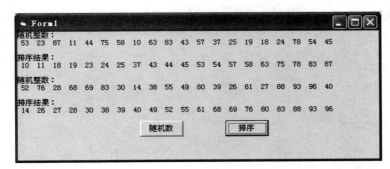

图 6-19　冒泡法排序示例

说明:

(1)在 Command2 的 Click 事件过程中，双重循环的外循环中用语句 For i=19 to 1，这就保证了每一轮的两两比较从剩下的数中进行。

(2)冒泡法排序的第一轮使最大的一个数放在最后一个数组元素中，第二轮使次大的数放在倒数第二个数组元素中，依次类推。随着每一轮比较的进行，小的数逐步往上"冒"，大的数一次次往下"沉"。所以，也称"下沉法"。

(3)本例中要求产生 20 个不同的随机数，所以就要把某次产生的数与前面已经存在的数进行比较。若与前面的某一个数相同，则再产生一个随机数，直到与前面的所有数不同为止。Do…Loop 循环保证产生不同的随机数。

程序的运行结果如图 6-19 所示。

例 6-20 用"筛法"找出 1～100 中全部素数。

分析："筛法"求素数表是由希腊著名数学家 Eratost henes 提出来的，其方法是首先在纸上写出 1～n 的全部整数。然后逐一判断它们是否素数，找出一个非素数就把它们挖掉(筛掉)，最后剩下的就是素数。

(1)先将 1 挖掉。

(2)用 2 去除它后面的每个数，把能被 2 整除的数挖掉，即把 2 的倍数挖掉。

(3)用 3 去除它后面所有剩余的数，把所有 3 的倍数挖掉。

(4)用 3 后面剩余的第一个数 5 去除该数后面剩余的所有数，把所有 5 的倍数挖掉。

(5)用剩下数的第一个数去除它后面的所有数，将除数的所有倍数挖掉。

(6)经过如此筛选，剩下的部分全都是素数。

设计步骤如下：

(1)建立应用程序用户界面与设置对象属性。

首先创建一个标签 Label1，其 Caption 属性为"筛选结果为"，一个命令按钮 Command1(标题为"筛选")和列表框 List1(用来存放结果)，如图 6-20 所示。

(2)编写程序代码。

图 6-20 筛选素数

```
Private Sub Command1_Click()
    Dim a(1 To 100) As Integer
    For i = 1 To 100      ' 存放数组元素的初值
        a(i) = i
    Next i
    For i = 2 To 100      ' 筛选
        If a(i) <> 0 Then
            For j = i + 1 To 100
                If a(j) <> 0 And a(j) Mod a(i) = 0 Then a(j) = 0
            Next j
        End If
    Next i
    For i = 2 To 100      ' 输出
        If a(i) <> 0 Then List1.AddItem a(i)
    Next i
End Sub
```

程序运行后，将 100 以内的素数添加到了列表框中。运行结果如图 6-20 所示。

例 6-21 设有 8 位同学的数学、语文、外语 3 门成绩，如表 6-2 所示。

设计程序并完成：

(1)成绩的查询。

(2)各科平均分数的计算。

(3)显示各科成绩在平均分以下的同学的姓名。

分析：问题既涉及字符型数据又涉及数值型数据。为了处理问题方便，建立两个数组。用一个含有 8 个元素的一维数组来存放姓名，一个 8 行 3 列的二维数组来存放每个同学 3 门课的成绩。同时要注意两个数组之间的关系，即一维数组中的第 i 个元素的姓名和二维数组中的第 i 行的 3 个成绩是同一个学生的资料。

表 6-2 学生成绩表

姓名	数学	语文	外语
王文川	89	85	91
赵多宝	75	78	84
华明维	64	82	72
冯丽英	88	68	64
李广美	79	79	87
杨兵义	91	88	87
石多珍	68	73	64
陈俊来	58	68	65

设计步骤如下：

(1)建立应用程序用户界面与设置对象属性。先在窗体上建立两个框架 Frame1 和 Frame2。选择 Frame1 后，在其中添加一个列表框 List1、4 个标签 Label1～Label4、4 个文本框 Text1～Text4。选择 Frame2 后，在其中添加 3 个命令按钮 Command1～Command3。修改各个控件的属性，参考如图 6-21 所示的界面。

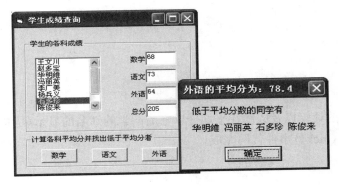

图 6-21 学生成绩查询

(2)编写程序代码。

因为要在不同的事件过程中应用数组，所以在模块的通用段声明数组。在本例中要将数据(无规律)赋给数组，应用 Array 函数就会方便得多。因此声明两个 Variant 型的变量作为将来的数组名。

```
Option Base 1
Dim n As Variant
Dim c() As Integer
Dim b As Variant
```

数组的赋值在 Form_Load() 事件过程中用 Array 函数完成。

```
Private Sub Form_Load()
    n = Array("王文川", "赵多宝", "华明维", "冯丽英", "李广美", "杨兵义", "石多珍", "陈俊来")
    b = Array(89, 85, 91, 75, 78, 84, 64, 82, 72, 88, 68, 64, 79, 79, 87, _
            91,88, 87, 68, 73, 64, 58, 68, 65)
    ReDim c(8, 3)                    ' 把动态数组声明成 8 行 3 列，用来存放每个人 3 门课的成绩
    For i = 1 To 8
        For j = 1 To 3
            c(i, j) = b((i - 1) * 3 + j)
        Next j
    Next i
End Sub
```

在列表框中添加姓名的功能由 Form_Activate() 事件过程完成。每个人总分的计算也在该部分完成。

```
Private Sub Form_Activate()
    ReDim Preserve c(8, 4) ' 把动态数组由 3 列扩展成 4 列，第 4 列用来保存总分，并保留原有的数据
    For i = 1 To 8
        List1.AddItem n(i), i - 1
        c(i, 4) = c(i, 1) + c(i, 2) + c(i, 3)
    Next i
    Text1.Text = "": Text2.Text = "": Text3.Text = ""
End Sub
```

查阅某个人各科的成绩由 List1_Click() 事件过程完成。

```
Private Sub List1_Click()
    m = List1.ListIndex + 1
    Text1.Text = c(m, 1)
    Text2.Text = c(m, 2)
    Text3.Text = c(m, 3)
    Text4.Text = c(m, 4)
End Sub
```

各科平均分数的计算以及成绩在平均分以下的同学的姓名的显示(用 MsgBox 来显示姓名)由 3 个命令按钮的 Click() 事件代码完成。

```
Private Sub Command1_Click()
    s = 0
    For i = 1 To 8
        s = s + c(i, 1)
    Next i
    s = s / 8
    p = ""
    For i = 1 To 8
        If c(i, 1) < s Then p = p & n(i) & " "
    Next i
    MsgBox "低于平均分数的同学有" & Chr(13) & Chr(13) & p, 0, "数学的平均分为：" & s
End Sub
```

```
Private Sub Command2_Click()
    s = 0
    For i = 1 To 8
        s = s + c(i, 2)
    Next i
    s = s / 8
    p = ""
    For i = 1 To 8
        If c(i, 2) < s Then p = p & n(i) & " "
    Next i
    MsgBox "低于平均分数的同学有" & Chr(13) & Chr(13) & p, 0, "语文的平均分为：" & s
End Sub
Private Sub Command3_Click()
    s = 0
    For i = 1 To 8
        s = s + c(i, 3)
    Next i
    s = s / 8
    p = ""
    For i = 1 To 8
        If c(i, 3) < s Then p = p & n(i) & " "
    Next i
    MsgBox "低于平均分数的同学有" & Chr(13) & Chr(13) & p, 0, "外语的平均分为：" & s
End Sub
```

习　　题

一、单选题

1. 假设定义了数组 a(3,5)，下列下标变量中引用错误的是（　　）。

　　A．a(1,1)　　　　　　B．a(2-1,2*2)　　　C．a(3,1.4)　　　　　D．a(-1,3)

2. 语句 Dim　Ary(3 To 6,-2 To 2)所定义的数组元素的个数为（　　）。

　　A．16　　　　　　　　B．20　　　　　　　　C．24　　　　　　　　D．28

3. 用 ReDim 语句定义了动态数组，再一次用 ReDim 语句重新定义数组时，可以改变原数组的（　　）。

　　A．维数　　　　　　　B．数据类型　　　　　C．最后一维的上界　D．每一维上下界

4. 定义有 10 个单精度实型元素的一维数组正确的语句是（　　）。

　　A．Dim a(9) As Single　　　　　　　　　B．Option Base 1 : Dim a(9)

　　C．Dim a#(9)　　　　　　　　　　　　　D．Dim a(9) As Integer

5. For Each　<成员> In <数组>…Next 结构中的成员是指（　　）。

　　A．循环控制变量　　　B．数组元素　　　　　C．数组元素的值　　D．循环结束条件

6. 使用语句 Dim t(5) As Integer 声明数组 t 后，以下说法正确的是（　　）。

　　A．t 数组中所有元素的值不确定　　　　　　B．t 数组所有元素的值为 0

　　C．t 数组中所有元素的值为空字符串　　　　D．t 数组所有元素的值为空值

7. 关于控件下列说法错误的是（　　）。

    A．可以在运行时添加控件数组元素   B．可以在设计时添加控件数组元素

    C．可以在运行时添加控件   D．只能在设计时添加控件

8．若二维数组 a 有 n 行 m 列，则在 a(i,j) 前面的元素个数有（   ）个。

    A．i*m+j   B．j*m+i   C．i*m+j–1   D．(i–1)*m+j–1

9．在窗体(Form1)上建立了一个命令按钮数组，数组名为 C1。要使单击任意一个命令按钮时，使该按钮的标题作为窗体标题，应在下列代码段的空白处填（   ）。

```
Private Sub C1_Click(Index As Integer)
    Form1.Caption =___
End Sub
```

    A．C1(Index).Caption   B．C1.Caption(Index)

    C．C1.Caption   D．C1(Index+1).Caption

10．阅读下列代码段，按要求选择答案。

```
Dim d(0 To 2) As Integer
    For k = 0 To 2
        d(k) = k
        If k < 2 Then d(k) = d(k) + 3
        Print d(k);
    Next k
```

(1)该程序段运行后，输出的结果是（   ）。

    A．4 5 6   B．3 4 2   C．3 2 1   D．3 4 5

(2)把以上代码段的 Dim 语句改为 Dim d(3)，For 语句改为 For k=0 to 3。再运行程序，则发现（   ）。

    A．程序一运行就会出错   B．程序仍然可以正常运行

    C．程序有时能正确运行，有时会出错   D．第一次运行正常，以后就会出错

11．在窗体上添加一个命令按钮 Command1，运行下面程序后输出的结果是（   ）。

```
Private Sub Command1_Click()
    Dim C As variant
    C=Array("北京","上海","天津","重庆")
    Print C(1)
End Sub
```

    A．北京   B．上海   C．天津   D．重庆

12．在窗体上添加一个命令按钮 Command1，运行下面程序后输出的结果是（   ）。

```
Option Base 1
Private Sub Command1_Click()
    Dim a
    a = Array(1, 2, 3, 4)
    j = 1
    For i = 4 To 1 Step -1
        s = s + a(i) * j
        j = j * 10
    Next i
    Print s
End Sub
```

A. 12　　　　　　　B. 34　　　　　　　C. 4321　　　　　　D. 1234

13. 下列程序段的运行结果是(　　)。

```
Dim a(3, 3) As Integer
  For i = 1 To 3
    For j = 1 To 3
        If i = j Then a(i, j) = 1 Else a(i, j) = 0
        Print a(i, j);
    Next j
   Print
  Next i
```

A. 1　1　1　　　　B. 0　0　0　　　　C. 1　0　0　　　　D. 1　0　1

　1　0　1　　　　　　0　1　0　　　　　　0　1　0　　　　　　0　1　0

　1　1　1　　　　　　0　0　0　　　　　　0　0　1　　　　　　1　0　1

14. 下面程序段的输出结果是(　　)。

```
Option Base 1
Private Sub Command1_Click()
    Dim x(10) As Integer, y(5) As Integer
    For i = 1 To 10
        x(i) = 10 - i + 1
    Next i
    For i = 1 To 5
        y(i) = x(2 * i - 1) + x(2 * i)
    Next i
    For i = 1 To 5
       Print y(i);
    Next i
End Sub
```

A. 19　15　11　7　3　　　　　　　　B. 3　7　11　15　19

C. 1　3　5　7　9　　　　　　　　　　D. 5个随机整数

15. 在窗体上添加一个命令按钮，运行下面程序后输出结果是(　　)。

```
Option Base 1
Private Sub Command2_Click()
    Dim a(4, 4)
    For i = 1 To 4
      For j = 1 To 4
          a(i, j) = (i - 1) * 3 + j
      Next j
    Next i
    For i = 3 To 4
      For j = 3 To 4
         Print a(j, i);
      Next j
      Print
    Next i
End Sub
```

A. 6　9 　　　　B. 7　10 　　　　C. 8　11 　　　　D. 9　12
　　7　10 　　　　　　8　11 　　　　　　9　12 　　　　　　10　13

二、填空题

1. 设有数组声明语句：

```
Option Base 1
Dim D(3,-1 to 2)
```

以上语句所定义的数组 D 为_____维数组,共有_____元素,第一维的下标从_____到_____,第二维的下标从_____到_____。

2. 控件数组的名称由_____属性决定，而数组中每个元素的索引值由_____属性决定。

3. 保留动态数组原有内容的关键字是_____，释放动态数组存储空间的关键字是_____。

4. 测试数组某一维上界的函数是_____，测试数组某一维下界的函数是_____。

5. 下列程序运行的输出结果是_____。

```
Dim a(4, 4)
  For i = 1 To 4
    For j = 1 To 4
      a(i, j) = Abs(i - j)
      If i = 2 Or i = 4 Then a(i, j) = i
      Print a(i, j);
    Next j
    Print
  Next i
```

6. 下列程序运行的输出结果是_____。

```
Private Sub Command3_Click()
  Dim m(10) As Integer
  For k = 1 To 10
    m(k) = 12 - k
  Next k
  x = 6
  Print m(2 + m(x))
End Sub
```

7. 下列程序运行的输出结果是_____。

```
Private Sub Command1_Click()
  Dim a(5)
  For i = 0 To 4
    a(i) = i + 1
    t = i + 1
    If t = 3 Then
      Print a(i);
      a(t - 1) = a(i - 2)
    Else
      a(t) = a(i)
    End If
    If i = 3 Then a(i + 1) = a(t - 4)
```

```
            a(4) = 1
            Print a(i);
        Next i
    End Sub
```

8. 如果 10 道选择题的正确答案依次是 A，C，C，D，A，A，C，C，D，D，每题 2 分。下面的程序利用 inputBox 对话框输入学生答案，计算出其得分。当输入字符 E 或 e 时可提前结束。请将下面的程序段补充完整。程序中 a 数组存放正确答案，sc 存放得分，x 存放当前输入的学生答案。

```
Option Base 1
Private Sub Command1_Click()
    a = Array("A", "C", "C", "D", "A", "A", "C", "C", "D", "D")
    sc = 0
    For i = 1 To 10
        x = UCase(InputBox("请输入考生第" & Str(i) & "题的答案，输入 E 或 e 结束!"))
        If x = a(i) Then _____
        If _____Then Exit For
        Print "成绩为: "; sc
    Next i
End Sub
```

9. 在窗体上有一个标签和一个文本框数组 Text1，共有 10 个元素，下标从 0 到 9，存放的都是数值。现由用户单击选定任一个文本框，然后计算从第一个文本框开始到该文本框为止的多个文本框中的数据总和，并将结果显示在标签上。请将下面程序补充完整。

```
Private Sub Text1_Click(Index As Integer)
    Dim s As single
    s=0
    For k=_____
        s=s+_____
    Next k
    _____
End Sub
```

10. 产生 50 个互不相同的值在 10～99 的随机数，统计各数值段(10～19，20～29，…，90～99)各有多少个数。请将下面的程序补充完整。

```
Private Sub Command1_Click()
    Randomize
    Dim a(50) As Integer, g(9) As Integer
    a(1) = Int(10+ 90 * Rnd())         '产生第一个随机数
    k = 1
    Do While k < 50
        x =_____        '产生下一个随机数
        f = 0
        For j = 1 To k
            If _____Then         'x 已经存在时的处理
                _____
                Exit For
            End If
```

```
        Next j
        If f = 0 Then
           k = k + 1
           _____
        End If
     Loop
     For j = 1 To 50
        h = Int(a(j) / 10)
        _____
     Next j
     For i = 0 To 9
        Print 10 * i; "-"; 10 * i + 9, g(i)
     Next i
  End Sub
```

上 机 实 验

[**实验目的**]

1．掌握数组的定义，数组元素的赋值、引用；

2．掌握利用数组处理数据的基本方法。

[**实验内容**]

1．编写程序，建立并在窗体上输出一个 10×10 的矩阵，该矩阵两条对角线元素为 1，其余元素为 0。

2．有一个 10 个元素的数组，各元素的值为 25，15，48，75，96，35，87，45，25，69。编写程序，找出其中的最小数及其下标。并将数组各元素的值、最小数和最小数的下标在窗体上输出。

3．随机产生一个 m×n 的矩阵，矩阵的每一个数字是 0～100 的正整数。m、n 的值由 InputBox 函数给出。求该矩阵的转置矩阵，并将原矩阵和转置矩阵在窗体上显示出来。

4．用随机数函数产生一个 6×6 的矩阵，每个元素的值为 30～60。请计算这个矩阵最外面一圈元素的累加和。

5．有一个 10 个整数的数组，各元素的值按从小到大排列为：15，28，37，45，58，61，75，85，90，92。现给出一个整数，要求将该数插入以上数组，插入后的排序不变，原位置的数据自动后移，并将最大的数值挤出。要求输出原数组的值，要插入的值，插入的位置，完成插入后数组的值。

6．随机产生 100 个 0～20 的随机整数，存放在 a 数组中，读出其中所有非 0 数据，并依次存放到数组 b 中。把数组 a 和数组 b 的数据分别显示在列表框 List1 和 List2 中，并把 a 中的 0 的个数显示在标签 Lable1 中。

7．把两个按升序排列的数列 a(1)，a(2)，…，a(n) 和 b(1)，b(2)，…，b(m)，合并成一个仍为升序排列的新数列。

8．将随机产生的 10 个整数按由小到大的顺序进行插入法排序，把排序前后的结果显示在窗体上。插入法排序方法为：设有 10 个数分别放在 a(1)～a(10) 这 10 个数组元素中；先将 a(1) 与 a(2) 比较，若 a(2)<a(1)，则将 a(1)、a(2) 中的值互换，a(1)、a(2) 顺序排列；再将 a(3) 与 a(1)、a(2) 比较，按顺序确定 a(3) 的位置，将 a(1)、a(2、)、a(3) 顺序排列；依次将后面的数一个一个地拿来插入到排好序的数列中，直到所有的数按顺序排好。

9．设计一个"通讯录"程序。当用户在"选择姓名"下拉列表框中选择某一人名后，在"电话号码"文本框中显示出对应的电话号码。当用户选择或取消"单位"和"住址"复选框后，将打开或关闭"工作单位"和"家庭住址"文本框，如图 6-22 所示。

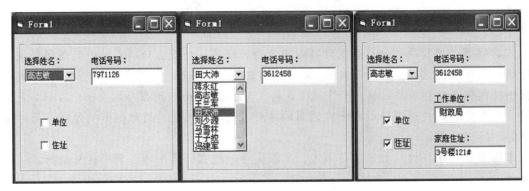

图 6-22　"通讯录"程序

10．利用控件数组设计一个简易计算器，使其能进行一些基本运算。界面如图 6-23 所示。

图 6-23　简易计算器

第7章 过 程

内容提要 用模块化的程序设计可以将复杂的程序从功能上分解成较小的逻辑模块，每个逻辑模块可以通过过程设计来实现。在 Visual Basic 程序设计中可使用两类过程：一类是系统提供的内部函数和事件过程，事件过程是构成 Visual Basic 应用程序的主体；另一类是用户根据需要而定义、提供事件过程多次调用的通用过程，使用通用过程的好处是程序简练，更易理解、实现和维护。

本章重点 掌握过程的定义与调用，掌握变量、过程的作用域，利用过程进行模块化程序设计。

7.1 Sub 过程

7.1.1 引例

在 Visual Basic 中，事件过程是当发生某个事件时，对该事件做出响应的程序代码。有时候，多个不同的事件过程可能需要使用一段相同的程序代码，因此，可以把这一段代码独立出来，作为一个公共的过程，这样的过程称为通用过程。通用过程独立于事件过程之外，可供事件过程或其他通用过程调用。

例 7-1 求表达式 3!+6!+9!的值。

分析：本例可以使用 3 个 For 循环语句分别计算 3、6、9 的阶乘，然后将其相加。

程序代码如下：

```
Private Sub Form_Click()
    Dim i%,f3&,f6&,f9&,Sum&
    f3 = 1
    For i = 1 To 3
        f3=f3 * i
    Next i
    f6= 1
    For i = 1 To 6
        f6=f6* i
    Next i
    f9 = 1
    For i = 1 To 9
        f9=f9* i
    Next i
    Sum=f3+f6+f9
    Print  "3!+6!+9!= ";sum
End Sub
```

程序运行后输出结果为：

3!+6!+9!=363606

从例 7-1 看出，求阶乘的 3 段代码的功能和结构都相同，只是循环次数和存放阶乘的变量不同。如果要计算更多的阶乘之和，则程序代码将变得冗长。因此，可以考虑用通用过程实现求阶乘的功能，在事件过程中调用其 3 次。

修改后的程序代码如下：

```
Private Sub Form_Click()
    Dim i% ,Sum&
    Sum=fact(3)+ fact(6)+ fact(9)
    Print  "3!+6!+9!= ";sum
End Sub
Public Function fact(n%)
Dim i As Integer
    fact = 1
    For i = 1 To n
      fact = fact * i
    Next i
End Function
```

程序运行后输出结果为：

3!+6!+9!=363606

7.1.2　Sub 过程的定义

Sub 过程以一个名称来标识，可以被其他过程调用。形式上与事件过程只是名字定义上的区别，事件过程的名字是有一定的规律："控件名__事件名"，而 Sub 过程名则由用户根据自己的习惯而定义。

1. Sub 过程的定义

Sub 过程定义的一般格式为：

```
[Private | Public | Static] Sub 过程名([参数列表])
    语句序列 1
    [Exit Sub]
    语句序列 2
End Sub
```

说明：

（1）Sub 过程必须以关键字 Sub 开头，以 End Sub 结束，中间是用来完成指定功能的语句块，称为过程体。

（2）关键字 Static 表明在 Sub 过程中的局部变量是静态变量，调用后其值仍然保留。缺省 Static 时，局部变量是动态变量，即每次调用 Sub 过程时，局部变量的初始值为零（或空字符）。

（3）关键字 Public、Private 是可选项。Public 表示该过程是全局的、公有的，可被程序中的任何模块调用；Private 表示该过程是局部的、私有的，仅供本模块中的其他过程调用。若此选项省略不写，则默认为 Public 的作用。

(4)过程名由用户命名，命名规则与变量命名相同。

(5)参数列表的形式为：

参数名 1 [As 类型]，参数名 2 [As 类型]，…

这些参数称为形式参数(简称形参)，可以是变量或数组(数组名后面需要加"( )"，以区别于一般变量)，形式参数后面的括号不能省略。

(6)Exit Sub 表示从过程体中可以直接退出 Sub 过程。

(7)Sub 过程不能嵌套定义。即在 Sub 过程内不能再定义 Sub 过程或 Function 过程，但 Sub 过程可以嵌套调用。

Sub 过程可以获取调用过程传送的参数，也能通过参数表中的参数，将计算结果传回调用过程。

2. Sub 过程的建立

Sub 过程既可以建立在窗体模块中，也可以建立在标准模块中。标准模块是与界面对象无关的独立模块，包括程序所需的通用过程(不能包含事件过程)。若要将 Sub 过程建立在标准模块中，应首先将标准模块添加到 Visual Basic 工程中。添加标准模块的步骤如下：

(1)选择"工程"菜单中的"添加模块"命令，打开如图 7-1 所示的"添加模块"对话框。

(2)在对话框中单击"新建"选项卡中的"模块"图标，然后单击"打开"按钮(或双击该图标)，此时在当前工程中添加了一个默认名称为 Module1 的标准模块，该模块显示在工程资源管理器中。也可以选择"现存"选项卡中已有的标准模块，将其添加到当前工程中。

自定义 Sub 过程的方法有：

方法一：利用代码窗口直接添加。

打开要添加 Sub 过程的窗体代码窗口或标准模块代码窗口，将插入点放在所有现有过程之外，直接输入 Sub 子过程名。例如，输入 Sub fact(n%)，然后按回车键，则在代码窗口中自动显示 Sub 过程的最后一行 End Sub。

```
Sub fact(n%)
    ……
End Sub
```

即可在 Sub 和 End Sub 之间输入过程代码。

方法二：通过菜单命令建立。

(1)打开要添加 Sub 过程的窗体代码窗口或标准模块代码窗口。选择"工具"菜单中的"添加过程"命令，打开"添加过程"对话框，如图 7-2 所示。

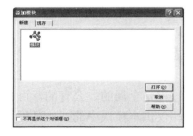

图 7-1　"添加模块"对话框

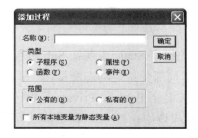

图 7-2　"添加过程"对话框

(2)在"名称"框中输入过程名(过程名后不能输入圆括号及参数),如 fact。

(3)从"类型"中选择过程类别(Sub 过程选择"子程序")。

(4)在"范围"中选择过程的作用域,如果选择"公有的",则所建立的过程可以被同一程序的所有模块中的过程调用,相当于在定义 Sub 过程时选用 Public 关键字;如果选择"私有的",则所建立的过程只能被本模块中的其他过程调用,相当于在定义 Sub 过程时选用了 Private 关键字。

(5)若选中"所有本地变量为静态变量"复选框,则表示过程中所有过程级变量均为静态变量,相当于在定义 Sub 过程时选用了 Static 关键字。

(6)单击"确定"按钮,在代码窗口中自动生成 Sub 过程的第一行和最后一行,光标在两行之间闪烁,此时可输入过程的代码。

7.1.3　Sub 过程的调用

通用过程与事件过程不同,它不依附于某一对象,不是由对象的某一事件驱动,也不是由系统自动调用,而是必须被调用语句(如 Call 语句)调用才起作用。通用过程也称为"子过程(Sub)",调用该子过程的过程称为"调用过程"。

当执行到位于调用过程中的 Call 语句时,程序暂时离开调用过程而转向子过程,去执行子过程的程序段,执行完 Sub 过程的 End Sub 语句后,程序流程又返回调用过程,执行位于调用子过程的 Call 语句后面的语句,如图 7-3 所示。在一个调用过程中,可以根据需要重复调用同一个子过程,也可调用多个其他子过程。用以下两种格式调用 Sub 过程:

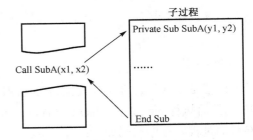

图 7-3　调用关系示意图

```
Call 过程名([实参列表])
过程名 [实参列表]
```

说明:

(1)过程名就是要调用的 Sub 过程的名称;实参可以是常量、变量、表达式和数组,调用时应赋有确定的值。

(2)若定义 Sub 过程时有形参,则调用时必须提供相应的实参。实参列表应与形参列表在参数个数、类型和顺序上保持一致。若定义 Sub 过程时没有形参,则调用时也没有实参,且实参列表两边的圆括号可以省略。

(3)使用格式 2 调用过程时,实参列表两边没有圆括号。但是只有一个参数时也允许加圆括号,此时实参被看作为表达式。

(4)使用这两种格式还可以调用 Function 过程,甚至可以调用事件过程。

例如:

```
Sub area(r As Single)
    Dim s As Single
    s=3.14*r*r
    MsgBox "area=" & s
End Sub
```

```
Private Sub Form_Click()
    Dim a As Single
    a=val(InputBox("输入圆的半径"))
    Call area(a)
End Sub
```

例 7-2　用 Sub 过程编写程序，在窗体上输出如图 7-4 所示的图形。

分析：该图形由若干行字母组成，每行字母及其个数存在有规律的递增关系，因此可以用双重 For 循环语句处理。

解法 1：无参数的 Sub 过程。图形的行数是确定，只需要完成输出图形的操作。编写无参数的 Sub 过程 pic，程序代码如下：

```
Private Sub Form_Click()
    Call pic
End Sub
Public Sub pic
    Dim i As Integer,j As Integer
    For i=1 To 7
        Print Tab(15-i);
        For j=1 To 2*i-1
            Print Chr(65-1+i);
        Next j
        Print
    Next i
End Sub
```

图 7-4　例 7-2 运行结果

解法 2：有参数的 Sub 过程。为使图形行数可变，在调用过程中输入一个行数 n(1≤n≤26)，然后执行 pic 过程，由 pic 过程输出 n 行字母组成的图形，因此需要将 pic 过程定义成有参数的过程。程序代码如下：

```
Private Sub Form_Click()
    Dim n As Integer
    N=Val(InputBox("请输入图形的行数(1～26)"))
    Call pic(n)
End Sub
Public Sub pic(n As Integer)
    Dim i As Integer,j As Integer
    For i=1 To n
        Print Tab(15-i);
        For j=1 To 2*i-1
            Print Chr(65-1+i);
        Next j
        Print
    Next i
End Sub
```

例 7-3　计算 5！+10！。

分析：因为计算 5！和 10！都要用阶乘 n!(n!=1×2×3×4×⋯×n)，所以把计算 n!变成 Sub 过程。采用 Print 方法直接在窗体上输出结果。

程序代码如下：

```
Private Sub Form_Click()
    Dim y As Long, s As Long
    Call fact(5, y)
    s = y
    Call fact(10, y)
    Print "5! + 10! ="; s + y
End Sub
Private Sub fact(n As Integer, t As Long)
    Dim i As Integer
    t = 1
    For i = 1 To n
        t = t * i
    Next i
End Sub
```

程序运行结果为：

5 !+10 !=3628920

请读者思考：计算 1!+3!+5!+…+9!。

7.2　Function 过程

Visual Basic 系统中提供了许多内部函数供用户使用，程序中只需要写出函数名称，并给定相应的参数就能得到函数值。但在不能满足用户的任意需求时，需要自定义函数，即通用过程的另一种形式 Function 过程（又称函数过程）。

7.2.1　Function 过程的定义

1. Function 过程的定义

语法格式为：

```
[Private | Public | Static] Function 函数名([参数列表]) [As 数据类型]
    语句序列 1
    [函数名=表达式]
    [Exit Function]
    [语句序列 2]
End Function
```

说明：

（1）Function 过程以 Function 开头，End Function 结束，中间是用来完成指定功能的语句序列，通常称为函数过程体。

（2）Private、Public、Static、函数名、参数列表、Exit Function 的含义与 Sub 过程相同。

（3）As 数据类型是 Function 过程返回值的类型，可以是 Integer、Long、Single、Double、Currency、Date 或 String，如果省略，则为 Variant。

(4)表达式的值通过赋值语句"函数名 = 表达式",便是 Function 过程返回的值。如果没有"函数名 = 表达式"语句,则该过程返回一个默认值,数值函数过程返回 0,字符串函数过程返回空字符串。因此,为了能使 Function 过程完成所指定的操作,通常要在过程中为"函数名"赋值。

(5)与 Sub 过程一样,Function 过程也不能嵌套定义,但可以嵌套调用。

2. Function 过程的建立

建立 Function 过程的方法与建立 Sub 过程的方法相同,可以利用"代码窗口"或选择"工具"→"添加过程"菜单命令,类型选择"函数"。

7.2.2 Function 过程的调用

Function 过程的调用比较简单,和使用 Visual Basic 内部函数一样,只需写出函数名和相应的参数即可。调用形式如下:

函数名(参数列表)

说明:

(1)与 Sub 过程一样,参数列表中的参数称为实际参数(简称实参)。实参可以是常量、变量、表达式和数组,调用时应赋有确定的值。函数调用时,实参的数据类型、排列顺序及实参个数也必须与形参一一匹配。

(2)通常 Function 过程的调用出现在表达式中。

(3)由于函数也是一种过程,若不需要返回值,则完全可以使用 Call 语句来调用,用这种方法调用 Function 过程时,不能通过函数名返回值,只能通过参数传递返回值。

例 7-4 将例 7-3 求 n!的 Sub 过程改写成 Function 过程,实现同样的功能。

分析:在例 7-3 中,因 Sub 过程名不能返回值,所以需要在参数表中多设一个参数 t 用来返回阶乘值。如果改为用 Function 过程实现,则阶乘的值可由函数名返回,因此只需要设置一个参数 n。

```
Private Sub Form_Click()
    Dim s As Long
    s = fact(5) + fact(10)                  ' 把函数作为表达式的一部分进行调用
    Print "5! + 10! ="; s
End Sub
Private Function fact(n As Integer) As Long   ' 返回值的数据类型为长整型
    Dim i As Integer
    t = 1
    For i = 1 To n
        t = t * i
    Next i
    fact = t                                 ' 返回值赋给函数名
End Function
```

例 7-5 求任意两个整数的最大公约数。

分析:用"辗转相除"法求两个整数的最大公约数。将定义一个 Function 过程,其函数名 gcd,应该带有两个形参 m 和 n。

　　在窗体上添加 3 个标签、3 个文本框和一个命令按钮，应用程序用户界面及对象属性设置如图 7-5 所示。程序代码如下：

```
Private Sub Command1_Click()
    Dim a As Integer, b As Integer
    Dim x As Integer
    a = Val(Text1.Text)
    b = Val(Text2.Text)
    x = gcd(a, b)
    Text3.Text = x
End Sub
Function gcd(m As Integer, n As Integer) As Integer
    Dim r As Integer
    Do While n <> 0
        r = m Mod n
        m = n
        n = r
    Loop
    gcd = m
End Function
```

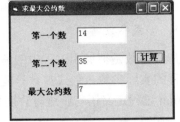

图 7-5　例 7-5 程序运行结果

7.2.3　Function 过程与 Sub 过程的比较

　　通过前面的介绍可以看出，Function 过程和 Sub 过程都是用户自定义的通用过程，用来完成一个指定的功能，都能实现参数传递，大多数情况下，两者可以互换代替。两者的主要区别是：

　　(1)过程名的作用不同。Function 过程名除了标识一个 Function 过程外，还相当于变量名，有值，有类型，在 Function 过程体中至少被赋值一次，并通过它返回一个函数值，供调用过程使用；而 Sub 过程名仅起标识一个过程的作用，无值，无类型，在 Sub 过程体内不能被赋值，不能通过它带回数据。

　　(2)调用的方式不同。Sub 过程通过一条独立的 Call 语句(或省略 Call 的语句)调用；而 Function 过程作为表达式的操作数进行调用，虽然也能用调用 Sub 过程的方法调用 Function 过程，但此时不能通过函数名返回函数值，而只能通过参数传递的方式返回数据。

　　由此可见，在处理具体问题时，用 Function 过程还是用 Sub 过程并没有严格的规定。通常情况下，如果希望得到一个结果值，用 Function 过程比较方便；如果只是完成一个或一系列的操作(如输出一些字符或交换数据等)，或者需要返回多个数据，则用 Sub 过程比较合适。

7.3　参　数　传　递

　　调用过程可以把参数传递给过程，也可以把过程中的参数传递回来。设计过程时，需考虑调用过程和被调用过程之间是如何传递参数的，并完成形式参数与实际参数的结合。参数传递有两种方式：按值传递和按地址传递。

7.3.1　形式参数与实际参数

1. 形式参数

形式参数是被调用过程中的参数，出现在 Sub 过程和 Function 过程中，用来接收来自调用过程的实际参数。形式参数只能是变量名和数组名，不能是常量、表达式，在 Sub 过程或 Function 过程定义语句中进行声明。语法格式为：

[ByVal | ByRef] 变量名[( )][As 数据类型]

说明：

(1) ByVal 表示该参数按值传递；ByRef 表示该参数按地址传递。默认为 ByRef。

(2) 如果参数类型缺省，则默认为 Variant。

2. 实际参数

实际参数是指在调用 Sub 或 Function 过程时，传送给 Sub 或 Function 过程的常量、变量或表达式。实参表可由常量、表达式、有效的变量名、数组名(后跟括号)组成，执行调用语句前，参数必须具有确定的值。实参表中多个参数用逗号分隔。

形参表和实参表中的对应变量名可以不同，但实参和形参的个数、顺序及数据类型必须相同，如图 7-6 所示。

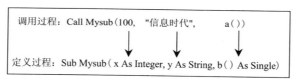

图 7-6　形参与实参的对应关系

因此，"形实结合"是按照位置结合的，即第 1 个实参值(100)传递给第 1 个形参 x，第 2 个实参值(信息时代)传递给第 2 个形参 y。

7.3.2　按值传递与按地址传递

在过程调用时，参数传递有两种方式：按值传递和按地址传递。

1. 按值传递

若过程中的某个参数定义为按值传递，在过程被调用时，传递给该形参的只是调用过程的调用语句中相应实参的值。即调用过程只是将实参的值复制了一份给过程中的形参，因而在过程中对形参的任何操作(如给形参赋值)，都不会影响调用过程中实参的值。当过程结束并返回调用过程后，实参还是调用之前的值。

如果调用语句中的实参是常量、函数或表达式，或者定义过程时形参前面加上 ByVal 关键字，就是按值传递。

如果过程中的形参设定为按值传递，不要求调用时相应实参的类型与其一致，只要实参的值能够转换为形参的类型即可。

2. 按地址传递

如果声明通用过程时，形式参数前加上关键字 ByRef，则规定了调用此过程时，该参数是按地址传递的。默认方式是按地址传递。如果一个形参前既无 ByRef 也无 ByVal，则该形参按地址传递。

按地址传递就是调用一个过程时，系统将实参的地址传递给对应的形参，使实参与形参具有相同的地址。按地址传递既能从调用过程向被调过程传递数据，也能从被调过程传回数据，即数据传递是双向的。

按地址传递参数时，调用过程中的实参与被调用过程中的形参占用相同内存单元，在过程中改变形参的值，同时也改变了调用过程中实参的值，过程结束并返回调用过程后，实参的值已经发生了变化。

按地址传递时，形参与实参共用一个内存地址，实参与形参的数据类型必须相同，否则会出现"类型不匹配"的错误。

例 7-6　参数传递方式示例，观察形参与实参的变化。

分析：本例中设置两个通用过程 test1 和 test2，分别按值和按地址传递参数。用 Print 直接在窗体上输出信息，程序代码如下：

```
Private Sub Form_Click()
    Dim x As Integer
    x = 8
    Print "执行 test1 前，x="; x
    Call test1(x)
    Print "执行 test1 后，test2 前，x="; x
    Call test2(x)
    Print "执行 test2 后，x="; x
End Sub
Sub test1(ByVal t As Integer)
    t = t + 8
End Sub
Sub test2(s As Integer)
    s = s - 8
End Sub
```

运行结果如下：

```
执行 test1 前，x=8
执行 test1 后，test2 前，x=8
执行 test2 后，x=0
```

调用 test1 过程时，是按值传递参数的，因此在过程 test1 中对形参 t 的任何操作不会影响到实参 x。调用 test2 过程时，是按地址传递参数的，因此在过程 test2 中对形参 s 的任何操作都变成对实参 x 的操作，当 s 值改为 0 时，实参 x 的值也随之改变。

7.3.3　数组作为参数传递

在前面介绍的参数传递中，形参是普通变量，实参是常量、变量和表达式，传递的只是一个数据。当需要传递批量数据时，可以用数组作为形参或实参。

　　(1)用数组名作为形参或实参。参数按传址方式传递，实参数组的首地址传给对应的形参数组，即实参数组和形参数组共同占用一片连续的存储单元。用数组作为参数时，实参只需写出数组名，也可加上一对空的圆括号，但括号里面不能有下标；形参需要写出数组名和一对空的圆括号(不能省略)。

　　(2)用数组元素作为实参传递。

　　例 7-7　输入若干(不超过 100 个)学生的成绩，求出平均分、最高分及最低分。

　　由于程序运行时学生的成绩由用户输入，成绩个数由用户确定(输入–1 表示输入结束)，因此需采用数组元素来完成参数传递。本例利用 InputBox 函数输入成绩并存入数组，利用 MsgBox 函数输出计算结果。

　　程序代码如下：

```
Private Sub Form_Click()
   Dim jc(100) As Integer, x As Integer, n As Integer, sum As Long, max As Integer,
      min As Integer
   n = 0
   Do While True
      x = Val(InputBox("请输入第" & n + 1 & "个学生的成绩(-1 结束)"))
      If x = -1 Then Exit Do
      n = n + 1
      jc(n) = x
   Loop
   If n > 0 Then
      Call caljc(n, jc(), sum, max, min)
   Else
      End
   End If
     MsgBox "平均分: " + Str(Format(sum / n, "###.0")) + Chr(13) + Chr(10) _
        + "最高分: " + Str(max) + "  最低分: " + Str(min)
End Sub
Sub caljc(k As Integer, darray() As Integer, s As Long, m As Integer, n As Integer)
   Dim i As Integer
   s = darray(1): m = darray(1): n = darray(1)
   If k = 1 Then Exit Sub
   For i = 2 To k
      s = s + darray(i)
      If m < darray(i) Then m = darray(i)
      If n > darray(i) Then n = darray(i)
   Next i
End Sub
```

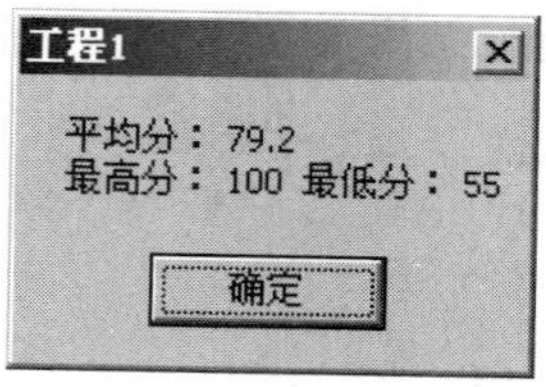

　　程序运行结果如图 7-7 所示。

图 7-7　例 7-7 程序运行结果

　　例 7-8　随机产生 10 个两位整数，存放在一维数组中，用过程实现一维数组的排序。

　　分析：随机产生一维数组 a 并输出。然后用该数组作为参数调用排序过程 sort。调用结束后，将排好的结果通过按地址传递参数的方式返回调用程序并输出。

```
Private Sub Form_Click()
```

```
      Dim a(10) As Integer, i As Integer
      Caption = "数组作为参数传递"
      Print "排序前的数组"
      For i = 1 To 10
        a(i) = Int(90 * Rnd + 10): Print a(i);
      Next i
      Call sort(a, 10)
      Print
      Print "排序后的数组"
      For i = 1 To 10
        Print a(i);
      Next i
      Print
   End Sub
   Sub sort(b() As Integer, n As Integer)
      Dim i As Integer, j As Integer, t As Integer
      For i = 1 To n - 1
        For j = i + 1 To n
          If b(i) < b(j) Then
             t = b(i): b(i) = b(j): b(j) = t
          End If
        Next j
      Next i
   End Sub
```

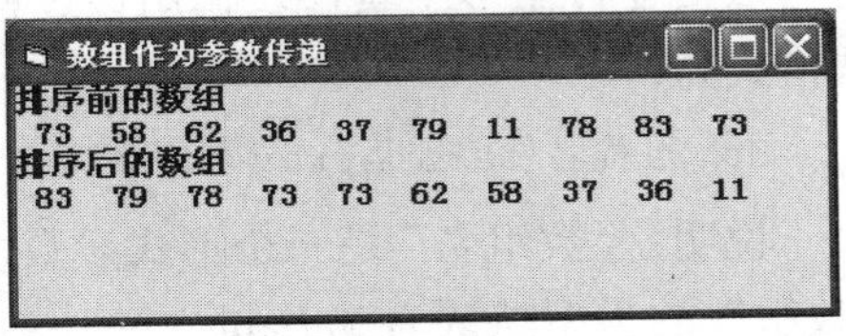

图 7-8　例 7-8 程序运行结果

程序运行后输出结果如图 7-8 所示。

7.3.4　可选参数和可变参数

在调用一个过程时，可以向过程传送可选的参数或者任意数量的参数。

1．可选参数

前面的实例中，一个过程在声明时定义了几个形参，则在调用这个过程时就必须提供相同数量的实参与之对应。Visual Basic 系统还允许指定一个或多个参数作为可选参数，方法是在形参前面用 Optional 关键字将其设为"可选参数"。如果一个过程的某个形参为可选参数，则在调用此过程时可以不提供对应于这个形参的实参。如果一个过程有多个形参，当它的一个形参设定为可选参数时，这个形参之后所有的形参都应该用 Optional 关键字定义为可选参数。

在过程中，可以使用 IsMissing 函数判断是否向可选参数传送了实参。IsMissing 函数语法为：

```
IsMissing(参数名)
```

其中，"参数名"是指一个可选参数的名称。如果没有给此"参数名"赋予相应实参值，则 IsMissing 函数返回 True，否则返回 False。

例 7-9　建立一个既能计算任意两个数的乘积，也能计算任意 3 个数的乘积的过程。程序代码如下：

```
Private Sub mul(a As Integer, b As Integer, Optional c)    ' c为可选参数
   n = a * b
    If Not IsMissing(c) Then  n = n * c
```

```
    Print n
End Sub
```

例如，用如下的事件过程调用，结果为 20。

```
Private Sub Form_Click()
    mul 4, 5
End Sub
```

而用如下的事件过程调用，结果为 120。

```
Private Sub Form_Click()
    mul 4, 5, 6
End Sub
```

说明：调用 mul 过程时，既可以使用两个实参，也可以使用 3 个实参。用 Optional 关键字指定可选参数，其类型必须是 Variant。

2. 可变参数

如果一个过程的最后一个参数是使用 ParamArray 关键字声明的数组，这个过程在被调用时可以接受任意多个实参。调用该过程时，使用的多余实参值均按顺序存于这个数组中。语法格式为：

```
Sub 过程名(ParamArray 数组名)
```

说明："数组名"是一个形式参数，只有名称和括号，没有上下界。由于省略了变量类型，"数组"的类型默认为 Variant。

上例建立的 Mul 过程可以求 2 个或 3 个数的乘积。下面定义一个可变参数的过程，用这个过程可以求任意多个数的乘积。

例 7-10　建立一个可以计算任意多个数的乘积的过程。程序代码如下：

```
Private Sub multi(ParamArray a())
    n = 1
    For Each x In a
      n = n * x
    Next x
    Print n
End Sub
Private Sub Form_Click()
    multi 1, 2, 3, 4, 5, 6, 7
End Sub
```

结果为：5040。

如果可变参数过程中的参数是 Variant 类型，可以将任何类型的实参传送给该过程。

7.4　嵌套和递归

7.4.1　过程嵌套调用

在 Visual Basic 中可以嵌套调用过程，即主程序可以调用过程，过程还可以调用另外的过程，这种程序结构称为过程的嵌套调用，如图 7-9 所示。

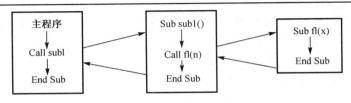

图 7-9 过程的嵌套

在嵌套调用过程中，主程序或子过程遇到调用子过程的语句时，转去执行子过程，子过程执行完毕并返回后继续执行原程序。

例 7-11 输入两个数 n 和 m，求组合数 $C_n^m = \dfrac{n!}{m!(n-m)!}$ 的值。

程序代码如下：

```
Private Sub Form_Click()
    Dim m As Single, n As Single
    m = Val(InputBox("输入 m 的值"))
    n = Val(InputBox("输入 n 的值"))
    If m > n Then
        MsgBox "输入数据错误！", 0, "检查错误"
        Exit Sub
    End If
    Print "组合数是："; calcomb(n, m)
End Sub
Private Function calcomb(n As Single, m As Single)
    calcomb = fact(n) / (fact(m) * fact(n - m))
End Function
Private Function fact(x As Single)
    t = 1
    For i = 1 To x
        t = t * i
    Next i
    fact = t
End Function
```

程序中使用了过程的嵌套调用。在事件过程 Form_Click 中调用了 calcomb 过程，在 calcomb 过程中调用了 3 次 fact 过程。

7.4.2 过程递归调用

过程的递归就是过程中的代码直接调用过程自身，或通过一系列调用语句间接调用自身，这是一种描述问题和解决问题的基本方法。

例如：求 n!。n!=n*(n–1)!，而 (n–1)!=(n–1)*(n–2)!，…，最后知道 1!=1。所以，可根据上面的一系列推导计算出 n!。

因此，用递归方法解决问题时，必须符合以下两点：

(1)必须将要解决的问题转化为一个新问题，而这个新的问题的解法与原来的解法相同。即找出过程参数为 n 和过程参数为 n–1 之间的规律。

(2)必须给定结束递归的条件(终止条件)和结束递归的值,否则过程将会无休止地"递归"下去。

例 7-12　利用递归方法计算 *n*!。

$$n!=\begin{cases} 1 & n=1 \\ n*(n-1)! & n>1 \end{cases}$$

程序代码如下:

```
Private Sub Form_Click()
    Dim m As Integer
    m = Val(InputBox("输入 1～15 之间的整数"))
    If m < 1 Or m > 15 Then
        MsgBox "错误数据", 0, "检查数据"
        End
    End If
    Print m; "!= "; fact(m)
End Sub
Private Function fact(n as integer) As Double
    If n > 1 Then
        fact = n * fact(n - 1)          ' 递归调用
    Else
        fact = 1                         ' n=1 时, 结束递归
    End If
End Function
```

用调用函数 fact (5),它就会返回 5!的值。实际计算过程如图 7-10 所示。

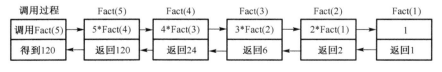

图 7-10　递归过程

例 7-13　猴子吃桃问题:猴子第一天摘下 n 个桃子,马上吃了一半,还不解馋,又多吃了一个;第二天又将剩下的桃子吃掉一半,又多吃了一个;以后每天都吃前一天剩下的一半多一个。到第 10 天想再吃时,只剩下一个桃子了。求第一天共摘了多少个桃子?

分析:假定第一天有 n 个桃子,第二天有 m 个桃子,则猴子第一天吃掉 n/2+1 个桃子,剩下就是第二天的桃子数,即 m=n−(n/2+1),得到 n=2*m+2,也就是说前一天的桃子数目等于后一天的 2 倍加 2。程序代码如下:

```
Private Sub Form_Click()
    Print "猴子第一天共摘下桃子的个数为"; peach(10)
End Sub
Function peach(n As Integer)
    If n = 1 Then  peach = 1 Else  peach = 2 * peach(n-1) + 2
End Function
```

7.5　变量与过程的作用域

Visual Basic 应用程序由 3 种模块组成，即窗体模块(Form)、标准模块(Module)和类模块(Class)。窗体模块可以包括事件过程(Event Procedure)、通用过程(General Procedure)和声明部分。当一个应用程序含有多个窗体，且这些窗体需要调用某一个通用过程时，需要建立一个标准模块，在标准模块中创建一个通用过程。另外，由于在各窗体之间需要使用公共变量进行数据传递，所以也需要在标准模块中对用到的变量进行声明；启动主过程 Sub Main 同样也存放在标准模块中。默认情况下，标准模块中的代码是公有的，任何窗体或模块中的事件过程或通用过程都可以访问它。这些模块保存在具有特定类型名的文件中。窗体模块保存在以.frm 为扩展名的文件中，标准模块保存在以.bas 为扩展名的文件中，而类模块保存在以.cls 为扩展名的文件中。

Visual Basic 应用程序的组成如图 7-11 所示。

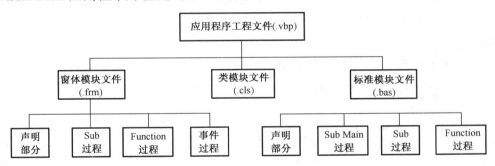

图 7-11　Visual Basic 应用程序组成

7.5.1　变量的作用域

变量的作用域是指变量的有效范围。变量的作用域决定了该变量能被应用程序中的哪些过程访问。根据变量作用域不同，Visual Basic 中将变量分为局部变量、窗体/模块级变量和全局变量。

1. 局部变量

在过程体内定义且只能在本过程使用的变量即为局部变量，其作用域是它所在的过程，在其他的过程中不能访问该变量。用 Dim 和 Static 语句可定义局部变量。局部变量随过程的调用而产生，也将随过程调用的结束而结束。

在一个窗体中包含许多过程，在不同过程中定义的局部变量可以同名，因为它们是相互独立的。例如。在一个窗体中有如下定义：

```
Private Sub Command1_Click()
    Dim count As Integer
    Dim sum As Single
    ……
End Sub
Private sub Command2_Click()
```

```
Dim sum As Integer
    ......
End Sub
```

2. 窗体/模块级变量

如果一个窗体中的不同过程要使用同一个变量，这就需要在该窗体或模块内的过程之外定义一个变量，使得它在整个窗体或模块中有效，即其作用域为整个窗体或模块。本窗体或本模块内的所有过程都能访问它，但不能被其他模块文件中的过程访问。窗体/模块级变量用 Dim 或 Private 语句在窗体或模块的通用声明段中进行声明。

在窗体中声明了 a、b、c 三个窗体级变量，如图 7-12 所示。该窗体的所有过程都可以使用这 3 个变量。

可见，窗体级变量在该窗体的所有过程中都可以直接使用，相当于该窗体内各过程的公用变量，可在各过程之间传递数据。

如果还允许在其他窗体和模块中引用本模块的变量，必须以 Public 来声明该变量，如：

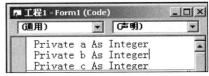

图 7-12　声明窗体/模块级变量

```
Public a As Integer    ' 假设本窗体为 Form1
```

这样，在另一窗体(Form2)或模块中可用 Form1.a 来引用变量 a。

3. 全局变量

全局变量的作用域最大，其有效范围是整个工程中的所有模块、过程。用 Public 或 Global 语句在标准模块的通用声明段中声明全局变量。它在整个工程应用中始终存在，只有在工程应用结束时才会被释放。语法格式为：

```
Global 变量名 as 数据类型
Public 变量名 as 数据类型
```

不同作用范围的变量声明及使用规则，如表 7-1 和图 7-13、图 7-14 所示。

表 7-1　变量的作用域

名称	作用域	声明位置	使用语句
局部变量	过程	过程中	Dim 或 Static
模块变量	窗体模块或标准模块	模块的声明部分	Dim 或 Private
全局变量	整个应用程序	标准模块的声明部分	Public 或 Global

图 7-13　模块级变量定义

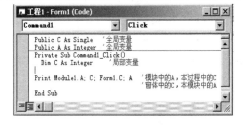

图 7-14　窗体级变量定义

可以得出如下规定：

(1)在同一模块中的不同过程中定义的变量可以同名。

(2)在不同模块中定义的全局变量可以同名。

(3)在过程中直接引用的变量总是同名变量中作用域最小的那个变量。

7.5.2　变量的生存期

变量被定义后，将在内存中占据一定的存储单元，直到其被释放。变量的生存期就是变量拥有内存单元的时间段，也就是变量能够保持其值的时间。根据变量的生存期，可以将变量分为动态变量和静态变量。

1. 动态变量

动态变量是指当程序运行进入变量所在的过程时，才给该变量分配内存单元，对其可进行任何操作(如赋值)。当退出该过程时，该变量所占用的内存单元自动释放，其值消失。当再次进入该过程时，所有的动态变量将重新初始化。

用 Dim 语句在过程中声明的局部变量就属于动态变量。在过程执行结束后，变量的值不被保留；每次重新执行过程时，变量重新声明。

2. 静态变量

静态变量是指当程序运行进入该变量所在的过程，且经过处理退出该过程时，其值仍被保留，即变量所占用的内存单元不会释放，当再次进入该过程时，变量值依就有效。

用 Static 语句可以将变量声明为静态变量，在程序运行过程中保留其值，即每次调用过程时，用 Static 说明的变量保持原来的值，而用 Dim 说明的变量，每次调用过程时，会重新初始化。使用 Static 语句在过程中声明的局部变量就属于静态变量。语法格式为：

```
Static 变量 [As 数据类型]
Static Sub 过程名([形参表])
Static Function 函数名([形参表]) [As 数据类型]
```

如果在过程头的起始处加上 Static 关键字，则过程中所有的局部变量为静态变量。

例 7-14　静态变量与动态变量的使用。

程序代码如下：

```
Private Sub Form_Activate()
    Dim i As Integer
    For i = 1 To 6
      mysub
    Next i
End Sub
Sub mysub()
    Dim x As Integer, m As String
    Static y, n
    FontSize = 15
    x = x + 1: y = y + 1
    m = m & "*": n = n & "*"
    Print "x="; x; "y="; y, "m="; m, "n="; n
End Sub
```

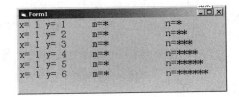

图 7-15　例 7-14 程序运行结果过程

程序运行结果如图 7-15 所示。

说明：x、y、m、n 都是过程 mysub 中的局部变量，y、n 被说明为静态变量，每次调用保持上一次的值，它们的值在不断变化；而 x、m 是动态变量，每次调用都被重新初始化为 0 或 ""，它们的值不变。

例 7-15 可利用静态变量来限制用户口令的输入次数(最多输入 3 次，如果 3 次都不对，则显示"你无权使用本系统")。程序代码如下：

```
Private Sub Text1_KeyPress(KeyAscii As Integer)
    Static n As Integer
    If KeyAscii = 13 Then
      If LCase(Text1.Text) = "abcde" Then
         Label1.Caption = "欢迎使用本系统"
      Else
         n = n + 1
         If n = 3 Then
           Label1.Caption = "你无权使用本系统"
           Text1.Enabled = False
         Else
           Label1.Caption = "口令错，请重新输入"
           Text1.SelStart = 0
           Text1.SelLength = Len(Text1.Text)
         End If
      End If
    End If
End Sub
```

7.5.3 过程的作用域

Visual Basic 的应用程序是由若干个过程组成的，根据过程定义位置及方式的不同，它的作用范围和调用方式也有所不同。过程与变量的作用范围一样，也有其有效范围，即过程的作用域。根据过程的作用域不同，分为窗体/模块级过程和全局过程。

1. 窗体/模块级过程

窗体/模块级过程是指在窗体或某个标准模块内定义的过程。如果在 Sub 或 Function 过程前加关键字 Private，则该过程只能被所在窗体或标准模块中的其他过程调用，即其作用范围为本模块。

2. 全局过程

全局过程可被整个应用程序的所有模块中定义的过程调用，即其作用范围是整个应用程序。如果在 Sub 或 Function 过程前加关键字 Public(系统默认为 Public)，表示该过程是一个公用过程(全局过程)，所有模块的所有过程都能调用该过程。

根据过程定义的不同，在调用方式上也有所不同，如表 7-2 所示。

(1)在窗体中定义的全局过程，外部过程调用时要在过程名前加窗体名。语法格式为：

```
[Call] 窗体名.过程名([参数表])
```

例如：

```
Call Form1.Mysub1(实参表)
```

表 7-2　不同作用范围的两种过程定义及调用规则

作用范围	模块级		全局级	
	窗体	标准模块	窗体	标准模块
定义方式	过程名前加 Private		过程名前加 Public 或缺省	
能否被本模块其他过程调用	能	能	能	能
能否被本应用程序其他模块调用	不能	不能	能，但必须在过程名前加窗体名	能，但过程名必须唯一，否则要加标准模块名

(2)在标准模块中定义的全局过程，如果过程名唯一，可以直接调用，否则要在过程名前加标准模块名。语法格式为：

[Call] [标准模块名.]过程名([参数表])

例如：

Call Module1.Mysub1(实参表)

例 7-16　在标准模块 Module1 中定义全局过程 mys1 和模块级过程 mys2，如图 7-16 所示。在窗体 Form1 中定义全局过程 mys3 和窗体级过程 mys4，如图 7-17 所示。

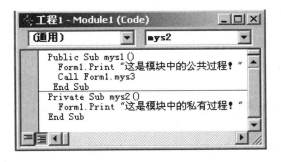

图 7-16　定义过程 mys1 和 mys2

图 7-17　定义过程 mys3 和 mys4

说明：mys4 是属于窗体中的模块级过程，窗体 Form1 中的过程可以调用，因此输出"这是窗体中的私有过程！"信息；mys1 是全局过程，窗体 Form1 中的过程可以调用，因此输出"这是模块中的公共过程！"信息；mys3 是全局过程，窗体 Form1 和模块 Module1 均可调用，因此在模块过程的调用中输出"这是窗体中的公共过程！"信息；mys2 是属于模块 Module1 的模块级过程，只能在模块的过程中被调用，因此当窗体 Form1 的事件过程调用它时，会出现出错提示信息。

7.6　多窗体与 Sub Main 过程

7.6.1　多窗体处理

简单 Visual Basic 应用程序通常只包括一个窗体，称为单窗体程序。但实际应用中，特别是在较为复杂的应用程序中，单一窗体往往不能满足需要，必须用多窗体实现复杂的功能。在多窗体程序中，每个窗体可以有自己的界面和程序代码来完成不同的操作。

1. 添加窗体

在多窗体程序中，要建立的界面由多个窗体组成。
在当前工程中添加新窗体，可以选择"工程"菜单中的
"添加窗体"命令或"添加窗体"工具按钮，将多个窗体
逐个添加到工程中。也可以在工程资源管理器窗口中单
击鼠标右键，通过弹出的快捷菜单来完成添加。窗体添
加完成后，资源管理器窗口就会显示出新增加的窗体，
如图 7-18 所示。

图 7-18   多重窗体下的工程管理器窗口

2. 删除窗体

在工程资源管理器窗口中选定要删除的窗体，选择"工程"菜单中的"移除"命令。

3. 保存窗体

在工程资源管理器窗口中选定要保存的窗体，选择"文件"菜单中的"保存"或"另存
为"命令，即可保存当前窗体文件。注意，工程中的每一个窗体都需要分别保存。

4. 设置启动窗体

在单一窗体程序中，运行程序时会从这个唯一的窗体开始执行。在多重窗体程序中，必
须在多个窗体中指定一个窗体作为启动窗体。如果没有指定，系统默认设计时的第一个窗体
作为启动窗体。

只有启动窗体才能在运行程序时自动显示出来，其他窗体必须通过 Show 方法显示。

设置其他窗体为启动窗体的方法如下：

(1)选择"工程"菜单中的"工程属性"命令，将打开"工程属性"对话框。

(2)选择该对话框中的"通用"选项卡，单击"启动对象"列表框的下拉按钮，将显示当
前工程中所有窗体的列表，在其中选择作为启动窗体的名称。

(3)单击"确定"按钮，即可将所选择的窗体设置为启动窗体。

5. 有关语句和方法

在前面介绍的窗体的属性和方法，同样适用于多窗体程序设计。

在多窗体程序中，需要在多个窗体之间切换，可通过相应的语句和方法来实现。常用的
语句和方法如下。

1)加载语句 Load

格式：Load 窗体名

功能：把一个窗体装入内存。

2)卸载语句 UnLoad

格式：UnLoad 窗体名

功能：从内存中卸载指定的窗体。

3)Show 方法

Show 方法用于显示窗体。

4）Hide 方法

Hide 方法用于隐藏窗体，即不在屏幕上显示，但窗体仍在内存中。

例 7-17 利用多窗体实现学生信息的录入及浏览。

分析与应用程序界面设计：本程序由 3 个窗体构成，使用"工程"菜单中的"添加窗体"命令在程序中添加 Form2 和 Form3 两个窗体。主界面窗体 Form1 如图 7-19 所示。单击"录入信息"按钮和"浏览信息"按钮则可分别显示窗体 2 和窗体 3 的界面，如图 7-20、图 7-21 所示。在窗体 2 中可输入学生的姓名、语文成绩、数学成绩等信息。单击"显示信息"按钮可在窗体 3 中浏览学生信息。由于各窗体之间需要使用公共变量来传送数据，所以需建立一个标准模块 Module1。在 Module1 中声明的全局变量如图 7-22 所示。

图 7-19　主界面窗体

图 7-20　录入信息窗体

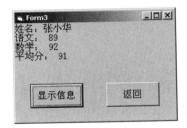

图 7-21　显示信息窗体

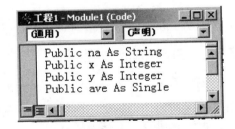

图 7-22　Module1 中声明的全局变量

在窗体 Form1 中添加 1 个标签 Label1、3 个命令按钮 Command1、Command2 和 Command3。程序代码如下：

```
Private Sub Command1_Click()
    Form1.Hide
    Form2.Show
End Sub
Private Sub Command2_Click()
    Form1.Hide
    Form3.Show
End Sub
Private Sub Command3_Click()
    Unload Form1
    Unload Form2
    Unload Form3
End Sub
```

窗体 Form2 中添加 4 个标签 Label1～Label4，3 个文本框 Text1、Text2 和 Text3，1 个命

令按钮 Command1。程序代码如下：

```
Private Sub Command1_Click()
    na = Text1.Text
    x = Val(Text2.Text)
    y = Val(Text3.Text)
    ave = (x + y) / 2
    Form2.Hide
    Form1.Show
End Sub
```

窗体 Form3 中添加 2 个命令按钮 Command1、Command2。程序代码如下：

```
Private Sub Command1_Click()
    FontSize = 12
    Print "姓名：" & na
    Print "语文：" & Str(x)
    Print "数学：" & Str(y)
    Print "平均分：" & Str(Format(ave, "."))
End Sub
Private Sub Command2_Click()
    Form3.Hide
    Form1.Show
End Sub
```

7.6.2　Sub Main 过程

在一个含有多个窗体或多个工程的应用程序中，有时候需要在显示多个窗体之前对一些条件进行初始化，例如需要根据某种条件来决定显示几个不同窗体中的哪一个。这就需要在启动程序时执行一个特定的过程，在 Visual Basic 中，这样的过程称为启动过程，并命名为 Sub Main。

Sub Main 过程在标准模块窗口中建立。其方法是：选择"工程"菜单中的"添加模块"命令，打开标准模块窗口，在该窗口中输入 Sub Main，按回车键，将显示该过程的开头和结束语句。然后在两个语句之间输入程序代码即可。

Sub Main 过程位于标准模块中，一个工程可以含有多个标准模块，但 Sub Main 过程只能有一个；当工程中含有 Sub Main 过程(已设置为"启动对象")时，应用程序在运行时总是先执行 Sub Main 过程。

设置 Sub Main 过程为"启动对象"的方法是在"工程属性"对话框中选择"通用"选项卡，从"启动对象"下拉列表框中选择 Sub Main。

例 7-18　Sub Main 过程应用。

程序界面设计：添加 2 个窗体 Form1、Form2 和 1 个标准模块 Module1。2 个窗体分别显示工作日窗体和休息日窗体，标准模块包含一个 Sub Main 过程。程序运行时首先判断当前日期是否为星期六或星期日，若"是"则显示窗体 Form2，否则显示窗体 Form1。

编写 Sub Main 过程代码如图 7-23 所示。再设置 Sub Main 过程为"启动对象"。

```
Private Sub Form_Load()
```

```
    FontSize = 15
    Show
    Print "工作日窗体 Form1"
End Sub
Private Sub Form_Load()
    FontSize = 15
    Show
    Print "休息日窗体 Form2"
  End Sub
```

图 7-23　Sub Main 过程及工程中的模块

7.7　应 用 举 例

例 7-19　编写一个函数，判断一个数是否为素数，然后通过调用该函数求 500～1000 中的所有素数，并把这些素数显示在列表框中。

创建应用程序的用户界面与设置对象属性，如图 7-24 所示。在窗体上添加 1 个列表框 List1，一个标签 Label1 和一个命令按钮 Command1。

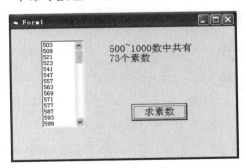

图 7-24　例 7-19 程序运行界面

程序代码如下：

```
Function fnprime(m As Integer) As Boolean
    Dim k As Integer, f As Boolean
    f = True                   ' f 表示判断状态，初值为 True
    For k = 2 To m - 1         ' 从 k=2,3,4,…,m-1
      If m Mod k = 0 Then      ' 判 m 是否能被 k 整除
        f = False
        Exit For
```

```
          End If
       Next k
       fnprime = f                      ' 返回函数值
    End Function
    Private Sub Command1_Click()
       Dim t As Integer
       List1.Clear
       For t = 500 To 1000
         If fnprime(t) Then             ' 调用函数，根据 t 的值返回真或假
            List1.AddItem t
         End If
       Next t
       Label1.Caption = "500～1000 中共有" & List1.ListCount & "个素数"
    End Sub
```

例 7-20　利用过程实现插入法排序。输入不多于 10 个数，使数组保持递增的序列。

若数组中已有 n–1 个有序数，当输入某数 x 时，插入排序的步骤如下：

找到 x 应在数组中的位置 j；从最后一个数（下标为 n–1）开始共 n–j 个数依次往后移，使位置为 j 的数让出位置；将数 x 放入数组中应有的位置 j，一个数插入完成。

设计步骤如下：

创建应用程序用户界面与设置对象属性。在窗体上添加 1 个文本框 Text1，输入数据。2 个图片框 Picture1、Picture2，Picture2 按输入顺序显示输入的数，Picture1 显示插入后的有序数组。运行效果如图 7-25 所示。程序代码如下：

```
Dim n As Integer                       ' 为窗体级变量，保存当前输入数据的个数
Sub insert(a() As Single, ByVal x!)    ' 插入过程 insert 的形参 a() 保存输入的有序
                                         数据，x 为待插入的数

    Dim i As Integer, j As Integer
    j = 1
    Do While j < n And x > a(j)        ' 查找 x 应插入的位置 j
        j = j + 1
    Loop
    For i = n - 1 To j Step -1         ' n-j 个元素往右移
        a(i + 1) = a(i)
    Next i
    a(j) = x                           ' x 插入数组中的第 j 个位置
End Sub
Private Sub Form_Load()
    Form1.Show
    Text1.SetFocus
End Sub
Private Sub Text1_KeyPress(KeyAscii As Integer)
    Static bb(1 To 11) As Single
    Dim i As Integer
    If n > 10 Then
      MsgBox "数据太多!", 1, "警告"
      End
```

```
      End If
      If keyAscii = 13 Then           ' 当按回车键，表示一个数输入
          n = n + 1
          insert bb(), Val(Text1)      ' 调用 insert 过程，将输入的数插入数组中
          Picture2.Print Text1         ' 显示刚输入的数
          For i = 1 To n               ' 显示插入后的有序数组
              Picture1.Print bb(i);
          Next i
          Picture1.Print
          Text1 = ""
      End If
  End Sub
```

例 7-21　编写程序，实现在文本框中查找字母 "a" 个数，同时单击 "替换" 按钮可以将文本框中找到的全部字母 "a" 替换为字母 "A"。

程序代码如下：

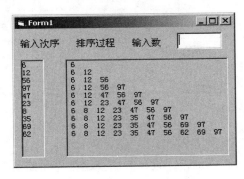

图 7-25　例 7-20 程序运行界面效果

```
Private Sub Command1_Click()
    Dim n As Integer
    Call find(Text1.Text, n)
    Text2.Text = n
End Sub
Private Sub Command2_Click()
    Dim n As Integer
    Call rep(Text1.Text, n)
End Sub
Sub find(ByVal s As String, count As Integer)
    Dim i As Integer, st As String
    count = 0
    st = Trim(s)
    i = InStr(st, "a")
    Do While i > 0
      count = count + 1
      st = Mid(st, i + 1)
      i = InStr(st, "a")
    Loop
End Sub
Sub rep(s As String, count As Integer)
    Dim i As Integer, st As String
    st = Trim(s)
    t = 0
    i = InStr(st, "a")
    Do While i > 0
      j = t + i
      s = Left(s, j - 1) & "A" & Mid(s, j + 1)
      t = t + i
      st = Mid(st, i + 1)
```

```
    i = InStr(st, "a")
    Loop
    Text1.Text = s
End Sub
```

程序运行界面如图 7-26 和图 7-27 所示。

图 7-26　字符查找

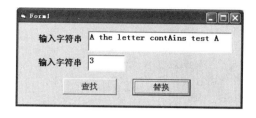

图 7-27　字符替换

例 7-22　动态文字显示。

本例程序设计界面及运行界面如图 7-28 和图 7-29 所示。在窗体上建立 3 个文本框，使之以不同效果显示文字"欢迎来自祖国各地的同学们，欢迎你们来到**大学！"。第一文本框 Text1从左到右逐字显示，直到把整行文字显示出来；第二文本框 Text2 使文字从左到右水平移动；第三文本框 Text3 以闪烁方式显示文字。

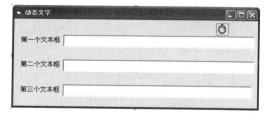

图 7-28　例 7-22 的设计界面

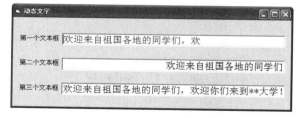

图 7-29　例 7-22 的运行界面

分析：为实现文字动态显示效果，用字符串函数取得每次要显示的文字，并利用计时器按指定时间间隔显示文字，计时器的 Interval 属性值设置为 250。

本程序中，模块级变量 n 是一个关键参数。开始时 n 为 0，以后每次进入计时器事件过程时 n 加 1，使函数 left(txt,n)取得的文字逐行加 1；当 n>k(k 是一行文字的总长度)时，n 恢复为 0，从而使文字处理又从头开始，如此反复进行。

程序代码如下：

```
Dim txt As String, n As Integer, k As Integer
Private Sub Form_Load()
    n = 0
    txt = "欢迎来自祖国各地的同学们，欢迎你们来到**大学！"
    k = Len(txt)
    Text1.ForeColor = RGB(255, 0, 0)        ' 用红色显示文字
    Text2.ForeColor = RGB(0, 0, 0)          ' 用黑色显示文字
    Text3.ForeColor = RGB(0, 0, 255)        ' 用蓝色显示文字
End Sub
Private Sub Timer1_Timer()
```

```
        n = n + 1
        If n <= k Then
            Text1.Text = Left(txt, n)
            Text2.Text = Space(2 * (k - n)) + Left(txt, n)
        Else
            n = 0
            Text1.Text = ""
            Text2.Text = ""
        End If
        If n Mod 2 = 0 Then
            Text3.Text = txt                        ' n 为偶数时显示
        Else
            Text3.Text = ""                         ' n 为奇数时清除
        End If
End Sub
```

习　　题

一、选择题

1. Sub 过程与 Function 过程最根本的区别是(　　)。

　　A．Sub 过程可以使用 Call 语句或直接使用过程名调用，而 Function 过程不可以

　　B．Function 过程可以有参数，Sub 过程不可以

　　C．两种过程参数的传递方式不同

　　D．Sub 过程的过程名不能返回值，而 Function 过程能够通过函数名返回值

2. 以下关于过程及过程参数的描述中，错误的是(　　)。

　　A．过程的参数可以是控件名称

　　B．用数组作为过程的参数时，是按地址传递方式

　　C．只有函数过程能够将过程中处理的信息传回调用的程序中

　　D．窗体可以作为过程的参数

3. 以下关于函数过程的叙述中，正确的是(　　)。

　　A．如果不指明函数过程参数的类型，则该参数没有数据类型

　　B．函数过程的返回值可以有多个

　　C．当数组作为函数过程的参数时，既能以传值方式传递，也能以地址方式传递

　　D．函数过程形参的类型与函数返回值的类型没有关系

4. 下面 Sub 过程定义语句错误的是(　　)。

　　A．Sub mysub(n As Integer)　　　　　　　　B．Sub mysub(Byval n As Integer)

　　C．Sub mysub(Byref n As Integer)　　　　　D．Sub mysub(n As Integer)　As Integer

5. 在窗体上添加 1 个 Command1 命令按钮，然后编写如下通用过程和命令按钮的事件过程：

```
Private Function fun(ByVal m As Integer)
    If m Mod 2 = 0 Then  fun = 2  Else  fun = 1
End Function
Private Sub Command1_Click()
```

```
    Dim i As Integer, s As Integer
    s = 0
    For i = 1 To 5
        s = s + fun(i)
    Next
    Print s
End Sub
```

程序运行后，单击命令按钮，在窗体上显示的是(　　)。

　　A. 6　　　　　　　　　　B. 7　　　　　　　C. 8　　　　　　D. 9

6. 设有如下通用过程：

```
Public Sub Fun(a() As Integer, x As Integer)
    For i = 1 To 5
        x = x + a(i)
    Next
End Sub
```

在窗体上添加 1 个 Text1 文本框和 1 个 Command1 命令按钮。然后编写如下事件过程：

```
Private Sub Command1_Click()
    Dim arr(5) As Integer, n As Integer
    For i = 1 To 5
        arr(i) = i + i
    Next
    Fun arr, n
    Text1.Text = Str(n)
End Sub
```

程序运行后，单击命令按钮，则在文本框中显示的内容是(　　)。

　　A. 30　　　　　　　　　　B. 25　　　　　　C. 20　　　　　D. 15

7. 以下关于变量作用域的叙述中，正确的是(　　)。

　　A. 窗体中凡被声明为 Private 的变量只能在某个指定的过程中使用

　　B. 全局变量必须在标准模块中声明

　　C. 模块级变量只能用 Private 关键字声明

　　D. Static 类型变量的作用域是它所在的窗体或模块文件

8. 一个工程中含有窗体 Form1、Form2 和标准模块 Model1，如果在 Form1 中有语句 Pubilc X As Integer，在 Model1 中有语句 Pubilc Y As Integer，则以下叙述中正确的是(　　)。

　　A. 变量 X、Y 的作用域相同　　　　　　　　B. Y 的作用域是 Model1

　　C. 在 Form1 中可以直接使用 X　　　　　　　D. 在 Form2 中可以直接使用 X 和 Y

9. 一个工程中包含两个名称分别为 Form1、Form2 的窗体，一个名称为 mdlFunc 的标准模块。假定在 Form1、Form2 和 mdlFunc 中分别建立了自定义过程，其定义格式为：

Form1 中定义的过程：

```
Private Sub frmFunction1()
……
End Sub
```

Form2 中定义的过程：

```
Public Sub frmFunction2()
......
End Sub
```

mdlFunc 中定义的过程：

```
Public Sub mdlFunction()
......
End Sub
```

在调用上述过程的程序中，如果不指明窗体或模块的名称，则以下叙述中正确的是（　　）。

　　A．上述 3 个过程都可以在工程中的任何窗体或模块中被调用

　　B．frmFunction2 和 mdlFunction 过程能够在工程中各个窗体或模块中被直接调用

　　C．上述 3 个过程都只能在各自被定义的模块中调用

　　D．只有 mdlFunction 过程能够被工程中各个窗体或模块直接调用

10．以下描述中正确的是（　　）。

　　A．标准模块中的任何过程都可以在整个工程范围内被调用

　　B．在一个窗体模块中可以调用在其他窗体中被定义为 Public 的通用过程

　　C．如果工程中包含 Sub Main 过程，则程序将首先执行该过程

　　D．如果工程中不包含 Sub Main 过程，则程序一定首先执行第一个建立的窗体

11．假定一个工程由 1 个窗体文件 Form1 和 2 个标准模块文件 Model1 及 Model2 组成。

Model1 代码如下：

```
Public x As Integer, y As Integer
Sub S1()
    x =1
    S2
End Sub
Sub S2()
    y=10
    Form1.Show
End Sub
```

Model2 的代码如下：

```
Sub Main()
    S1
End Sub
```

其中 Sub Main 被设置为启动过程。程序运行后，各模块的执行顺序是（　　）。

　　A．Form1→Model1→Model2　　　　　　B．Model1→Model2→Form1

　　C．Model2→Model1→Form1　　　　　　D．Model2→Form1→Model1

12．下列程序运行后的输出结果是（　　）。

```
Private Sub Form_click()
    Dim a As Integer, b As Integer
```

```
    a = 5: b = 8
    Call mysub1(a, b)
    Print a; b
    Call mysub2(a, b)
    Print a; b
End Sub
Sub mysub1(ByVal x%, ByVal y%)
    x = x + 1: y = y + 2
End Sub
Sub mysub2(x%, y%)
    x = x + 1: y = y + 2
End Sub
```

    A. 5　8　　　　　　　　B. 5　8　　　　　C. 6　10　　　　　D. 6　10

      5　8　　　　　　　　　6　10　　　　　5　8　　　　　6　10

13. 下列程序运行后的输出结果是（　　）。

```
Private Sub Form_Click()
    Dim str As String
    str = "ABCDEFGH"
    Print mysub(str)
End Sub
Function mysub(s As String) As String
    Dim s1 As String, s2 As String
    Dim i As Integer
    For i = 1 To Len(s) Step 3
        s1 = Mid(s, i)
        s2 = s2 + Left(s1, 1)
    Next i
    mysub = s2
End Function
```

    A. ADG　　　　　　　B. ABC　　　　　C. HGF　　　　　D. BEH

二、填空题

1. Visual Basic 应用程序中标准模块文件的扩展名是_____。

2. 大部分过程都含有参数，在 Sub 过程或 Function 过程定义中出现的变量名称为_____参数，而在调用时传递给 Sub 过程或 Function 过程的常量、变量或表达式称为_____参数。

3. 参数的传递方式有_____和_____。

4. 过程按作用域分_____和_____。变量按作用域分_____、_____和_____。

5. 用于声明静态变量的关键字是_____。

6. 设有如下程序：

```
Private Sub Form_Click()
    Dim a As Integer, b As Integer
    a = 20: b = 50
    p1 a, b
    p2 a, b
    p3 a, b
```

```
    Print "a="; a, "b="; b
End Sub
Sub p1(x As Integer, ByVal y As Integer)
    x = x + 10 : y = y + 20
End Sub
Sub p2(ByVal x As Integer, y As Integer)
    x = x + 10 :y = y + 20
End Sub
Sub p3(ByVal x As Integer, ByVal y As Integer)
    x = x + 10 :y = y + 20
End Sub
```

该程序运行后，单击窗体，则在窗体上显示的内容是：a =_____和 b =_____。

7. 假定有以下函数过程：

```
Function Fun(s As String) As String
    Dim s1 As String
    For i = 1 To Len(s)
      s1 = LCase (Mid(s, i, 1)) + s1
    Next i
    Fun = s1
End Function
```

在窗体上添加 1 个命令按钮，然后编写如下事件过程：

```
Private Sub Command1_Click()
    Dim str1 As String, str2 As String
    str1 = InputBox("请输入一个字符串")
    str2 = Fun(str1)
    Print str2
End Sub
```

程序运行后，单击命令按钮，如果在输入对话框中输入字符串"ABCDEF"，则单击"确定"按钮后在窗体上的输出结果是_____。

8. 在窗体上添加 1 个名称为 Command1 的命令按钮，并编写如下程序：

```
Private Sub Command1_Click()
    Dim x As Integer
    Static y As Integer
    x=10: y=5
    Call f1(x,y)
    Print x,y
End Sub
Private Sub f1(ByRef x1 As Integer, y1 As Integer)
    x1=x1+2 : y1=y1+2
End Sub
```

程序运行后，单击命令按钮，在窗体上显示的内容是_____。

9. 设一个工程由 2 个窗体组成，其名称分别为 Form1 和 Form2，在 Form1 上有一个名称为 Command1 的命令按钮。窗体 Form1 的程序代码如下：

```
Private Sub Command1_Click()
    Dim a As Integer
    a=10
    Call g(Form2,a)
End Sub
Private Sub g(f As Form,x As Integer)
    y=IIf(x>10,100,-100)
    f.Show
    f.Caption=y
End Sub
```

运行以上程序，正确的结果是_____。

10. 以下程序的运行结果是_____。

```
Option Base 1
Private Sub Form_Click()
    Dim a(5) As String
    Dim n As Integer, i As Integer
    a(1) = "Java": a(2) = "C++": a(3) = "Access"
    a(4) = "Visual Basic": a(5) = "Visual FoxPro"
    mysub a(), 5
    For i = LBound(a) To UBound(a)
        Print a(i), Len(a(i))
    Next i
End Sub
Sub mysub(b() As String, n As Integer)
    Dim i As Integer, j As Integer, t As String
    For i = 1 To n - 1
        For j = i + 1 To n
            If b(i) > b(j) Then
                t = b(i): b(i) = b(j): b(j) = t
            End If
        Next j
    Next i
End Sub
```

11. 以下程序的功能是用过程嵌套的方法求下列序列的前 n 项和，请填空。

$$\frac{2}{1}, \frac{3}{2}, \frac{5}{3}, \frac{8}{5}, \frac{13}{8}, \cdots$$

```
Private Sub Form_Click()
    Dim n As Integer
    n = Val(InputBox("请输入项数 n="))
    Print fsum(n)
End Sub
Function fsum(n As Integer) As Single
    Dim i As Integer
    For i = 1 To n
        fsum = fsum + fib(i + 2) /_____
```

```
    Next i
End Function
Function fib(n As Integer) As Integer
    Dim i As Integer, f1 As Integer
    Dim f2 As Integer, f3 As Integer
    If n = 2 Then
        fib = 1
        Exit Function
    End If
    f1 = 1: f2 = 1
    For i = 3 To n
        f3 = f1 + f2 : f1 = f2 : f2 = f3
    Next i
        _____
End Function
```

三、简答题

1. 简述事件过程与通用过程的含义及联系。

2. Sub 过程和 Function 过程有什么不同？调用方法有什么区别？

3. 简述 Visual Basic 过程中传递参数的两种方式。

4. 什么是变量的作用域？如何分类？

5. 什么是变量的生存期？如何分类？

6. 什么是过程的作用域？如何分类？

上 机 实 验

[实验目的]

1. 掌握 Function 过程和 Sub 过程的定义和调用方法；

2. 掌握过程嵌套调用的方法；

3. 掌握形参和实参的概念，以及它们之间在调用过程中的对应关系；

4. 掌握按值传递和按地址传递参数的特点；

5. 掌握变量和过程的作用域及变量的生存期。

[实验内容]

1. 设计一个能检查是否为数字字符串的通用过程。调用该过程检验 3 个文本框中输入的字符是否都是数字。如果都是数字，求这 3 个数字之和并将结果显示在第 4 个文本框中。

2. 在窗体上输出 2000～2100 年的所有闰年。要求用 Function 过程判断判定给定的年份是否为闰年，按照图 7-30 所示的运行结果输出 2000～2100 年的所有闰年(提示：判断某年 y 为闰年的条件是：y 能被 4 整除但不能被 100 整除，或者 y 能被 400 整除)。

图 7-30　输出闰年

3．输入一行英文句子(单词之间有一个空格，最后用句号结束)，找出其中最长的单词，输出该单词和它的长度。要求编写 Function 过程用于找到最长的单词，在事件过程中输入英文句子并输出结果。

4．求 3 个整数的最小公倍数。要求编写 Function 过程用来求两个整数的最小公倍数，在事件过程中输入 3 个整数并输出最小公倍数。

5．用递归调用方式输出菲波那契数列的前 10 个元素。

6．编写多重窗体应用程序。设计一个"四季风景"程序，程序包括 5 个窗体和 1 个标准模块。程序由 Sub Main 过程启动，在 Sub Main 过程中显示封面窗体，其余 4 个窗体分别显示一年四季的风景。程序运行时，首先显示封面窗体，该窗体上的列表框中列出一年四季 4 个目录，选择某个目录，则在另一个相应窗体的图片框中显示该季节的风景图片。

第8章 数 据 文 件

内容提要　应用程序中经常要用到大量数据并以数据文件的形式存储在外存设备上。Visual Basic 提供了针对文件的操作语句和函数，在程序中可直接对文件进行处理。同时，还提供了驱动器列表框、目录列表框和文件列表框等文件系统控件，利用这些控件可方便地进行文件管理。

本章重点　掌握数据文件操作方法及应用。

8.1　文 件 概 述

计算机中以文件为单位对数据进行管理，文件是指存储在计算机外部存储设备上的一组相关信息的集合。要把数据存储在外存上，必须先建立一个文件，再向该文件中输入信息；要找到存储在外存上的信息，必须按名称找到对应的文件，再从该文件中读取信息。这两个过程分别称为写文件和读文件。

1. 文件的结构

为了有效地对数据进行存储和读取，文件中的数据必须以某种特定的格式存储，这种格式就是文件的结构。

Visual Basic 的文件由记录组成，记录由字段组成，字段由字符组成。

（1）字符（Character）：是构成文件的最基本单位，可以是数字、字母、特殊符号或用单一字节表示的其他符号。这里所说的"字符"一般为西文字符，一个西文字符用一个字节存放，汉字和"全角"字符通常用两个字节存放。Visual Basic 支持双字节字符，当计算字符串长度时，一个西文字符和一个汉字都作为一个字符计算，但它们所占的内存空间是不一样的。例如，字符串"VB 程序设计语言"的长度为 8，而所占的字节数为 14。

（2）字段（Field）：也称域，是由若干个字符组成的一项独立的数据。如表 8-1 中所示的学号"20060101"是一个字段，它由 6 个字符组成；姓名"周前"是一个字段，由 2 个汉字组成。字段中一般有一个字段称为"关键字"，它能够唯一地标识每一条记录。

表 8-1　学生成绩表

学号	姓名	性别	籍贯	入学成绩	期末总分
20060101	王小米	女	北京	578	532
20060102	张明哲	女	上海	519	498
20060129	周前	男	甘肃	536	552

（3）记录（Record）：由一组相关的字段组成。表 8-1 中的每位同学的姓名、性别、籍贯、入学成绩、期末总分等构成一个记录。

（4）文件（File）：是一个以上相关记录的集合。在表 8-1 中有 3 个人的信息，每个人的信息是一个记录，3 个记录构成一个文件。

2. 文件的分类

根据不同的标准，文件可以分为不同的类型，不同类型的文件读写方式不同。

1）按文件的内容分类，可分为程序文件和数据文件

（1）程序文件存储的就是程序，包括源文件和可执行文件等。在 Visual Basic 中的窗体文件、模块文件、类文件和工程文件等都是程序文件。

（2）数据文件存储的是程序运行所需要的数据，如 Word 文档、文本文件等。这类数据必须通过程序文件存取和管理。

2）按文件的访问模式分类，可分为顺序文件、随机文件

（1）顺序文件：顺序文件要求按顺序访问，其记录一个接着一个地顺序存放。在这种文件中要读取某个数据，必须从文件头开始，一个记录接着一个记录地顺序读取。其组织比较简单，占用空间少，容易使用，但维护困难，不能灵活地存取和增减数据。因此，顺序文件适用于存储有一定规律且不经常修改的数据。

（2）随机文件：又称直接存取文件，可以不考虑记录位置，根据需要直接访问文件中的任意记录。在随机文件中，每个记录的长度都是固定的，记录中字段的长度也是固定的。每个记录都有一个记录号，可以根据记录号，直接存取随机文件中的记录。随机文件具有存取灵活、易于修改、访问速度快等优点。但占用空间比较大，组织结构比较复杂。

3）按文件中数据的编码方式分类，可分为 ASCII 码文件和二进制文件

（1）ASCII 码文件：又称文本文件，文件中的数据都是以 ASCII 码字符的方式存储的，这种文件可以用普通的字处理软件打开并编辑（以纯文本文件方式保存）。

（2）二进制文件：是指文件的数据以二进制的方式存储，没有具体的格式，占用空间较小。但二进制文件不能用普通的字处理软件进行编辑。它允许用户按所需的任何方式来组织数据，也允许用户对文件中任意位置上的字节数据直接进行访问。事实上，若不考虑数据之间的联系，任何文件都可以当作二进制文件进行访问。反之，若将二进制文件中的每一个字节看作一条记录，它又可以当作一个随机文件。

无论哪一种类型的文件，使用文件的基本步骤都是：打开→处理（读或写）→关闭。

8.2　文件操作语句与函数

8.2.1　文件指针及相关函数

文件打开以后，始终会有一个隐含的指针，指向文件的某个位置，当前的读写操作都是针对这一位置进行的。完成一次读写操作后，文件指针自动移到下一个读写操作的起始位置。一般在打开一个文件时，每个文件均有一个"文件号"，文件操作语句或函数可通过"文件号"找到文件。

1. Eof 函数

格式：Eof(文件号)

功能：测试文件指针位置是否到达文件号代表的文件末尾。如果是，则返回 True，否则返回 False。使用 Eof 函数是为了避免在文件结束处读取数据而发生错误。

2．Seek 函数与 Seek 语句

文件指针可通过 Seek 语句定位，Seek 语句设置下一个读/写操作的位置。

格式：Seek [#]文件号,位置

功能：将指定文件的文件指针设置在指定位置，以便进行下一次读/写操作。对于二进制文件和顺序文件，"位置"是从文件开头到当前指针位置为止的字节数，即字节位置或执行下一个操作的地址；对于随机文件，"位置"是指记录号。

Seek 函数通常与 Seek 语句配合使用。

格式：Seek(文件号)

功能：返回当前读/写位置，即文件指针的位置，返回值的类型是长整型。对于二进制文件和顺序文件，返回指针所在的当前字节位置；对于随机文件，返回当前所指的记录号。

3．Loc 函数

格式：Loc(文件号)

功能：返回文件号指定文件的上一个读/写操作(即刚刚完成)的位置。对于顺序文件返回文件自打开以来读写的字符个数；对于随机文件返回一个记录号。

8.2.2　文件长度及相关函数

1．FreeFile 函数

格式：FreeFile

功能：返回程序中没有使用的最小文件号。

2．Lof 函数

格式：Lof(文件号)

功能：返回文件号代表的文件的长度(以字节为单位)。

3．FileLen 函数

格式：FileLen(文件名)

功能：返回一个长整型数值，代表该文件的长度，单位是字节。使用此函数时，如果所指定的文件已经打开，则返回此文件打开前的大小。

通常情况下，用 Lof 函数取得一个已经打开的文件的大小；使用 FileLen 函数，可取得未打开文件的大小。

8.3　顺 序 文 件

顺序文件实际上是文本文件，写入顺序文件中任何类型的数值都被转换成字符形式。因此，Visual Basic 程序生成的顺序文件可以使用任何文本编辑软件打开查看。顺序文件的信息是按"行"进行存储的，一个文本行中可能有多个数据项，行与行之间以不可见的回车符和换行符分隔。

顺序文件中记录的逻辑顺序和存储顺序是一致的。对顺序文件的读写操作只能从第一条记录"顺序"地进行到最后一条记录，不可以跳跃式访问。

8.3.1　顺序文件的打开操作

打开文件的命令是 Open，格式为：

```
Open 文件名 For 模式 As [#] 文件号 [Len=记录长度]
```

说明：

(1)文件名指定要打开的文件，可以包括路径。

(2)模式指定文件访问的方式，不同的访问方式，对文件的操作模式也不同。具体如表 8-2 所示。

表 8-2　Input、Output、Append 关键字的比较

参数	对文件的操作
Input	从文件中读数据，若文件不存在，则会出错
Output	把数据写到文件中。若文件不存在，则创建新文件；若文件存在，则覆盖文件中原有内容
Append	追加数据到文件的末尾，不覆盖文件中原有内容；若文件不存在，则创建新文件

(3)文件号为 1~511 的整数，不要求连续使用，也不要求第一个打开的文件的文件号一定是 1。打开一个文件时需要指定一个文件号，这个文件号就代表该文件，直到文件关闭后这个号才可以被其他文件所使用。一个被占用的文件号不能再用于打开其他文件，打开文件较多时可以利用 FreeFile( )函数获得下一个可以利用的文件号。例如：

```
Open "D:\data1.txt" For Output As #1
```

表示打开 D 盘根目录下的名为 data1.txt 的文件供写入数据，文件号为#1。如果该文件不存在，则表示在 D 盘根目录下新建一个名为 data1.txt 的文件供写入数据。

```
Open "D:\x1.txt" For Input As #2
```

表示打开 D 盘根目录下的 x1.txt 文件供读出数据，文件号为#2。如果该文件不存在则会出错。

8.3.2　顺序文件的关闭操作

结束各种读写操作后，必须将文件关闭，否则会造成数据丢失。关闭文件还可以及时释放系统资源。格式为：

```
Close [ [#]文件号1[, [#]文件号2, …]]
```

文件号 n 参数是已被占用的文件号。该命令可以关闭任何一种以 Open 语句打开的文件。不带任何参数的 Close 语句可以关闭所有以 Open 语句打开的文件，例如：

```
Close #1              ' 关闭占用文件号 1 的文件
Close #1,#2,#3        ' 关闭占用文件号 1、2、3 的 3 个文件
Close                 ' 关闭此程序中的所有已经打开的文件
```

从作用域的概念上讲，文件号是具有全局性的。一个文件使用 Open 语句以某一文件号打开之后，在用 Close 语句关闭之前，文件号一直是有效的，都可以进行读写，只要在时间上保证"打开→读写→关闭"这个顺序即可。打开、读写和关闭语句可以分别位于不同的事件过程，甚至在不同的模块中。

频繁地打开和关闭文件会浪费大量时间，对于偶尔读写的文件，可在其过程中完成打开、关闭和读写。对于需要频繁读写的文件，一般在窗体的 Load 事件过程中打开，在 Unload 事件过程中关闭，在窗体的其他事件过程中进行读写。

8.3.3　顺序文件的写操作

顺序文件的写操作会将数据项写入指定的文件中，每完成一个写操作命令会在文件中增加一行内容。写顺序文件之前，应该使用 Output 或 Append 关键字打开文件。顺序文件的写操作可以用 Print #或 Write #语句来完成。

1. Print#语句

Print#语句的功能是把数据写入打开的文件中。其语法格式为：

```
Print #文件号, [[Spc(n)|Tab[(n)]]  [表达式]  [;|,]]
```

Print#语句和前面使用过的 Print 方法功能类似，只不过 Print#语句的输出对象是文件。Print#语句的参数包括 Spc 函数、Tab 函数、"表达式"以及尾部的分号、逗号的用法都和 Print 方法相同。

说明：

(1) Print#语句中若省略"表达式"，则向文件中写入一个空行。如果最后一项参数后面没有以分号或逗号结束，则下次 Print#语句将把数据写到文件的下一行。例如：

```
Print #1                        ' 向文件写入一个空行
Print #1,Spc(2), 23             ' 下次 Print #语句将从下一行写入数据
```

(2) Print#语句中各项参数可以用分号或逗号隔开，分别对应于紧凑格式和标准格式。

(3) 使用 Print#语句输出到文件中的值转换为字符串后均不包含定界符。

例 8-1　随机生成 10 个 1~100 的整数，并存入 D 盘的文件 out.dat 中。程序执行后可以在"记事本"程序中打开新生成的 out.dat 文件来查看结果，如图 8-1 所示。

分析：通过 Open 语句新建一个顺序文件 out.dat 后，每生成一个随机数据，通过 Print#语句写入该文件中，最后关闭该文件。设计一个"写入数据"按钮，单击该按钮后执行程序。程序代码如下：

```
Private Sub Command1_Click()
    Dim i As Integer, x As Integer
    Randomize
    Open "D:\out.dat" For Output As #1   ' 以 Output 模式打开顺序文件以供写入数据
    For i = 1 To 10
        x = Int(Rnd * 100) + 1
        Print #1, x;                         ' 下一个数据以紧凑格式输出
```

```
    Next
        Close #1
End Sub
```

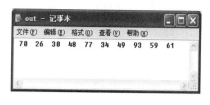

图 8-1　Print#语句的结果

2. Wrtie #语句

Wrtie#语句也用于把数据写入文件中,其语法格式为:

```
Write #文件号,表达式
```

Write#语句和 Print#语句有以下几点区别:

(1)Write#语句没有 Spc 函数和 Tab 函数来控制输出位置。

(2)表达式可以由多项组成,各项之间用逗号或分号分隔。但在 Write#语句中,用逗号或分号分隔的效果是一样的。如果最后一项参数后面没有逗号或分号,那么下一个 Write#语句将从下一行写入数据,否则,下一个 Write#语句在本行继续写入。

(3)用 Write#语句向文件写数据的时候,数据以紧凑格式存放,正数前面没有符号位。但 Write#语句能自动在各项数据之间插入逗号,并给字符串数据两端加上双引号(""),日期型数据和逻辑型数据两端加#号。

例 8-2　在 D 盘根目录下建立一个名为 myfile 的文件,利用 Print#语句和 Write#语句向其中输出 4 行文字,结果如图 8-2 所示。

程序代码如下:

```
Private Sub Command1_Click()
    Open "D:\myfile" For Output As #1
    Print #1, "Welcome", 123.4, Date, True      ' 标准格式输出
    Print #1, "Welcome"; 123.4; Date; True       ' 紧凑格式输出
    Write #1, "Welcome", 123.4, Date, True
    Write #1, "Welcome"; 123.4; Date; True        ' 逗号和分号效果相同
    Close #1
End Sub
```

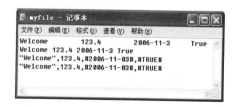

图 8-2　Print#和 Write#语句的区别

8.3.4　顺序文件的读操作

在读顺序文件时,读取一个数据项后,下一次读操作就从下一个数据项读取数据。如果已经到文件尾,继续读文件会发生错误。

要从顺序文件中读取数据,则必须以 Input 方式打开顺序文件。顺序文件的读操作可以由 Input #语句、Line Input #语句和 Input 函数来完成。

1. Input #语句

Input #语句可以从文件中同时向多个变量读入数据。语法格式为:

```
Input #文件号,变量列表
```

说明：

(1)变量列表可以由多个变量组成，这些变量可以是不同的数据类型。与文件中数据项的类型相对应，变量列表中变量的类型和文件中数据的类型应当相同。如果变量为数值类型而数据不是数值类型，则指定变量的值为0。

(2) Input #语句把读入的数据赋给数值型变量时，首先从文件中读取字符串，从遇到的第一个非空格、回车和换行字符开始读取，遇到空格、回车、换行符或逗号则结束读取。然后将读出的字符串转换为数值型再赋值给变量，相当于使用了 Val 函数。

例如：文件中存储了"12 24ab,ab13 34"，执行下面的语句：

```
Input #1, a, b, c, d          ' 假设 a,b,c,d 是已经定义的数值型变量
```

读取完毕后，a、b、c、d 的值分别为 12、24、0、34。过程分析：第一次读取"12"，遇到空格结束读取，把值 12 赋给 a；第二次读取了"24ab"，遇到逗号结束读取，取出 24 转为数值型赋给 b；第三次读取"ab13"，遇到空格结束读取，数据类型不一致，变量 c 的值为 0；第四次读取"34"，遇到文件尾结束读取，取出 34 转为数值型赋给 d。

(3) Input #语句把读出的数据赋给字符串变量时，同样忽略数值前的空格、回车和换行符，遇到回车、换行或逗号则结束读取。如果用双引号把一串字符括起来，则读取双引号中所有的字符(包括逗号、回车、换行)并赋给字符串变量，Input #语句将忽略双引号。

(4)读取文件时要注意，如果已经到达文件的结尾继续读数据，将会出错。

例 8-3 编程实现如下功能：单击"生成并显示数据"按钮后，在文本框中显示 50 个 10～99 的随机整数，并将这些数据存入 D 盘根目录中的 in.txt 文件中；单击"计算并保存"按钮后，从 in.txt 文件中读取数据，并求这些数据中大于 50 的数据的和，并将结果存入 result.txt 文件中。

分析："生成并显示数据"按钮要通过 Open 语句以 Output 模式新建一个顺序文件 in.txt，生成随机数后写入文件并显示到文本框中，最后关闭文件；"计算并保存"按钮通过 Open 语句以 Input 模式打开该文件，读取数据并计算大于 50 的数据的和，关闭文件。通过 Open 语句以 Output 模式新建一个顺序文件 result.txt，将计算结果写入该文件，最后关闭文件。

设计步骤如下：

(1)建立应用程序用户界面与设置对象属性。在窗体上添加 1 个文本框(其 Multiline 属性为 True，ScrollBars 属性值为 2)，2 个命令按钮，Caption 属性分别为"生成并显示数据"和"计算并保存"。程序界面如图 8-3 所示。程序执行后可以在"记事本"程序中打开新生成的 result.txt 文件来查看结果，如图 8-4 所示。

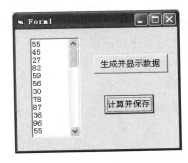

图 8-3　程序界面

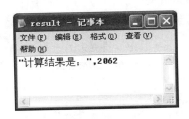

图 8-4　显示结果

（2）编写程序代码。

```
Private Sub Command1_Click()
    Dim i As Integer, x As Integer
    Randomize
    Open "D:\in.dat" For Output As #1
    For i = 1 To 50
        x = Int(Rnd * 89 + 10)
        Print #1, x                        ' 将数据写入文件
        Text1.Text = Text1.Text & x & vbCrLf
    Next i
    Close #1
End Sub
Private Sub Command2_Click()
    Dim i As Integer, x As Integer
    Dim sum As Integer
    Open "D:\in.dat" For Input As #1
    sum = 0
    For i = 1 To 50
        Input #1, x                        ' 读取数据
        If x > 50 Then sum = sum + x        ' 求和
    Next i
    Open "D:\result.txt" For Output As #2
    Write #2, "计算结果是: ", sum           ' 将计算结果写入文件
    Close #1, #2
End Sub
```

2. Line Input #语句

Line Input #语句只能读取字符串信息，从文件的当前位置读取一整行数据，并把它赋给一个字符串变量。语法格式为：

```
Line Input #文件号,字符串变量
```

在文件操作中 Line Input#语句十分有用，它可以读顺序文件中一个完整行的全部字符，遇到回车或换行结束读取，但回车和换行不会赋给字符串。

例 8-4　编程实现如下功能：单击"逐行读取"按钮从文件 D:\data 中将内容按一次读一行的方式读取到文本框中。文件 D:\data 的文件已经存在，内容如图 8-5 所示。

设计步骤如下：

（1）建立应用程序用户界面与设置对象属性。在窗体上添加 1 个文本框（Multiline 属性为 True，ScrollBars 属性为 2）和 1 个命令按钮，Caption 属性为"逐行读取"。

（2）编写程序代码。

```
Private Sub Command1_Click()
    Dim linedata As String, n As Integer, x As Integer
    n = 1
    Text1.Text = ""
    Open "d:\data.txt" For Input As #1
    Do While Not EOF(1)
```

```
      Line Input #1, linedata
      Text1.Text = Text1.Text & linedata & vbCrLf
      x = MsgBox("已经读取了" & n & "行", 1, "逐行读取")
      If x = 2 Then Exit Do      ' 如果选择取消按钮，结束循环
      n = n + 1
   Loop
   Close #1
End Sub
```

逐行读取的效果如图 8-6 所示。

图 8-5 data 文件的内容

图 8-6 逐行读取的效果

3. Input 函数

Input 函数也只能读取字符串信息，从文件的当前位置开始，读取指定长度的字符串，即使遇到回车符、换行符和空格也作为字符读出来。语法格式为：

```
Input(n,文件号)
```

例如：

```
x=input(20,#1)        ' 从 1 号文件的当前位置读取 20 个字符赋值给变量 x
y=input(n,#2)         ' 从 2 号文件的当前位置读取 n 个字符赋值给变量 y
```

例 8-5 编程实现如下功能：单击 "逐个字符读取" 按钮从文件 D:\data 中将内容一个字符一个字符地读取到文本框中。

设计步骤如下：

(1) 建立应用程序用户界面与设置对象属性。在窗体上添加 1 个文本框（Multiline 属性为 True，ScrollBars 属性为 2）和 1 个命令按钮，Caption 属性为 "逐个字符读取"。

(2) 编写程序代码。

```
Private Sub Command1_Click()
   Dim chrdata As String * 1
   Dim n As Integer, x As Integer
   Text1.Text = ""
   Open "d:\data.txt" For Input As #1
   Do While Not EOF(1)
       chrdata = Input(1, #1)
```

```
        Text1.Text = Text1.Text & chrdata
        x = MsgBox("已经读取了" & n & "个字符", 1, "逐个字符读取")
        If x = 2 Then Exit Do        ' 如果选择取消按钮, 结束循环
        n = n + 1
        Loop
     Close #1
End Sub
```

逐个字符读取的效果如图 8-7 所示。

图 8-7　逐个字符读取的效果

8.4　随　机　文　件

8.4.1　记录数据类型

1．记录数据类型的定义

一般情况下数组只能存放同一种类型的数据，如果要使用一个变量来存放多种数据类型，就需要使用自定义数据类型。在 Visual Basic 中用户可以用 Type 语句定义记录数据类型。语法格式为：

```
[Public | Private] Type 数据类型名
    元素名1  As  类型名
    元素名2  As  类型名
    ……
    元素名n  As  类型名
End Type
```

其中，数据类型名是要定义的数据类型的名字，其命名规则和变量的命名规则相同；元素名也遵守相同的规则；数据类型名可以是任何标准数据类型或已定义的自定义数据类型。若省略 Public | Private 参数则认为是全局变量。记录类型一般在标准模块中定义。

例如：为了方便地处理数据，将一个学生的"学号""姓名""性别""年龄""成绩"等数据定义为一个新的数据类型（如 Student 类型）。

```
Type Student
    xh As String*10                    ' 定义学号变量占 10 个字符位置
    xm As String*20                    ' 定义姓名变量占 20 个字符位置
    xb As String*2
    nl As Integer
    cj As Single
End Type
```

注意：在使用记录类型前必须用 Type 定义；记录类型中的元素类型是字符串型时必须用定长字符串，如语句 xm As String*20；记录类型定义完成后，用户就可以用它来声明变量或数组，如语句 Dim stu(10) As Student 表示 stu 为一个 Student 型的数组变量。

2. 记录数据类型的引用

记录数据类型定义完成后，可以从中读取或写入相应的值。语法格式为：

记录类型变量名.成员名＝表达式

在程序中可以为每一个记录类型中的成员赋值，例如：

```
Private Sub Command1_Click()
    Dim stu As Student
    stu.xh = "200600101"
    stu.xm = "张明"
    stu.xb = "男"
    stu.nl = 19
    stu.cj = 95
End Sub
```

当记录类型中成员较多，可以使用 With 语句来简化程序代码。语法格式为：

```
With stu
    .成员名＝表达式                     ' 成员名前面的句点不能省略
    ……
End With
```

上例中若使用 With 语句，可写为：

```
With stu
    .xh = "200600101"
    .xm = "张明"
    .xb = "男"
    .nl = 19
    .cj = 95
End With
```

8.4.2 随机文件的打开与关闭操作

可以随机存取的文件称为随机文件，随机文件是以记录为单位进行操作的。在随机文件中，每个记录的长度是固定的。根据记录的记录号 n，可以通过公式"(n–1)×记录长度"计算出记录所在的位置，然后直接把数据写入文件或读取该记录。

1. 打开随机文件

和顺序文件不同，打开随机文件后，既可用于写操作，也可用于读操作。随机文件打开时要采用随机方式。语法格式为：

```
Open 文件名 [For Random] As 文件号 [Len=记录长度]
```

注意：For Random 参数是可选项，若省略文件模式参数则代表打开的是随机文件。打开文件时，应给出记录长度，即记录数据类型占用的存储空间，如果省略，则记录的默认长度为 128。可以利用 Len 函数来计算记录数据类型的长度。

2. 关闭随机文件

使用完随机文件后应当及时用 Close 语句关闭，方法和顺序文件相同。

8.4.3 随机文件的写操作

随机文件的写操作可以用 Put 语句来实现。语法格式为：

```
Put #文件号,[记录号],变量
```

Put 语句把变量存储到文件的指定记录。如果省略记录号，则会在当前记录后写入。语句中省略记录号时，它的位置仍需要用分界的逗号罗列出来。例如：

```
Put #1, , Var
```

注意：因为随机文件不能用"记事本"程序打开，所以可以利用 Text 控件来显示随机文件的内容，并提供修改功能，使用户一目了然。

例 8-6 编程实现如下功能：定义一个记录数据类型，用来存储每个学生的学号、姓名、成绩。单击"添加"按钮将输入文本框中的学生信息存储到文件 D:\学生.txt 中；单击"结束"按钮结束程序运行。

分析：通过程序代码新建并打开一个随机文件 D:\学生.txt，定义好记录类型后，可以将文本框中的内容通过 Put 语句赋值给记录类型的每一个成员。

设计步骤如下：

(1)建立应用程序用户界面与设置对象属性。在窗体上添加 3 个标签，其 Caption 属性分别是"学号:""姓名:""成绩:"；3 个文本框(用来输入学号、姓名和成绩)；2 个命令按钮，其 Caption 属性分别是"添加"和"结束"，窗体界面如图 8-8 所示。

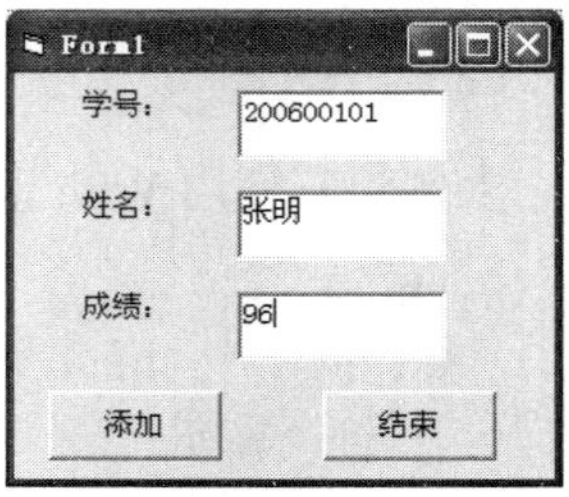

(2)编写程序代码。

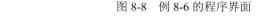

图 8-8 例 8-6 的程序界面

```
Private Type student            ' 在窗体的通用段声明记录数据类型
    Sno As String * 9           ' 字符串必须是定长的
    Name As String * 10
    Scroe As Integer
End Type
Dim stu As student              ' 定义一个记录类型的变量 stu
Private Sub Form_Load()
```

```
       Open "D:\学生.txt" For Random As #1 Len = Len(stu)' 打开文件, Len 用于求得记录长度
End Sub
Private Sub Command1_Click()
    Static x As Integer              ' 定义静态变量，用来标识记录号
    x = x + 1                        ' 静态变量的初值为 0，记录号应当从 1 开始
    With stu
      .Sno = Text1.Text
      .Name = Text2.Text
      .Scroe = Val(Text3.Text)
    End With
    Put #1, x, stu                   ' 把记录存储到文件, x 为记录号
    Text1.Text = ""
    Text2.Text = ""
    Text3.Text = ""
    Text1.SetFocus
End Sub
Private Sub Command2_Click()
    Close #1
    End
End Sub
```

请读者思考：存储到"学生.txt"文件中的内容如何查看？

8.4.4 随机文件的读操作

随机文件的读操作可以用 Get 语句来实现。语法格式为：

Get #文件号,[记录号],变量

Get 语句从文件中读取指定记录，并存入变量中。和 Put 语句相同，如果省略记录号，则会在当前记录之后读入。省略记录号时，记录号所在位置仍需用逗号罗列出来。在使用随机文件时，可以用 Lof( )/Len( )来求得文件中记录的个数，Lof 函数计算文件的总长度，Len 函数计算记录长度。

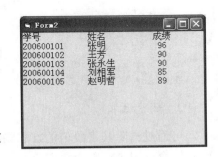

例 8-7　编程实现如下功能：在例 8-6 中添加一个"读取数据"按钮，读出例 8-6 写入的学生记录，在另一个窗体 Form2 上显示。显示结果如图 8-9 所示。

图 8-9　例 8-7 显示结果

设计步骤如下：

(1)在原来的窗体上添加一个按钮，标题为"读取数据"，添加一个新窗体，用来显示随机文件的数据。

(2)编写新增加程序代码如下：

```
Private Sub Command3_Click()
    Dim i As Integer, recordnum As Integer
    recordnum = Lof(1) / Len(stu)        ' 求出记录的个数
    Form2.Show
    Form2.Print "学号", "姓名", "成绩"    ' 打印标题
    For i = 1 To recordnum
```

```
        Get #1, i, stu                          ' 读取的数据在变量 stu 中
        Form2.Print stu.Sno, stu.Name, stu.Score    ' 打印 stu 各成员的数据
    Next
    Close #1
End Sub
```

8.4.5　随机文件中记录的增加与删除

1. 增加记录

在随机文件中增加记录，就是在文件的末尾添加记录。首先找到文件最后一条记录的记录号，然后把要增加的记录写在它的后面。每当用户增加一条新记录，文件总长度应当增加 1。

例 8-8　编程实现如下功能：在例 8-6 中添加一个"增加记录"按钮，单击时为 D:\学生.txt 文件增加一条新记录。

分析：给文件增加新记录时的操作过程为：先求出原文件的记录总数，将记录总数加 1 作为将要写入记录的记录号。

设计步骤如下：

(1) 在原来的窗体上添加一个按钮，标题为"增加记录"。

(2) 编写程序代码。

```
Private Sub Command3_Click( )
    Dim lastrecord As Integer
    lastrecord = Lof(1) / Len(stu) + 1          ' 记录总数加 1
    With stu
        .Sno = Text1.Text
        .Name = Text2.Text
        .scroe = Val(Text3.Text)
    End With
    Put #1, lastrecord, stu                     ' 增加记录到最后一条记录
    Text1.Text = ""
    Text2.Text = ""
    Text3.Text = ""
    Text1.SetFocus
End Sub
```

2. 删除记录

可通过清除其字段值的方法删除一条记录的内容，但是该记录的位置仍存在。通常文件中不能有空记录，因为它们会浪费空间且会干扰顺序操作。要彻底清除随机文件中要删除的记录，一般按如下步骤执行：

(1) 创建一个新文件。

(2) 把原文件中所有有用的记录复制到新文件中。

(3) 关闭原文件并用 Kill 语句删除它。

(4) 使用 Name 语句把新文件重新命名为原文件的名称。

例 8-9 在例 8-6 中添加 1 个"删除记录"按钮，在输入框中输入记录号，从文件中删除该记录，显示结果如图 8-10 所示。

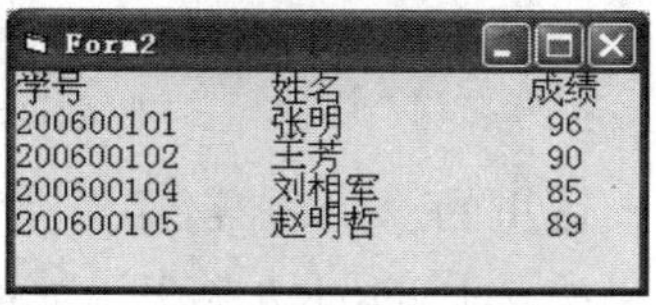

编写程序代码如下：

图 8-10 删除第三条记录后的结果

```
Private Sub Command4_Click()
    Dim lastrecord As Integer
    Dim i As Integer, n As Integer
    Open "temp.txt" For Random As #2 Len = Len(stu)      ' 打开临时文件
    lastrecord = Lof(1) / Len(stu)                        ' 求记录数
    n = Val(InputBox("请输入要删除的记录号："))
    If n > lastrecord Then
        MsgBox "要删除的记录不存在"
    Else
    For i = 1 To lastrecord
        Get #1, i, stu    ' 从文件读取记录，如果不是要删除的记录，则写到临时文件中
        If i <> n Then
            Put #2, , stu  ' 写入临时文件
        End If             ' 若 i=n 即是要删除的记录，则不写入临时文件，将来会被删除
    Next
    End If
    Close #2
    Close #1               ' 删除原文件之前应当将其关闭
    Kill "D:\学生.txt"       ' 删除原文件
    Name "temp.txt" As "D:\学生.txt"      ' 文件改名
    Open "D:\学生.txt" For Random As #1 Len = Len(stu) ' 打开原文件，以便完成其他操作
End Sub
```

8.5 文件系统控件

管理计算机中的文件，除了使用 Visual Basic 的"打开""另存为"和"打印"等通用对话框外，还可以使用文件系统控件。Visual Basic 提供了驱动器列表框、目录列表框和文件列表框 3 种文件系统控件。

8.5.1 驱动器列表框和目录列表框

1. 驱动器列表框控件

驱动器列表框(DriveListBox)控件用来显示本台计算机中所有的驱动器名称，缺省时显示当前驱动器名称。在程序运行中，用户可以输入任何有效的驱动器名称，也可以单击右侧的下拉箭头，把系统中所有的驱动器全部下拉显示出来，从中选定一个驱动器作为当前驱动器，在列表框的顶部显示，如图 8-11 所示。

驱动器列表框有许多标准属性，如 Name、Enable、Top、Left、Width、Height、Visible、FontName、FontBold、FontItalic、FontSize 等，都与文本框中的含义相同。除此之外，驱动器列表框还有一个 Drive 属性，该属性用来返回或设置所选择的驱动器名。Drive 属性只能用程

序代码设置，不能在设计时通过属性窗口设置。语法格式为：

　　控件名称.Drive [=驱动器名]

这里的"驱动器名"是指定的驱动器，如果省略，则 Drive 属性默认的是当前驱动器。如果所选择的驱动器在当前的系统中不存在，则产生错误。每次重新设置驱动器列表框的 Drive 属性时，都将触发驱动器列表框的 Change 事件。

　　2．目录列表框控件

目录列表框(DirListBox)控件用来显示当前驱动器上的目录和路径。外观与列表框相似，用来显示用户系统当前驱动器的目录结构。

在窗体上创建目录列表框时，目录列表框默认显示的当前目录为 Visual Basic 的安装目录，如图 8-12 所示。目录列表框将显示当前目录名及其下一级目录名，如果用户选中某一个目录名，并双击它，将打开该目录，显示其子目录的结构。如果目录项目较多，将自动添加一个滚动条。

图 8-11　驱动器列表框(运行期间)

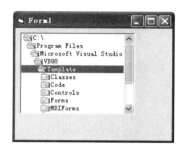

图 8-12　目录列表框(运行期间)

如果要目录列表框显示其他驱动器上的目录，则必须改变路径，即重新设置目录列表框的 Path 属性。Path 属性用来返回或设置当前驱动器的路径，也只能用程序代码设置，不能在设计时通过属性窗口设置。语法格式为：

　　控件名称.Path [=路径字符串]

路径字符串的格式与 Windows 中相同。例如：Dir1.Path = "D:\Visual Basic" 表示目录列表框将显示 D 盘 Visual Basic 目录下的目录结构。

当 Path 属性值改变时，将触发目录列表框的 Change 事件。

8.5.2　文件列表框

文件列表框(FileListBox)控件用来显示指定驱动器下指定目录中所包含的指定类型的文件，外观与列表框形似，如图 8-13 所示。

　　1．文件列表框属性

Path 属性在文件列表框中用来返回或设置当前驱动器的路径，如果 Path 属性值发生改变，将触发 PathChange 事件。文件列表框还有以下几个重要属性。

（1）Pattern 属性：用来设置在运行时显示在 FileListBox 控件中的文件类型。该属性可以在设计时用属性窗口设计，也可以在运行时通过代码设置。在默认情况下，Pattern 的属性值为*.*，即所有文件。例如，执行下面语句：

```
File1.Pattern = "*.exe"
```

则在文件列表框中只显示扩展名为.exe 的文件，如图 8-14 所示。当 Pattern 属性改变时，将触发 PatternChange 事件。

图 8-13　文件列表框

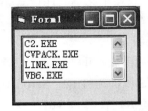

图 8-14　显示 EXE 文件

（2）FileName 属性：返回或设置所选文件的文件名。该属性只能在运行时通过代码设置，不能在属性窗口设置。

（3）ListCount、ListIndex、List、MultiSelect 属性：ListCount 属性返回控件内所列项目的总和；ListIndex 属性返回或设置控件上所选择项目的索引值（即下标）；List 属性类似于列表框的 List 属性，是一个字符型数组，存放文件列表框中的所有项目；MultiSelect 属性返回或设置一个值，该值指示是否能在 FileListBox 控件中进行复选以及如何复选。

2．文件列表框事件

文件列表框最常用的事件是 Click 事件和 DblClick 事件。利用 DblClick 事件，可以执行文件列表框中的某个可执行文件。也就是说，双击文件列表框中的某个可执行文件，可通过 Shell 函数运行该文件。例如：

```
Private Sub File1_DblClick()
    x = Shell(File1.FileName, 1)
End Sub
```

8.5.3　文件系统控件的常用事件

驱动器列表框、目录列表框和文件列表框的事件之间是有联系的，如表 8-3 所示。

表 8-3　文件系统控件的常用事件

事件	适用的控件	事件发生的时机
Change	驱动器和目录列表框	驱动器列表框的 Change 事件在选择一个新的驱动器或通过代码改变 Drive 属性的设置时发生
		目录列表框的 Change 事件在双击一个新的目录或通过代码改变 Path 属性的设置时发生
PathChange	文件列表框	当文件列表框的 Path 属性改变时发生
PattenChange	文件列表框	当文件列表框的 Pattern 属性改变时发生
Click	目录和文件列表框	用鼠标单击时发生
DblClick	文件列表框	用鼠标双击时发生

8.5.4　文件系统控件应用举例

例 8-10　设计文本文件浏览器。

分析：在 3 种文件系统控件之间通过 Change 事件和属性赋值建立联系，规定文件列表框的属性 Pattern 只显示文本文件（*.txt），当用户单击该文件名后，读取文件内容并在文本框中显示。

设计步骤如下：

（1）建立应用程序用户界面与设置对象属性。新建一个工程，在窗体上添加 1 个文本框 Text1（Multiline 属性为 True，ScrollBars 属性为 2），1 个文件列表框 File1，1 个目录列表框 Dir1，1 个驱动器列表框 Drive1，以及 4 个用于说明的标签，程序界面如图 8-15 所示。

（2）编写程序代码。

```
Private Sub Dir1_Change()
    File1.Path = Dir1.Path              ' 当前文件夹改变同时改变文件列表框中的文件
    File1.Pattern = "*.txt"
End Sub
Private Sub Drive1_Change()
    Dir1.Path = Drive1.Drive            ' 当前驱动器改变同时改变当前文件夹
End Sub
Private Sub File1_Click()
    Open File1.Path & "\" & File1.FileName For Input As #1
    Text1.Text = ""
    Do While Not EOF(1)
      Input #1, x                       ' 一次读取一行信息
      Text1.Text = Text1.Text & x & vbCrLf
    Loop
    Close #1
End Sub
```

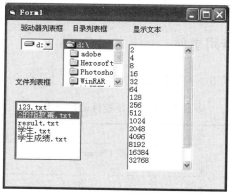

图 8-15　文本文件浏览器界面

例 8-11　设计图片浏览器。

思路和上例中相同，文件属性改为：*.jpg、*.bmp、*.wmf、*.ico。

设计步骤如下：

（1）建立应用程序用户界面与设置对象属性。新建一个工程,在窗体上添加 1 个图片框 Image1

(Stretch 属性设为 True)，1 个文件列表框 File1，1 个目录列表框 Dir1，1 个驱动器列表框 Drive1，一个组合框 Combo1（Text 属性为："请选择文件类型"，List 属性中分别输入*.jpg、*.bmp、*.wmf、*.oic），以及 5 个用于说明的标签，程序界面如图 8-16 所示。

图 8-16　图片浏览器界面

(2) 编写程序代码。

```
Private Sub Combo1_Click()
    x = Combo1.ListIndex
    File1.Pattern = Combo1.List(x)
End Sub
Private Sub Drive1_Change()
    Dir1.Path = Drive1.Drive
End Sub
Private Sub Dir1_Change()
    File1.Path = Dir1.Path
End Sub
Private Sub File1_Click()
    Image1.Picture = LoadPicture(File1.Path & "\" & File1.FileName)
End Sub
```

8.6　文件及目录操作

除了打开和读写文件的操作外，Visual Basic 还提供了一些专门的文件及目录操作语句。这些操作不涉及文件内容，而是对文件整体进行操作，如文件的删除、复制、移动和改名等。

(1) 删除文件 (Kill)。语法格式为：

```
Kill 文件名
```

文件名中可以包含路径，还可以包含通配符。例如：

```
Kill "out.dat"              ' 删除当前目录下的文件 out.dat
Kill "D:\test\*.dat"        ' 删除目录 D:\test 下所有扩展名为 dat 的文件
```

(2) 拷贝文件 (FileCopy)。语法格式为：

```
FileCopy 源文件名,目标文件名
```

源文件名和目标文件名都可以包含路径，但不能含有通配符。例如：

```
FileCopy "D:\test\out.dat ","E:\"        ' 将 D:\test 下的文件 out.dat 复制到 E 盘
                                           根目录中
FileCopy "D:\abc.dat ","E:\vb\in.dat"    ' 将 D:\下的文件 abc.dat 复制到 E:\vb 中，
                                           名称改为 in.dat
```

(3) 文件（目录）重命名（Name）。语法格式为：

```
Name 原文件名 As 新文件名
```

原文件名和新文件名都可以包含路径，但不能含有通配符。例如：

```
Name "out.dat " As "in.dat"         ' 把当前目录下的文件 out.dat 改名为 in.dat
Name "D:\学生" As "D:\学生成绩"       ' 把目录"D:\学生"改名为"D:\学生成绩"
```

如果原文件和新文件不在同一个目录下，则 Name 语句把原文件移动到新文件所在的目录，并按新文件名重新命名。例如：

```
Name "D:\test\out.dat ","D:\test1\in.dat"  ' 把 D:\test\ out.dat 移动到目录
                                             D:\test1 中，并改名为 in.dat
```

需要注意的是，Name 语句不能跨驱动器移动文件或目录。例如：

```
Name "D:\test\out.dat ","E:\test1\in.dat"      ' 错误，跨驱动器移动文件
```

(4) 建立目录（MkDir）。相当于 Windows 中的新建文件夹操作。语法格式为：

```
MkDir 目录名
```

(5) 删除目录（RmDir）。语法格式为：

```
RmDir 目录名
```

删除目录时，所删除的目录应为空目录，即该目录下没有任何文件及子目录。

(6) 改变当前目录（ChDir）。语法格式为：

```
ChDir 路径
```

ChDir 可以改变当前目录，但不能改变当前驱动器。

(7) 改变驱动器（ChDriver）。语法格式为：

```
ChDriver [驱动器]
```

如果参数"驱动器"省略，则不会改变当前驱动器。如果"驱动器"有多个字母，则以首字母为准。

(8) 获得当前目录（CurDir）。可以获得指定驱动器的当前目录。语法格式为：

```
CurDir [驱动器]
```

如果参数"驱动器"省略，则返回当前驱动器的目录。

(9) 设置文件及目录的属性（SetAttr）。语法格式为：

```
SetAttr 目录名,属性值
```

属性值及含义见表 8-4 所示。

表 8-4　属性值及含义

属性值	常数	说　明
Normal	vbNormal	正常(默认)
ReadOnly	vbReadOnly	只读
Hidden	vbHidden	隐藏
System	vbSystem	系统文件
Volume	vbVolume	卷标
Directory	vbDirectory	目录或文件夹
Archive	vbArchive	自从上次备份后文件已更改
Alias	vbAlias	文件具有不同的名称

例如：将 E:\test 中的文件 stu.txt 设置为只读和隐藏属性的命令如下。

```
SetAttr  "E:\test\stu.txt",vbHidden Or vbReadOnly
```

(10) 获得文件及目录的属性(GetAttr)。语法格式为：

```
GetAttr (目录名)
```

例如：

```
ff=GetAttr("D:\abc.txt")
```

可以用以下方式判断文件或目录的属性：

```
If ff And vbReadOnly Then Print "ReadOnly"
```

8.7　枚　举　类　型

在程序设计的过程中，有些无规律的数据(如"星期一～星期日""赤橙黄绿青蓝紫"等)在处理时无法用整型数来表示，必须经过设计者的某种强制来规定为常数，因而降低了程序的可读性。所谓"枚举"，就是指将变量的值全部列举出来，这种自定义数据类型使名称与常量数值之间一一对应，在程序中可以使用名称而不使用数值型数据，这样可以使程序更易于阅读和调试。在 Visual Basic 中，当一个变量只有几种可能的值时，可以定义为枚举类型。

例如：声明一个枚举类型为星期，并与一组整型常量建立一一对应的关系，然后在代码中使用星期的名称，而不使用其整型数值。枚举类型放在窗体模块、标准模块或公用类模块中的声明部分，通过 Enum 语句来定义。语法格式为：

```
[Public | Private] Enum 类型名称
    成员名[ = 常数表达式]
    成员名[ = 常数表达式]
    ......
    End Enum
```

说明：

(1) 该语句以 Enum 开始，以 End Enum 结束。Public 与 Private 关键字分别定义作用范围是全局(默认)的或模块级的。类型名和元素名应该满足变量的命名规则。在定义枚举类型的变量或参数时用类型名来声明类型。

(2)"常数表达式"可以省略,其值是 Long 类型,也可以是其他枚举类型。如果将一个小数赋值给常数,Visual Basic 会将该数值取整为最接近的长整数。在默认情况下,枚举中的第一个常数初始化为 0,其后的常数则初始化为比其前面的常数大 1 的数值。

(3)可以用赋值语句显式地给枚举中的常数赋值,所赋的值可以是任何长整数,包括负数。如果希望用小于 0 的常数代表出错的条件,则可以给枚举常数赋一个负数。例如:

```
Public Enum CourseCodes
    Computer                    ' 被赋值为 0
    English                     ' 被赋值为 1
    Math
    Invalid=-1
End Enum
```

在上面的枚举中,常数 Invalid 被显式地赋值-1,因为常数 Computer 是第一个元素而被赋值 0,English 的数值为 1(比 Computer 大 1),其他常数的值以此类推。

(4)对一个枚举中的常数赋值时,可以使用另一个枚举中的常数的数值。

例 8-12　设计程序实现如下功能:输入星期代码后,单击判断按钮后显示"今天我休息!"或"今天我上班,还有 n 天休息",程序执行结果如图 8-17 所示。

设计步骤如下:

(1)建立应用程序用户界面与设置对象属性。在窗体上添加 1 个命令按钮(Caption 属性为"判断"),2 个文本框(Text1 用来输入常数值,在 Text2 的 Text 属性中输入枚举型中的常数 0 Saturday~6 Friday)。再添加一个标准模块,在模块的代码窗口中输入如下枚举类型定义的语句:

图 8-17　应用枚举型数据的程序界面

```
Public Enum WorkDays
    Saturday                    ' 被赋值为 0
    Sunday
    Monday
    Tuesday
    Wednesday
    Thursday
    Friday
End Enum
```

(2)编写程序代码。

```
Private Sub Command1_Click()
    Dim x As WorkDays
    x = Text1.Text
    If x >= Saturday And x <= Friday Then
        If x < Monday Then
            MsgBox "今天我休息!"
        Else
```

```
        MsgBox "今天我上班！还有" & 7 - x & "天休息！"
      End If
   Else
        MsgBox "输入有误！"
           End
    End If
End Sub
```

习　　题

一、选择题

1. 下面哪个不是写文件语句（　　）。

A．Put　　　　　　　B．Print　　　　　　C．Write　　　　　D．Output

2. 使用 Open 语句打开文件时需要指定参数 Len 的是（　　）。

A．顺序文件　　　　　B．文本文件　　　　　C．随机文件　　　D．二进制文件

3. 以下关于文件及相关操作的叙述中错误的是（　　）。

A．随机文件各记录的长度是相同的

B．文件记录的各个字段的数据类型可以不同

C．以 Append 方式打开的文件可以进行读写操作

D．随机文件可以通过记录号直接访问文件中的指定记录

4. 下列命令说法中哪个是错误的（　　）。

A．Input 是以读方式打开文件　　　　　　B．Output 是以写方式打开文件

C．Append 是以追加方式打开文件　　　　D．Close 只能关闭一个文件

5. 下列哪一条语句可以打开顺序文件并可做写操作（　　）。

A．Open "c:\file1.dat" For Output as #1　　B．Open "c:\file1.dat" For Input as #1

C．Open "c:\file1.dat" For Append as #1　　D．Open "c:\file1.dat" For Write as #1

6. 打开一个新的顺序文件 new.dat 的正确语句是（　　）。

A．Open "new.dat" For Write As #1　　　　B．Open "new.dat" For Output As #1

C．Open "new.dat" For Binary As #1　　　 D．Open "new.dat" For Random As #1

7. 以下哪一条语句是向随机文件写入数据的正确语句（　　）。

A．Print #1 , rec　　　B．Write #1 , rec　　　C．Put #1 , rec　　D．Get #1 , rec

8. 如果准备读文件，打开顺序文件 text.dat 的正确语句是（　　）。

A．Open "text.dat" For Write As # 1　　　　B．Open "text.dat" For Binary As # 1

C．Open "text.dat" For Input As # 1　　　　D．Open "text.dat" For Random As # 1

9. 下列说法中，不属于随机文件特点的是（　　）。

A．可以随意读取文件中的任意一条记录中的数据

B．随机文件没有只读或只写操作，只要打开就既可读又可写

C．随机文件的操作是以记录为单位进行的

D．随机文件的读写操作语句与顺序文件的读写操作语句一样

10. 返回文件大小的函数是（　　）。

　　　　A. Loc　　　　　　　　B. Lof　　　　　　　C. Eof　　　　　　　D. FileAttr

11. 以下叙述中错误的是（　　　）。

　　　　A. 用 Shell 函数可以调用能够在 Windows 下运行的应用程序

　　　　B. 用 Shell 函数可以调用可执行文件，也可以调用 Visual Basic 的内部函数

　　　　C. 调用 Shell 函数的格式应为：<变量名>=Shell（…）

　　　　D. 用 Shell 函数不能执行 DOS 命令

12. 要创删除目录可使用（　　　）语句。

　　　　A. Filecopy　　　　　　　B. Name　　　　　　C. MkDir　　　　　　D. RmDir

13. 要删除 E 盘根目录中所有的 txt 文件的命令是（　　　）。

　　　　A. Kill "*.txt"　　　　B. Kill "E:*.txt"　　　C. Kill "E:\?.txt"　　D. Kill "*.txt"

14. 以下控件没有 Change 事件的是（　　　）。

　　　　A. DriveListBox　　　　B. DirListBox　　　　C. FileListBox　　　D. TextBox

15. 使用 FileListBox，如果只显示系统文件，需要设置的属性为（　　　）。

　　　　A. Path　　　　　　　　B. Pattern　　　　　　C. System　　　　　D. FileName

二、填空题

1. 以_____方式打开的顺序文件只能读不能写。

2. 随机文件用_____语句来读数据，用_____语句来写数据。

3. 能够进行写操作的语句有_____、_____、_____。

4. 设有如下的记录类型

```
Type Student
    number As String
    name As String
    age As Integer
End Type
Dim stu As Student
```

则将该记录类型的 name 元素置为"张明"的语句为_____。

5. 能判断是否到达文件尾的函数是_____。

6. 目录列表框用于显示当前磁盘驱动器下的_____。

7. 目录列表框的 Path 属性的作用是_____。

8. 对于文件列表框来说，如果 Path 属性值发生改变，将触发_____事件。

上 机 实 验

[实验目的]

1. 掌握顺序文件的打开、读/写和关闭，理解 Print#和 Write#的区别；

2. 掌握随机文件的读写；

3. 掌握文件系统控件的使用。

[实验内容]

1. 新建一个文本文件 NameTel，顺序存放某个班同学的姓名和电话。要求：通过 InputBox 函数输入姓

名和电话，当输入的姓名和电话均为空时结束输入。完成文件写入操作后，在"记事本"程序中打开文件查看结果。

2. 在窗体上添加两个文本框，名称分别为 Text1、Text2，都可以多行显示。再添加 4 个命令按钮，标题分别为"生成数据""取数""排序"和"存盘"。"生成数据"按钮的功能是生成 50 个 10~99 的随机整数写入 in.dat 文件中；"取数"按钮的功能是将 in.dat 文件中的数据读到数组 a 中，并在 Text1 中显示出来；"排序"按钮的功能是对数组 a 中这 50 个数按升序排序，并显示在 Text2 中；"存盘"按钮的功能是把数组 a 中排好序的 50 个数存到 out.dat 文件中。

3. 建立一个名为 data 的随机文件，存放角度值及这些角度的正弦函数值和余弦函数值，角度取 1，2，3，…，90。在窗体中添加 2 个命令按钮(其 Caption 属性分别为"存放"和"显示")。单击"存放"按钮将数据存入文件中，单击"显示"按钮从文件中读取数据并显示到文本框中。

提示：可设计如下记录类型，该类型的记录长度为 10 个字节(整型为 2B，单精度型为 4B)。

```
Private Type ang
    k As Integer
    sinx As Single
    cosx As Single
End Type
```

4. 在窗体上添加一个文本框(其名称为 Text1、MultiLine 属性为 True，初始内容为空白)，再添加两个命令按钮(其标题分别为"添加两个记录"和"显示全部记录")。设计程序：如果单击"添加两个记录"命令按钮，则向 D:\stu.txt 文件中添加两个记录，该文件是一个用随机存取方式建立的文件，已有 3 个记录(参照例 8-6)，新添加的记录作为第 4、第 5 个记录(参照例 8-8)，如果单击"显示全部记录"命令按钮，则把该文件中的全部记录(包括原来的 3 个记录和新添加的两个记录,共 5 个记录)在文本框中显示出来(参照例 8-7)。

随机文件 D:\stu.txt 中的每个记录包括 3 个字段，分别为姓名、电话号码和邮政编码，其类型定义为：

```
Private Type tongxunlu
    Name  As String * 8
    Tel  As String * 10
    Post  As Long
End Type
```

变量定义为：

```
Dim jilu As tongxunlu
```

5. 设计一个程序实现如下功能：只显示用户选择的相应驱动器、相应文件夹中的可执行文件，在文件列表框中双击某一可执行文件名后运行该文件。

提示：需要用到 Shell 函数。

第9章 用户界面设计与图形操作

内容提要 用户界面是应用程序的重要组成部分，主要负责应用程序与用户之间的交互。Visual Basic 提供了大量的用户界面设计工具和方法，可以使程序具备各种漂亮的界面元素。本章主要介绍如何设计人机交互中键盘与鼠标事件、菜单、通用对话框、工具栏、状态栏、进度指示器，以及图形操作中的控件和方法的使用。

本章重点 熟练掌握在应用程序中如何创建菜单、通用对话框、工具栏、状态栏；掌握常用键盘鼠标事件；能够运用图形控件和图形方法进行图形操作。

9.1 键盘和鼠标事件

9.1.1 键盘事件

在 Visual Basic 中，重要的键盘事件有以下 3 个。

（1）KeyPress 事件：用户按下并且释放一个能够产生 ASCII 码的按键时被触发。

（2）KeyDown 事件：用户按下键盘上任意一个键时被触发。

（3）KeyUp 事件：用户释放键盘上任意一个键时被触发。

1. KeyPress 事件

并不是按下键盘上的任意一个键都会引发 KeyPress 事件，KeyPress 事件只对能产生 ASCII 码的按键有反应。语法格式为：

```
Private Sub 对象名称_KeyPress(KeyAscii As Integer)
```

说明：对象名称是接收按键的对象名；参数 KeyAscii 返回所按键的 ASCII 码。例如：按下"A"键，KeyAscii 的值为 65，按下"a"键，KeyAscii 的值为 97。KeyPress 还能识别 Enter、Tab 和 BackSpace 这 3 个控制键。但对于方向键等其他控制键则不响应。

例 9-1 利用文本框的 KeyPress 事件，检查用户口令。

设计步骤如下：

（1）建立应用程序用户界面与设置对象属性。在窗体上添加 1 个框架 Frame1，1 个标签 Label1 用于显示结果，1 个文本框 Text1，将其 PasswordChar 属性设为"*"，用于输入用户口令，如图 9-1 所示。

（2）编写程序代码。

图 9-1 例 9-1 程序运行结果

```
Private Sub Text1_KeyPress(KeyAscii As Integer)
    If KeyAscii = 13 Then
        If LCase(Text1.Text) = "abcde" Then
            Label1.Caption = "欢迎使用本系统!"
```

```
        Else
            Label1.Caption = "对不起，口令错!"
        End If
        Text1.SelStart = 0
        Text1.SelLength = Len(Text1.Text)
    End If
End Sub
```

2. KeyDown 和 KeyUp 事件

当控制焦点在某个对象上，同时用户按下键盘上的任一键时，就会触发 KeyDown 事件；释放按键，便会触发 KeyUp 事件。语法格式为：

```
Private Sub 对象名称_KeyDown(KeyCode As Integer, Shift As Integer)
Private Sub 对象名称_KeyUp(KeyCode As Integer, Shift As Integer)
```

其中，参数 KeyCode 是一个按下键的代码，例如：按下"A"键或"a"键，KeyCode 的值为 65。两个参数的含义如下：

(1)KeyCode 是按键的实际 ASCII 码值，该值以"键"为准，而不是以"字符"为准。也就是说，大写字母与小写字母使用同一个键，它们的 KeyCode 相同(使用大写字母的 ASCII 码)，但大键盘上的数字键与数字键盘上的相同数字键的 KeyCode 是不一样的。对于有上挡字符和下挡字符的键，其 KeyCode 为下挡字符的 ASCII 码。表 9-1 列出了部分字符的 KeyCode 和 KeyAscii 码。

表 9-1　KeyCode 和 KeyAscii 码

键(字符)	KeyCode	KeyAscii	键(字符)	KeyCode	KeyAscii
A	&H41	&H41	5	&H35	&H35
a	&H41	&H61	%	&H35	&H25
B	&H42	&H42	1(大键盘上)	&H31	&H31
b	&H42	&H62	1(数字键盘上)	&H61	&H31

(2)Shift 参数用于转换键，表示按下的是 Shift、Ctrl 和 Alt 三个键中的哪一个或几个的组合，其值以二进制方式表示，每个键用 3 位，即：Shift 键为 001(十进制数为 1)，Ctrl 键为 010(十进制数为 2)，Alt 键为 100(十进制数为 4)。当分别按下 Shift 键、Ctrl 键或 Alt 键时，该参数为 1、2 或 4。当同时按下 Shift 键和 Ctrl 键时，该参数为 3，依次类推。因此，Shift 参数可取 8 种值，如表 9-2 所示。

表 9-2　Shift 参数的值

十进制值	二进制值	作　用	十进制值	二进制值	作　用
0	000	没有按转换键	4	100	按下 Alt 键
1	001	按下 Shift 键	5	101	按下 Alt+Shift 键
2	010	按下 Ctrl 键	6	110	按下 Alt+Ctrl 键
3	011	按下 Shift+Ctrl 键	7	111	按下 Alt+Ctrl+Shift 键

例如，在窗体上添加 1 个文本框 Text1，当在文本框中按下 Shift+A 键或 Shift+a 键时，都以 MsgBox 函数显示"您按下了字符 A"。程序代码如下：

```
Private Sub Text1_KeyDown(KeyCode As Integer, Shift As Integer)
    If KeyCode = 65 And Shift = 1 Then
        MsgBox "您按下了字符 A"
    End If
End Sub
```

注意：如果需要检测用户在键盘上输入的是什么字符，应选择 KeyPress 事件；如果需要检测用户所按的物理键时，则选择 KeyDown 或 KeyUp 事件。默认情况下，单击窗体上控件时窗体的 KeyPress、KeyDown、KeyUp 事件是不会发生的，为了启用这 3 个事件，必须将窗体的 KeyPreview 属性设置为 True。

9.1.2　鼠标事件

除了单击(Click)和双击(DblClick)外，重要的鼠标事件还有以下 3 个。

（1）MouseDown 事件：按下鼠标任一按键时被触发。

（2）MouseUp 事件：释放鼠标任一按键时被触发。

（3）MouseMove 事件：移动鼠标时被触发。

在程序设计时，需要特别注意这些事件被什么对象识别，即事件发生在什么对象上。当鼠标指针位于窗体中没有控件的区域时，窗体将识别鼠标事件；当鼠标指针位于某个控件上方时，该控件将识别鼠标事件。工具箱中的大多数标准控件都能响应这 3 个事件。语法格式为：

```
Private Sub 对象名称_MouseDown(Button As Integer, Shift As Integer, X As Single, Y As Single)
Private Sub 对象名称_MouseUp(Button As Integer, Shift As Integer, X As Single, Y As Single)
Private Sub 对象名称_MouseMove(Button As Integer, Shift As Integer, X As Single, Y As Single)
```

说明：

（1）Button 参数返回的整数，来标识鼠标的哪个按键被按下或释放，其值与鼠标按键的对应关系如表 9-3 所示。

（2）Shift 为 Shift、Ctrl、Alt 键的状态，其含义与键盘事件中的 Shift 相同。

表 9-3　Button 参数取值

VB 常量	值	含义
left_button	1	按下鼠标左按键
Right_button	2	按下鼠标右按键
Middle_button	4	按下鼠标中间按键

（3）X、Y 表示当前鼠标的位置。

例如，要在两个文本框中分别显示鼠标指针所在的位置，MouseMove 事件过程如下：

```
Private Sub Form_MouseMove(Button As Integer, Shift As Integer, X As Single, Y As Single)
    Text1.Text=X
    Text2.Text=Y
End Sub
```

例 9-2　随着鼠标的移动，在窗体上显示鼠标的位置及其移动轨迹，如图 9-2 所示。程序代码如下：

```
Private Sub Form_MouseMove(Button As Integer, Shift As Integer, X As Single, Y As Single)
    Form1.ForeColor = RGB(0, 0, 255)
    CurrentX = X
    CurrentY = Y
    Print X; Y
End Sub
```

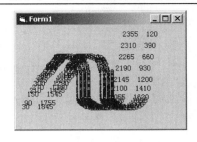

图 9-2　例 9-2 程序运行结果

9.1.3　拖放操作

在设计模式下，各控件都可用鼠标随意拖放的方式来改变控件的大小与位置。拖放是指运行时将控件拖动到新的位置放下，包括两个操作：一个是发生在源对象上的拖动（Drag），另一个是发生在目标对象上的放下（Drop）。与拖放相关的属性、事件和方法如表 9-4 所示。

表 9-4　拖放相关的属性、事件和方法

类别	名称	描述
属性	DragMode	0-Manual，手动拖动控件 1-AutoMatic，自动拖动控件
	DragIcon	拖动控件时显示的图标
事件	DragDrop	将控件拖动到对象后释放鼠标触发该事件
	DragOver	当在控件上拖动时触发该事件
方法	Drag	开始或结束一个拖动操作

1．属性

与拖放操作相关的属性有两个：DragMode 和 DragIcon。

1）DragMode 属性

用于设置拖放方式。该属性有两种取值：默认值为 0，表示手工拖放模式，这时可以用手工方式来确定拖放操作何时开始或结束；如果设为 1，表示设置为自动拖放模式。

2）DragIcon 属性

设置拖放操作时显示的图标。在拖动控件时，Visual Basic 将控件的灰色轮廓作为默认的拖动图标。对 DragIcon 属性进行设置，就可用其他图像代替该轮廓。

可以利用其他控件的 DragIcon 或 Picture 属性来设置 DragIcon 获取图标，也可以利用 LoadPicture 函数来获取图标。例如，下面的语句可以为图像框设置 DragIcon 属性：

```
Image1.DragIcon = LoadPicture("图标文件名")
```

2．事件

和拖放操作相关的事件有两个：DragDrop 和 DragOver。

1）DragDrop 事件

当把一个控件拖动到目标对象上并释放鼠标按键时，就触发目标对象的 DragDrop 事件。该事件有 3 个参数：Source 参数表示被拖动的源对象；X、Y 表示鼠标指针在目标对象中的坐标。语法格式为：

```
Private Sub 对象名称_DragDrop(Source As Control, X As Single, Y As Single)
    ……
End Sub
```

2) DragOver 事件

当源对象被拖动到目标对象上时，在目标对象上会触发 DragOver 事件。本事件先于 DragDrop 事件。语法格式为：

```
Private Sub 对象名称_DragOver(Source As Control, X As Single, Y As Single, State As Integer)
    ……
End Sub
```

该事件的前 3 个参数的含义与 DragDrop 事件相同。State 参数是一个整数，表示拖动的状态，其取值如下。

(1) 0：进入（源对象正被向一个目标对象范围内拖动）。

(2) 1：离开（源对象正在离开目标对象）。

(3) 2：跨越（源对象在目标对象范围内从一个位置移到另一位置）。

3. 方法

此方法可以开始或结束一个拖动操作。语法格式为：

对象名称.Drag [动作]

其中，"动作"参数是一个整数值，表示 Drag 方法的具体动作。取值为 0 时，取消拖动操作；为 1 时，启动拖动操作；为 2 时，结束拖动操作。

例 9-3 在窗体上添加一个命令按钮，利用鼠标在窗体上拖动该按钮，改变其位置。在拖动过程中，将当前鼠标指针的位置显示在窗体标题栏上，拖动结束时在窗体标题栏上显示"拖放已完成"。程序运行界面如图 9-3 所示。程序代码如下：

```
Private Sub Form_Load()
    Command1.DragMode = 1
End Sub
Private Sub Form_DragOver(Source As Control, X As Single, Y As Single, State As Integer)
    Form1.Caption = X & "," & Y
End Sub
Private Sub Form_DragDrop(Source As Control, X As Single, Y As Single)
    Source.Move X, Y
    Form1.Caption = "拖放已完成"
End Sub
```

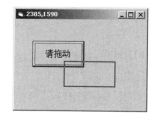

图 9-3　例 9-3 程序运行过程

9.2　菜　单　设　计

菜单的基本作用有两个：一是提供人机对话的界面，以便用户选择应用程序的各种功能；二是管理应用程序，控制各功能模块的运行。在实际应用中，菜单可分为两种基本类型：下拉式菜单和弹出式菜单。

9.2.1　下拉式菜单

下拉式菜单是一种典型的窗口式菜单。在下拉式菜单系统中，一般有一个主菜单，称为菜单栏，其中包括一个或多个菜单选择项，每个选择项称为菜单标题。当单击某个菜单标题时，包含子菜单项的列表就被打开。菜单由若干个菜单标题、命令、分隔条等菜单元素组成，当选择菜单标题时又会"下拉"出下一级菜单项列表。Visual Basic 的菜单系统最多可达 6 层。图 9-4 是一个下拉式菜单的一般结构。在 Visual Basic 中，菜单是一个图形对象控件，具有定义它的外观与行为的属性，只包含一个 Click 事件，用鼠标或键盘选中该菜单项时，将触发该事件。

Visual Basic 中的菜单通过菜单编辑器来设计。单击工具栏中的"菜单编辑器"按钮或执行"工具"→"菜单编辑器"命令都能启动菜单编辑器，界面如图 9-5 所示。

菜单编辑器窗口分为 3 个部分：菜单控件属性区、编辑区和菜单项显示区。

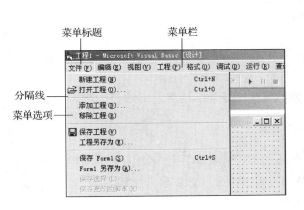

图 9-4　下拉式菜单的结构

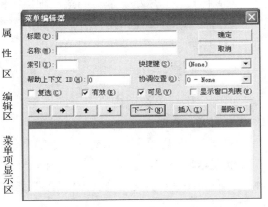

图 9-5　菜单编辑器

1．菜单控件属性

(1)标题：用来输入菜单中每个菜单项的标题(相当于 Caption 属性)。在该栏中输入减号(−)，则可在菜单中加入一条分隔线；在某个字母前面加上"&"，可将该字母设置成热键，运行时按下 Alt+带下划线的字母可打开菜单或执行相应的菜单命令。

(2)名称：用来输入菜单项的控件名(相当于 Name 属性)。

(3)索引：用来为用户建立的控件数组设置下标。

(4)快捷键：用来设置菜单项的快捷键。单击右侧的箭头，从列表框中选择可供使用的快捷键。

(5) 帮助上下文：在该文本框中输入数值，这个值用来在帮助文件(用 HelpFile 属性设置)中查找相应的帮助主题。

(6) 协调位置：是一个列表框，用来确定菜单或菜单项是否出现或在什么位置出现。

该列表中有 4 个选项，作用如下。

① 0— None：菜单项不显示。

② 1— Left：菜单项靠左显示。

③ 2— Middle：菜单项居中显示。

④ 3— Right：菜单项靠右显示。

(7) 复选：选择该项可以在相应菜单项旁加上记号(√)。利用这个属性，可以表明某个菜单项当前是否处于活动状态。

(8) 有效：用来设置菜单项的操作状态是否有效(相当于 Enabled 属性)。

(9) 可见：确定菜单项是否可见(相当于 Visible 属性)。

(10) 显示窗口列表：当该选项被选中时，将显示当前打开的一系列子窗口。

2. 编辑区

(1) 左右箭头：单击右箭头产生一个内缩符号(…)，单击左箭头取消内缩符号，主要用来设置菜单项的层次。

(2) 上下箭头：在菜单项显示区中移动菜单项的位置。

(3) 下一个：开始一个新的菜单项，与回车键作用相同。

(4) 插入：用来在指定位置插入新的菜单项，插入菜单项的位置在当前项的前面。

(5) 删除：删除当前选中的菜单项。

3. 菜单项显示区

该区位于菜单设计窗口的下部，输入的菜单项在这里显示出来，并通过内缩符号表明了菜单项的层次关系。

例 9-4　利用菜单控制文本框中的字体。

根据题目要求，设计一个包含 4 个子菜单项的下拉式菜单，每一个子菜单项控制一种字体，界面如图 9-6 所示。编写"字体"菜单中 4 个菜单项的 Click 事件代码。

```
Private Sub heiti_Click()
    Text1.FontName = "黑体"
End Sub
Private Sub kaiti_Click()
    Text1.FontName = "楷体_GB2312"
End Sub
Private Sub lishu_Click()
    Text1.FontName = "隶书"
End Sub
Private Sub songti_Click()
    Text1.FontName = "宋体"
End Sub
```

程序运行结果如图 9-7 所示。

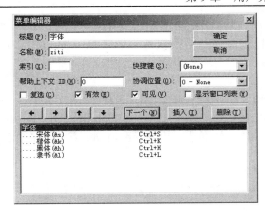

图 9-6　菜单设计举例

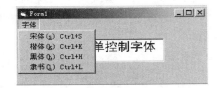

图 9-7　例 9-4 程序的运行结果

9.2.2　弹出式菜单

弹出式菜单是一种小型菜单，它可以在窗体的某个位置显示出来，对程序事件做出响应。与下拉式菜单不同的是弹出式菜单不需在窗体的顶部显示，而是通过鼠标的单击在窗体的任意位置打开，使用比较方便，具有较大的灵活性。

设计弹出式菜单通常分两步进行：首先用"菜单编辑器"建立完整的菜单结构，然后用 PopupMenu 方法将其显示出来。

PopupMenu 方法的格式为：

[对象.]PopupMenu 菜单名,[[Flags],[X,Y],[BoldCommand]]

其中，"对象"指窗体名，缺省时为当前窗体；"菜单名"是在菜单编辑器中建立的主菜单名称；X、Y 是弹出式菜单在窗体上显示位置的横坐标与纵坐标；BoldCommand 参数指定在显示弹出式菜单中以粗体出现的菜单项名称，弹出式菜单中，只能有一个菜单项被加粗；Flags 参数是一个数值或符号常量，指定弹出式菜单的位置及行为，其取值分为两组，一组指定菜单位置，另一组定义特殊的菜单行为，功能如表 9-5 和表 9-6 所示。两组参数既可以单独使用，也可以联合使用。联合使用时，每组中取一个值，然后相加；如果是符号常量，两个值用 Or 连接。如 Flags 的值为 12(位置常数取 4，行为常数取 8)，表示单击鼠标右键弹出菜单，并且弹出式菜单上边框的中间位置为鼠标单击处。

表 9-5　指定菜单位置

定位常量	值	作　用
vbPopupMenuLeftAlign	0	X 坐标指定菜单左边位置
vbPopupMenuCenterAlign	4	X 坐标指定菜单中间位置
vbPopupMenuRightAlign	8	X 坐标指定菜单右边位置

表 9-6　定义菜单行为

行为常量	值	作　用
VbPopupMenuLeftButton	0	单击鼠标左键弹出菜单
vbPopupMenuRightButton	8	单击鼠标右键弹出菜单

为了显示弹出式菜单，通常把 PopupMenu 方法放在 MouseDown 事件中，该事件响应所

有的鼠标单击操作。一般通过单击鼠标右键显示弹出式菜单，可以用 Button 参数实现，左键参数值为 1，右键参数值为 2。如，用下面的语句可以强制通过单击鼠标右键来响应 MouseDown 事件，显示弹出式菜单。

```
If Button=2 Then PopupMenu 菜单名
```

例 9-5　用弹出式菜单实现例 9-4 所示菜单。

在例 9-4 设计的菜单系统中，在窗体的 MouseDown 事件中用 PopupMenu 方法激活弹出式菜单即可。

```
Private Sub Form_MouseDown(Button As Integer, Shift As Integer, X As Single, Y As Single)
    If Button = 2 Then
        PopupMenu  ziti
    End If
End Sub
```

运行程序，结果如图 9-8 所示。

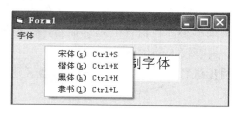

图 9-8　例 9-5 程序运行结果

9.2.3　应用举例

在这一节中，通过几个具体的实例来说明菜单程序设计的基本方法和步骤。

例 9-6　设计一个简单运算器。要求从键盘上输入两个数，利用菜单命令求出它们的和、差、积或商，并将结果显示出来。

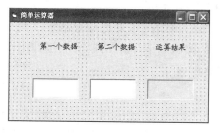

图 9-9　例 9-6 界面

可将菜单分为 3 个主菜单项，分别为"计算加、减"、"计算乘、除"与"清除与退出"；每个主菜单项各有两个子菜单项(分别为加与减；乘与除；清除与退出)。用两个文本框输入数据，一个标签显示结果，三个标签显示说明信息，界面布局如图 9-9 所示。用"菜单编辑器"建立级联式菜单，设计界面如图 9-10 所示。

为每一个子菜单选项编写 Click 事件的程序代码。

```
Private Sub jiaf_Click()                     ' 计算加法
    Label4.Caption = Val(Text1.Text) + Val(Text2.Text)
End Sub
Private Sub jianf_Click()                     ' 计算减法
    Label4.Caption=Val(Text1.Text)- Val(Text2.Text)
End Sub
Private Sub chenf_Click()                     ' 计算乘法
    Label4.Caption = Val(Text1.Text) * Val(Text2.Text)
```

```
End Sub
Private Sub chuf_Click()                     ' 计算除法
    Label4.Caption = Val(Text1.Text) / Val(Text2.Text)
End Sub
Private Sub qingc_Click()                     ' 清除
    Text1.Text = ""
    Text2.Text = ""
    Label4.Caption = ""
    Text1.SetFocus
End Sub
Private Sub tuic_Click()                      ' 退出
    End
End Sub
```

程序运行时，分别在两个文本框中输入数字，通过菜单命令进行加、减、乘、除及清除操作。每单击一个子菜单项，结果标签(Label4)都会显示相应的结果，如图 9-11 所示。

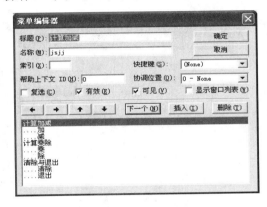

图 9-10　例 9-6 菜单设计界面

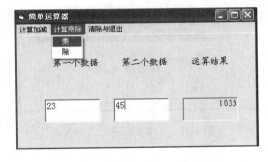

图 9-11　例 9-6 程序的运行结果

例 9-7　建立一个弹出式的菜单，用来改变文本框中的字体属性。

用菜单编辑器建立菜单的结构，如图 9-12 所示。将主菜单项"字体格式"的可见属性设置为 False(不选中"可见"选项)。然后在窗体的 **MouseDown** 事件中编写程序代码。

```
Private Sub Form_MouseDown(Button As Integer, Shift As Integer, X As Single, Y As Single)
    If Button = 2 Then
        PopupMenu ztgs
    End If
End Sub
```

菜单选项的 **Click** 事件过程如下：

```
Private Sub cut_Click()
    Text1.FontBold = True
End Sub
Private Sub xiet_Click()
    Text1.FontItalic = True
End Sub
```

```
Private Sub xiahx_Click()
    Text1.FontUnderline = True
End Sub
Private Sub zih1_Click()
    Text1.FontSize = 15
End Sub
Private Sub zih2_Click()
    Text1.FontSize = 25
End Sub
Private Sub zih3_Click()
    Text1.FontSize = 35
End Sub
```

运行程序，就可以用弹出式菜单设置文本属性。程序运行结果如图 9-13 所示。

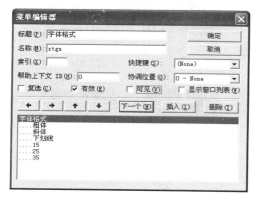

图 9-12 例 9-7 程序的菜单设计

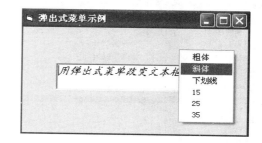

图 9-13 例 9-7 运行结果

9.3 对话框设计

一些应用程序中常常要进行打开和保存文件、设置打印选项、选择颜色和字体等操作，这就需要应用程序提供相应的对话框。这些对话框在 Visual Basic 中被制作成称为 CommonDialog 的 ActiveX 控件，即通用对话框。

9.3.1 通用对话框

通用对话框是提供诸如打开和保存文件、设置打印选项、选择颜色和字体等操作的一组标准对话框。该控件属于 ActiveX 控件，使用时首先要将其添加到工具箱：执行"工程"→"部件"命令，从"部件"对话框的"控件"选项卡中，选中 Microsoft Common Dialog Control 6.0，并单击"确定"按钮，这时控件工具箱中出现 CommonDialog 控件图标。在窗体上绘制 CommonDialog 控件时，控件将自动调整大小，因为 CommonDialog 控件在运行时不可见。

通用对话框为程序设计人员提供了几种不同类型的对话框，其类型可以通过 Action 属性设置，也可以用相应的方法设置。表 9-7 列出了各类对话框所需的 Action 属性值和方法。

通用对话框本身具有一组属性，由它产生的各种标准对话框也拥有许多特定属性。属性设置可以在属性窗口或程序代码中进行，也可以通过"属性页"对话框设置。对于 ActiveX 控件，更为常用的是"属性页"对话框。通过右击通用对话框控件，从快捷菜单中选择"属性"命令，就会打开"属性页"对话框，如图 9-14 所示。对话框中有 5 个选项卡，选择不同的选项卡，就可以对不同类型的对话框进行属性设置。

表 9-7 对话框类型

对话框类型	Action 属性值	Show 方法
打开文件	1	ShowOpen
保存文件	2	ShowSave
选择颜色	3	ShowColor
选择字体	4	ShowFont
打印	5	ShowPrinter
调用 Help 文件	6	ShowHelp

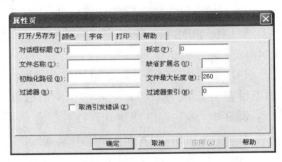

图 9-14 "属性页"对话框

9.3.2 文件对话框

文件对话框是通用对话框的重要组成之一，有"打开"(Open)文件对话框和"保存"(Save As)文件对话框两种。其用途之一就是从用户那里获得文件名信息。打开文件对话框可以让用户指定一个文件，由程序使用；而用保存文件对话框可以指定一个文件名，并以这个文件名保存当前文件。打开和保存对话框共同的属性如下。

(1)DefaultEXT 属性：设置对话框中默认的文件类型，即扩展名，该扩展名出现在"文件类型"栏内。如果在打开或保存的文件名中没有给定扩展名，系统自动将 DefaultEXT 属性值作为其扩展名。

(2)DialogTitle 属性：该属性用来设置对话框的标题。在默认情况下，"打开"对话框的标题是"打开"，"保存"对话框的标题是"保存"。

(3)FileName 属性：用来设置或返回要打开或保存文件的路径及文件名，在文件对话框中显示一系列文件名，如果选择了一个文件并单击"打开"或"保存"按钮，所选文件名即作为 FileName 属性的值，可以将该文件名作为要打开或保存的文件名。

(4)FileTitle 属性：用来指定文件对话框中所选择的文件名(不包括路径)。该属性与FileName 属性的区别是，FileName 属性用来指定完整的路径，而 FileTitle 只指定文件名。

(5)Filter 属性：用来指定在对话框中显示的文件类型。利用该属性可以设置多个文件类型，供用户在对话框的"文件类型"下拉列表框中选择。

Filter 的属性值由一对或多对文本字符串组成，每对字符串用管道符"|"隔开，在"|"前面的部分称为描述符，后面的部分一般为通配符和文件扩展名，也称为"过滤器"，如*.bas 等，各字符串之间也用管道符"|"隔开。其格式如下：

[窗体.]对话框名.Filter=描述符 1|过滤器 1|描述符 2|过滤器 2…

如果省略窗体，则默认为当前窗体。例如：

```
CommonDialog1.Filter=All Files|(*.*)|Text Files|(*.TXT)|Word Files|(*.Doc)
```

执行该语句后，可以在"文件类型"下拉列表中提供 3 种文件类型，供用户选择。

（6）FilterIndex 属性：用来指定默认的过滤器，其值为一个整数。用 Filter 属性设置多个过滤器后，每个过滤器都有一个值，第一个过滤器的值为 1，第二个过滤器的值为 2。

用 FilterIndex 属性可以指定作为默认显示的过滤器。如 CommonDialog1.Filter=3 将把第三个过滤器作为默认显示的过滤器。

（7）InitDir 属性：用来指定对话框中显示的初始目录。默认显示当前目录。

（8）MaxFileSize 属性：设定 FileName 属性的最大长度，以字节为单位，取值范围为 1～2048，默认为 260。

（9）CancelError 属性：如果该属性设置为 True，当关闭一个对话框时，将显示出错信息，如果设置为 False（默认），则不显示出错信息。

例 9-8　编写程序，建立"打开"和"保存"对话框。

首先将 CommonDialog 控件添加到控件工具箱中，再在窗体上绘制一个通用对话框控件，其 Name 属性为 CommonDialog1；然后添加两个命令按钮 Command1 与 Command2，Caption 属性分别为"打开"和"保存"。

两个命令按钮的 Click 事件过程如下：

```
Private Sub Command1_Click()
    CommonDialog1.FileName = ""                                  ' 初始文件名为空
    CommonDialog1.Filter = "All Files|*.*|(*.exe)|*.exe|(*.TXT)|*.txt"
                                                                  ' 设置 3 个过滤器
    CommonDialog1.FilterIndex = 3                                ' 过滤器默认为*.txt
    CommonDialog1.DialogTitle = "Open File(*.EXE)"              ' 设置对话框标题
    CommonDialog1.Action = 1                                     ' 显示打开对话框
    If CommonDialog1.FileName = "" Then
        MsgBox "没有文件被选择", 37, "检查"
    Else
        Open CommonDialog1.FileName For Input As #1             ' 从指定文件中输入数据
        Do While Not EOF(1)
          Input #1, a$
          Print a$
        Loop
    End If
End Sub
Private Sub Command2_Click()
    CommonDialog1.CancelError = False                           ' 不显示出错信息
    CommonDialog1.DefaultExt = "TXT"                            ' 设置默认文件类型
    CommonDialog1.FileName = "xzb.txt"                          ' 保存时所用文件名
    CommonDialog1.Filter = "Text file(*.txt)|*.TXT|All Files(*.*)|*.*"
                                                                  ' 设置过滤器
    CommonDialog1.FilterIndex = 1                               ' 设置默认过滤器
    CommonDialog1.DialogTitle = "Save File As(*.TXT)"          ' 设置对话框标题
    CommonDialog1.Action = 2                                     ' 显示保存对话框
End Sub
```

程序运行后，单击"打开"按钮，将弹出"打开"对话框；单击"保存"按钮，将弹出"保存"对话框。

9.3.3　其他对话框

1. "颜色"对话框

"颜色"对话框用来设置颜色,除了具有与文件对话框相同的一些属性外,还包括 Color 与 Flags 属性。Color 属性用来设置初始颜色,并把在对话框中选择的颜色返回应用程序。Flags 属性值的含义如表 9-8 所示。

表 9-8　"颜色"对话框中常用 Flags 属性值含义

值	作　用
1	使 Color 属性定义的颜色在首次显示对话框时显示出来
2	打开完整对话框,包括"用户自定义颜色"窗口
4	禁止选择"规定自定义颜色"按钮
8	显示一个 Help 按钮

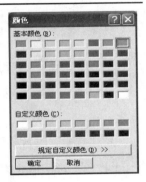

要显示"颜色"对话框,首先将 CommonDialog 控件的 Flags 属性设置成 1,然后再用 ShowColor 方法显示对话框。

例 9-9　用"颜色"对话框的 Color 属性设置窗体的背景颜色。运行结果如图 9-15 所示。

```
Private Sub Command1_Click()
    CommonDialog1.Flags = 1
    CommonDialog1.ShowColor
    Form1.BackColor = CommonDialog1.Color
End Sub
```

图 9-15　"颜色"对话框

2. "字体"对话框

"字体"对话框设置并返回所用字体的名称、样式、大小、效果及颜色等信息。在程序中,通常用 ShowFont 方法显示"字体"对话框,并在该对话框内设置字体的相关属性。其中,Flags 属性在显示"字体"对话框之前必须设置,否则会发生不存在字体的错误。表 9-9 给出了 Flags 属性的取值及含义。

表 9-9　"字体"对话框中常用 Flags 属性值含义

符号常量	值	含　义
cdlCFScreenFonts	&H1	显示屏幕字体
cdlCFPrinterFonts	&H2	显示打印机字体
cdlCFBoth	&H3	显示屏幕字体和打印机字体
cdlCFEffects	&H100	对话框中显示删除线、下划线和颜色组合框

例 9-10　用"字体"对话框设置文本框字体属性。

```
Private Sub Command1_Click()                    ' 从字体对话框中获取相关信息
    CommonDialog1.Flags=CdlCFScreenFonts
    CommonDialog1.ShowFont
    Text1.FontName = CommonDialog1.FontName
    Text1.FontSize = CommonDialog1.FontSize
```

```
    Text1.FontBold = CommonDialog1.FontBold
    Text1.FontItalic = CommonDialog1.FontItalic
    Text1.FontUnderline = CommonDialog1.FontUnderline
    Text1.FontStrikethru = CommonDialog1.FontStrikethru
    Text1.ForeColor = CommonDialog1.Color
End Sub
Private Sub Command2_Click()                    ' 退出
    End
End Sub
```

程序运行单击命令按钮时，结果如图 9-16 所示。

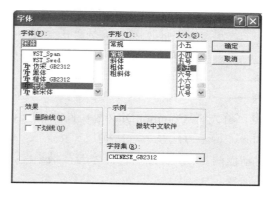

图 9-16　"字体"对话框

3. "打印"对话框

"打印"对话框允许用户指定打印输出的方法。可以指定打印页数范围、打印质量、复制数目、显示当前安装的打印机信息，允许用户进行配置或重新安装新的缺省打印机。它除具有通用对话框的基本属性外，还具有自身的一些特殊属性，如表 9-10 所示。

表 9-10　"打印"对话框属性

属性	含义与作用	属性	含义与作用
Copies	要打印的份数	ToPage	打印的结束页
FromPage	打印的起始页	hDC	选定打印机的设备上下文

在程序中，要显示"打印"对话框，首先设置相应的对话框属性，然后用 ShowPrinter 方法显示。

例 9-11　建立"打印"对话框。

在窗体上绘制一个通用对话框和一个命令按钮，编写如下事件过程：

```
Private Sub Command1_Click()
    firstpage = 1
    lastpage = 50
    CommonDialog1.CancelError = True
    CommonDialog1.Copies = 1
    CommonDialog1.Min = firstpage
    CommonDialog1.Max = lastpage
    CommonDialog1.ShowPrinter
End Sub
```

程序运行后，将显示如图 9-17 所示的对话框。

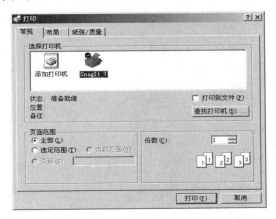

图 9-17　"打印"对话框

9.3.4　应用举例

例 9-12　用通用对话框实现简易写字板。该写字板具有打开文件，保存文件，改变文本的字体、颜色、大小、样式，改变文本框背景色等功能。设计步骤如下：

（1）创建应用程序用户界面及对象属性设置。在窗体上放置 1 个带滚动条的多行文本框（Text1）用来编辑文本；添加 2 个通用对话框（CommonDialog1 与 CommonDialog2），一个用来设置"打开""字体"和"颜色"对话框，另一个用于设置"另存为"对话框；添加 5 个命令按钮，分别启动打开文件、保存文件、设置字体、设置背景色和退出操作，属性设置如表 9-11 所示。

表 9-11　例 9-12 中各控件的属性设置

对象名	属性名	属性值
窗体	名称	Form1
	Caption	简易写字板
CommonDialog1	名称	CommonDialog1
CommonDialog2	名称	CommonDialog2
Text1	名称	Text1
	Text	置空
	MultiLine	True
	ScrollBars	3
Command1	名称	Command1
	Caption	打开
Command2	名称	Command2
	Caption	保存
Command3	名称	Command3
	Caption	字体
Command4	名称	Command4
	Caption	背景色
Command5	名称	Command5
	Caption	退出

(2)编写程序代码。

```
Private Sub Command1_Click()                           '打开文件
    Dim sfilename As String, sline As String, filenum As Integer
    CommonDialog1.Filter = "所有文件(*.*)|*.*"
    CommonDialog1.FilterIndex = 1
    CommonDialog1.ShowOpen
    sfilename = CommonDialog1.FileName
    Text1.Text = ""
    filenum = FreeFile
    If sfilename <> "" Then
        Open sfilename For Input As filenum
        Do While Not EOF(filenum)
            Line Input #filenum, sline
            Text1.Text = Text1.Text & sline & vbCrLf
        Loop
        Close filenum
    End If
End Sub
Private Sub Command2_Click()                            ' 保存文件
    Dim sfilename As String, filenum As Integer
    CommonDialog2.Filter = "文本文件(*.TXT)|*.TXT"
    CommonDialog2.FilterIndex = 1
    CommonDialog2.ShowSave
    sfilename = CommonDialog2.FileName
    filenum = FreeFile
    If sfilename <> "" Then
        Open sfilename For Output As filenum
        Print #filenum, Text1.Text
        Close filenum
    End If
End Sub
Private Sub Command3_Click()                            ' 设置字体
    CommonDialog1. Flags=CdlCFScreenFonts
    CommonDialog1.ShowFont
    Text1.FontName = CommonDialog1.FontName
    Text1.FontSize = CommonDialog1.FontSize
    Text1.FontBold = CommonDialog1.FontBold
    Text1.FontItalic = CommonDialog1.FontItalic
    Text1.FontUnderline = CommonDialog1.FontUnderline
    Text1.ForeColor = CommonDialog1.Color
End Sub
Private Sub Command4_Click()                            ' 设置背景色
    CommonDialog1.ShowColor
    Text1.BackColor = CommonDialog1.Color
End Sub
Private Sub Command5_Click()                            ' 退出
    End
End Sub
```

9.4　工具栏和状态栏

工具栏已经成为许多基于 Windows 环境下应用程序的标准功能。工具栏提供了应用程序中最常用菜单命令的快速访问方式，可用工具栏进一步增强应用程序的菜单界面。

状态栏也是应用程序拥有的主要成分，它一般显示在程序窗口的下边。在状态栏内，主要显示一些与当前程序及操作相关的状态信息。

Visual Basic 中可以通过手工方式或使用工具栏控件(Toobar)两种方法建立工具栏。

9.4.1　手工制作工具栏

用手工方式制作的工具栏是一个放置了一些命令按钮的图片框，其主要步骤如下：

(1)在窗体上添加一个图片框，通过设置图片框的 Align 属性来控制图片框(工具栏)在窗体中的位置。当改变窗体的大小时，Align 属性值非 0 的图片框会自动地改变大小以适应窗体的宽度与高度。

(2)选定图片框，在图片框中添加任何要在工具栏中显示的控件。通常使用的控件有图形方式的命令按钮、单选按钮和复选框、下拉列表框等。

(3)设置控件的属性。在工具栏按钮上通过不同的图像来表示对应的功能，还可以设置按钮的 ToolTipText 属性，为工具按钮添加提示信息。

(4)编写代码。由于工具按钮通常用于提供对其他(主要是菜单)命令的快捷访问，所以一般都是在其 Click 事件代码中调用对应的命令。

例 9-13　制作一个自定义的工具栏，用来控制文本框中的字型。

建立程序的窗体界面：在窗体上先绘制 1 个多行文本框 Text1，再增加 1 个图片框 Picture1，然后在图片框中增加 3 个命令按钮。各控件的属性设置如表 9-12 所示。

表 9-12　控件的属性设置

对　象	属　性	属性值	说　明
Picture1	Align	1-Align Top	位于窗体顶部
Command1 Command2 Command3	Caption		清空
	Style	1-Graphical	图形模式按钮
	Picture	Bld.bmp Itl.bmp Undrln.bmp	

用菜单编辑器建立一个"字型"主菜单项，其中包含"粗体""斜体""下划线" 3 个子菜单项。每一个子菜单项对应的程序代码如下：

```
Private Sub bld_Click()
    If Text1.FontBold = True Then
        Text1.FontBold = False
    Else
        Text1.FontBold = True
    End If
End Sub
```

```
Private Sub ita_Click()
    If Text1.FontItalic = True Then
        Text1.FontItalic = False
    Else
        Text1.FontItalic = True
    End If
End Sub
Private Sub undrln_Click()
    If Text1.FontUnderline = True Then
        Text1.FontUnderline = False
    Else
        Text1.FontUnderline = True
    End If
End Sub
```

对图片框中的 3 个命令按钮编写代码如下：

```
Private Sub Command1_Click()            ' 粗体
    bld_Click
End Sub
Private Sub Command2_Click()            ' 斜体
    ita_Click
End Sub
Private Sub Command3_Click()            ' 下划线
    undrln_Click
End Sub
```

其中，**bld、ita、undrln** 分别为 3 个子菜单项的名称。

为了能在改变窗体大小的同时自动调整文本框的大小，可以在 Form 的 Resize 事件中写入下列程序段。

```
Private Sub Form_Resize()
    Text1.Left = 0
    Text1.Top = Picture1.Height
    Text1.Height = Form1.ScaleHeight - Picture1.Height
    Text1.Width = Form1.ScaleWidth
End Sub
```

程序运行的结果如图 9-18 所示。

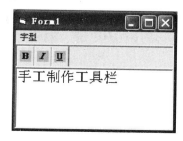

图 9-18　手工制作工具栏示例

9.4.2　Toolbar 控件与 ImageList 控件

在 Visual Basic 中除了用手工的办法制作简易工具栏外，还可以使用 ToolBar 控件与 ImageList 控件来创建专业化的工具栏。ToolBar 控件与 ImageList 控件都属于 ActiveX 控件，使用时先要将其添加到工具箱中，以便在工程中使用。

用 ToolBar 控件与 ImageList 控件创建工具栏的步骤如下。

(1)添加 ToolBar 控件与 ImageList 控件。在"部件"对话框中选择 Microsoft Windows Common Controls 6.0 选项后单击"确定"按钮，ToolBar 控件与 ImageList 控件就被添加到工具箱中。

(2)用 ImageList 控件保存要使用的图形。工具栏上的命令按钮都是图形化的按钮，而这些按钮本身没有 Picture 属性，不能像其他控件那样用 Picture 属性直接添加图形。ImageList 控件具有存储图形的功能，可以为有关的控件保管所需的图形。工具栏上的命令按钮所需的图形由 ImageList 控件提供。ImageList 控件不能独立使用，需要 ToolBar 等控件来读取和显示所存储的图形。ImageList 控件的 ListImage 属性是图形文件的集合，可以用 Index(索引属性)和 Key(关键字属性)来引用每个图形文件。为 ImageList 控件添加图形的过程如下：

① 在窗体上添加 ImageList 控件，其名称默认为 ImageList1。

② 右击 ImageList 控件，在快捷菜单中选择"属性"命令，系统将弹出"属性页"对话框，单击"图像"选项卡，屏幕显示如图 9-19 所示。

③ 单击"插入图片"按钮，在弹出的"选定图片"对话框中找到所需要的图片，单击"打开"按钮，就可将图片添加到 ImageList 控件中。

④ 重复上述操作，直到得到所需要的全部图片后单击"确定"按钮。

(3)创建 ToolBar 控件，将 ToolBar 控件与 ImageList 控件相关联，创建按钮对象。ToolBar 控件是一个或多个按钮对象的集合，将按钮对象添加到按钮集合中，就可以创建工具栏。为了得到按钮上的图片，还要将 ToolBar 控件与 ImageList 控件相关联，具体操作过程如下：

① 在窗体上创建一个 ToolBar 控件，其默认名称为 ToolBar1。

② 右击 ToolBar 控件，从快捷菜单中选择"属性"命令，系统将弹出"属性页"对话框，如图 9-20 所示。

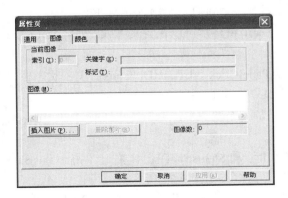

图 9-19　ImageList 控件的"属性页"对话框

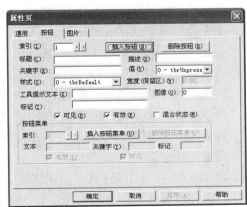

图 9-20　ToolBar 控件的"属性页"对话框

③ 在"通用"选项卡的"图像列表"中单击下拉箭头，选中所需的 ImageList 控件。

④ 单击"按钮"选项卡后，再单击"插入按钮"按钮，设置标题、关键字等属性，设置图像属性为 ImageList 控件中图像的索引值。

⑤ 重复上述过程，创建其他按钮，完成后单击"确定"按钮。

(4)编写各按钮的 Click 事件代码。工具栏控件的常用事件有 ButtonClick 和 Click 事件。单击工具栏控件时能触发 Click 事件，单击工具栏上的按钮时触发 ButtonClick 事件，并返回一个 Button 参数，确认用户单击了哪一个按钮。程序中一般都需要对 ButtonClick 事件进行编程，实现各个按钮的特定功能。

例 9-14　用 ToolBar 控件与 ImageList 控件实现例 9-13 的工具栏。

设计过程：

(1)按照上述方法将 ToolBar 控件与 ImageList 控件添加到工具箱中。

(2)属性设置。在 ImageList 控件的属性页对话框的"图像"选项中，依次插入 bld.bmp、ita.bmp、undrln.bmp 三幅图片；在 ToolBar 控件的"属性页"对话框的"通用"选项卡中，将"图像列表"选为 ImageList1；再在"按钮"选项卡中，单击"插入按钮"按钮，插入 3 个按钮，分别设置它们的"图像"值为 1、2、3。

(3)对 ToolBar 的 ButtonClick 事件编程。

```
Private Sub Toolbar1_ButtonClick(ByVal Button As MSComctlLib.Button)
    If Button.Index = 1 Then
        Text1.FontBold = True
    ElseIf Button.Index = 2 Then
        Text1.FontItalic = True
    ElseIf Button.Index = 3 Then
        Text1.FontUnderline = True
    End If
End Sub
```

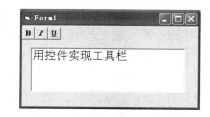

图 9-21　用控件实现工具栏

程序的运行结果如图 9-21 所示。

9.4.3　状态栏

状态栏(StatusBar)通常位于窗体的底部，主要用于显示应用程序的各种状态信息。StatusBar 控件属于 ActiveX 控件，可以通过"工程"→"部件"命令添加到工具箱中。

StatusBar 控件由若干个窗格(Panel)组成，每一个窗格都可以包含文本或图片。StatusBar 控件最多能分成 16 个窗格对象。

状态栏控件的常用事件有 Click、DblClick、PanelClick 和 PanelDblClick。单击状态栏上某一窗格时触发 PanelClick 事件；双击状态栏上某一窗格时触发 PanelDblClick 事件。

例 9-15　在例 9-14 的基础上，在窗体底部添加一个状态栏，用于显示当前时间、键盘大小写及运行状态。

设计过程：打开上例建立的工程文件，在窗体上添加 StatusBar1 控件，右键单击 StatusBar1 控件，选择"属性"命令，系统弹出"属性页"对话框，如图 9-22 所示。

单击"窗格"选项卡，设置第一个窗格(索引值为 1)的工具提示文本为"提示信息"，样式为 0-sbrText(显示文本和位图)，显示内容在运行时由程序代码设置；设置第二个窗格(索引值为 2)的工具提示文本为"键盘大小写状态",样式为 1-sbrCaps;设置第三个窗格(索引值为 3)的工具提示文本为"当前时间",样式为 5-sbrTime。要在状态栏的第一个窗格中显示"正在运行中…",可编写如下程序代码:

```
Private Sub Form_Load()
    StatusBar1.Panels.Item(1) = "正在运行中,请稍候…"
End Sub
```

程序运行后,结果如图 9-23 所示。

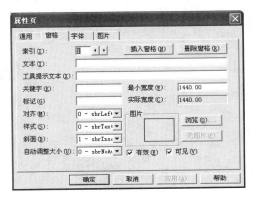

图 9-22　StatusBar1 控件的"属性页"对话框

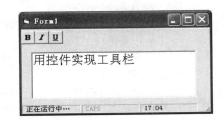

图 9-23　例 9-15 程序运行结果

9.5　剪贴板的应用

Visual Basic 应用程序不仅可以使用 Windows 本身的各种资源,而且还可以调用其他应用程序,并和它们交换信息,这些都是通过剪贴板实现的。

剪贴板(ClipBoard)是 Windows 的一个附件,它可以暂时保存文件和图形。只要 Windows 在运行,那么整个 Windows 环境中的应用程序都可以使用剪贴板。Visual Basic 中 ClipBoard 对象提供对系统资源剪贴板的访问。

ClipBoard 对象用于操作剪贴板上的文本和图形。它使用户能够复制、剪切和粘贴应用程序中的文本和图形。在复制任何信息到 ClipBoard 对象中之前,应使用 Clear 方法清除 ClipBoard 对象中的原有内容。ClipBoard 对象为所有 Windows 应用程序所共享,因此当切换到其他应用程序时,剪贴板中的内容会发生改变。ClipBoard 对象没有属性和事件,但它有几个可以与 Windows 剪贴板往返传送数据的方法。ClipBoard 对象的方法可分为 3 类:

(1)GetText 和 SetText 方法用来传送文本。

(2)GetData 和 SetData 方法用来传送图形。

(3)GetFormat 和 Clear 方法可以处理文本和图形两种格式。

ClipBoard 对象可包含多段数据,每段数据的格式不同。如,可用 SetData 方法把位图放到剪贴板中,接着再用 SetText 方法将文本放到剪贴板中,然后用 GetText 方法检索文本或用 GetData 方法检索图形。当用代码或命令把另一段数据放到 ClipBoard 中时,原 ClipBoard 中相同格式的数据会丢失。

ClipBoard 对象最常用的两个方法是 SetText 和 GetText,用这两个方法向 ClipBoard 和从

ClipBoard 传送字符串数据。SetText 将文本复制到剪贴板上,替换原来存储在剪贴板中的文本。可将 SetText 作为一条语句使用,其语法格式为:ClipBoard.SetText data。GetText 返回存储在剪贴板的文本,可将它作为函数使用,其语法格式为:Var=ClipBoard.GetText()。

　　使用 GetText 和 SetText 方法,可容易地编写文本框的"复制""剪切"和"粘贴"命令。例 9-16 就用剪贴板实现"复制""剪切"和"粘贴"操作。

　　例 9-16　剪贴板程序举例。

```
Private Sub mnuCopy_Click()                      ' 复制
    ClipBoard.Clear
    ClipBoard.SetText Text1.SelText
End Sub
Private Sub mnuCut_Click()                       ' 剪切
    ClipBoard.Clear
    ClipBoard.SetText Text1.SelText
    Text1.SelText=""
End Sub
Private Sub mnuPaste_Click()                     ' 粘贴
    Text1.SelText=ClipBoard.GetText()
End Sub
```

9.6　进度指示器

　　进度指示器是通过 ProgressBar 控件实现的,ProgressBar 控件属于 ActiveX 控件,包含在 Microsoft Windows Common Controls 6.0 部件中,使用时先要将其添加到工具箱中。

　　ProgressBar 控件通过从左到右用一些方块填充矩形来表示一个较长的操作进度,可以用来更直观地监视操作完成的进度。该控件的边框在事务进行过程中逐渐被充满,其 Value 属性值决定该控件被填充多少,用 Min 和 Max 属性设置该控件的界限。

　　要进行需要较长时间才能完成的操作时,就要使用 ProgressBar 控件。同时还必须知道该过程到达已知端点需要持续多长时间,并将其作为该控件的 Max 属性来设置。

　　ProgressBar 控件在运行时的形态如图 9-24 所示。可通过 Value、Max、Min 属性相互配合,实现显示进展情况。

图 9-24　ProgressBar 控件在运行时的形态

　　要显示某个操作的进展情况,Value 属性值将持续增长,直到达到了由 Max 属性定义的最大值。该控件显示的填充块的数目总是 Value 属性与 Max 和 Min 属性之间的比值。

　　要对 ProgressBar 控件进行编程,必须首先确定 Value 属性攀升的界限。例如,正在下载文件,并且应用程序能够确定该文件有多少字节,那么可将 Max 属性设置为这个文件的总字节数,在文件下载的过程中,应用程序还必须能够确定该文件已经下载了多少字节,并将 Value 属性设置为这个数。在操作开始之前通常不显示进度指示器,且在操作结束之后它应自动消失。在操作开始时,将 Visible 属性设置为 True 以显示该控件,在操作结束后,将该属性值重新设置为 False 以隐藏该控件。

9.7　图　形　操　作

Visual Basic 提供了两种图形处理方式：一是图形控件；二是图形处理方法。

9.7.1　坐标系统

1.　Visual Basic 的坐标系

对象在容器中的定位需要用到坐标系。构成一个坐标系，需要 3 个要素：坐标原点、坐标度量单位、坐标轴的长度与方向。坐标度量单位由容器对象的 ScaleMode 属性决定。每个容器都有一个坐标系，默认的坐标原点(0,0)在容器对象的左上角，ScaleMode 属性值的默认单位为 Twip，还可以使用磅、像素、厘米等单位。图 9-25 说明了窗体和图形框的默认坐标系。窗体的 Height 属性值包括了标题栏和水平边框线的宽度，Width 属性值包括了垂直边框线的宽度，实际可用的高度和宽度由 ScaleHeight 和 ScaleWidth 属性确定。对象的 Top 属性和 Left 属性指定了该对象左上角距原点的垂直和水平方向的偏移量。

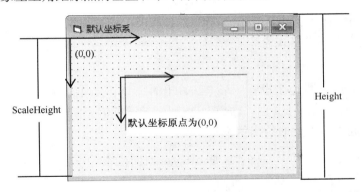

图 9-25　窗体、图片框默认坐标系

2.　自定义坐标系

Visual Basic 中，自定义用户坐标系的最方便的方法是采用 Scale 方法设置坐标系。语法格式为：

`[对象.]Scale[(xLeft，yTop)-(xRight，yBotton)]`

其中，"对象"可以是窗体、图片框等，默认为当前窗体；(xLeft，yTop)表示对象左上角坐标值，(xRight，yBotton) 表示对象右下角坐标值。

例如：Form1.Scale (-8, 2)-(8, -2) 定义的是窗体坐标系，x 轴的范围是(-8,8)，y 轴的范围是(-2,2)。

3.　当前坐标

窗体、图片框或打印机的 CurrentX、CurrentY 属性给出这些对象的当前坐标，这两个属性在设计时不能使用。

坐标系确定后，坐标值(x,y)表示对象上的绝对坐标位置，如果坐标值前面加上 Step，则坐标值(x,y)表示对象上的相对坐标位置，即从当前坐标分别平移 x、y 个单位，其绝对坐标值为(CurrentX+x,CurrentY+y)。

使用 Cls 方法后，CurrentX 和 CurrentY 属性值为 0。

9.7.2　绘图属性

1. 线宽与线型

1) DrawWidth 属性

DrawWidth 属性用于设置图形方法输出的线宽。线宽的取值为 1～32767，以像素为单位。缺省值为 1，即一个像素宽。

DrawWidth 属性的语法格式为：

```
[对象名.] DrawWidth[=<值>]
```

说明：窗体、图片框的 DrawWidth 属性用来设置绘图线的宽度，以像素单位。如果 DrawWidth 属性值大于 1，画出的图形是实线；如果 DrawWidth 属性值等于 1，可以画出各种线型。

2) DrawStyle 属性

DrawStyle 属性的语法格式为：

```
[对象名.] DrawStyle[=<值>]
```

说明：DrawStyle 属性用于设置图形方法输出的线型，其取值与相应的线型如表 9-13 所示。当 DrawWidth 属性值等于 1 时，DrawStyle 属性的设置值全部起作用；属性值为 1～4 时，DrawStyle 属性不起作用，此时绘出的都是实线。

表 9-13　DrawStyle 属性取值表

取值	常　量	线型说明	取值	常　量	线型说明
0	VbSolid	（缺省值）实线	4	VbDashDotDot	双点划线
1	VbDash	虚线	5	VbInvisible	无线
2	VbDot	点线	6	VbInsideSolid	内收实线
3	VbDashDot	点划线			

2. 填充颜色与填充样式

FillColor 属性为填充颜色属性，FillStyle 属性为填充样式属性。

利用 FillColor 属性和 FillStyle 属性，可以对已绘制好的封闭图形(如正方形、矩形、圆等)和 Shape 控件设置填充色图案。当需填充图案时，填充的颜色由 FillColor 属性确定，填充的图案样式由 FillStyle 属性确定。

（1）FillColor 属性：改变填充图形的颜色。FillColor 属性的语法格式为：

```
[对象名.] FillColor [=<值>]
```

其中，值为可选的长整型数，为该点指定的 RGB 颜色。如果省略，则缺省值为 0。可用 RGB 函数或 QBColor 函数指定颜色。

（2）FillStyle 属性：填充样式属性。语法格式为：

[对象名.] FillStyle [=<值>]

其中，值有 0～7 共 8 种风格，如图 9-26 所示。

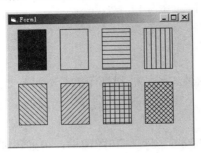

图 9-26　FillStyle 属性设置值效果图

9.7.3　图形控件

Visual Basic 中与图形有关的标准控件有 4 种，即 Image 控件、PictureBox 控件、Line 控件和 Shape 控件。常用的图形控件及其说明如表 9-14 所示。

表 9-14　常用图形控件

控件名称	说　　明
Picture Box（图片框）	可作为容器对象，其 Autosize 属性能够调整图形框大小与显示的图片匹配
Image（图像框）	不most为容器对象使用，其 Stretch 属性可调整加载的图像尺寸，以适应图像框的大小
Line（画线工具）	由 x1、y1 和 x2、y2 属性决定直线的位置
Shape（形状控件）	有 6 种几何形状，由 Shape 属性确定所需的形状

1.　Image 控件

Image 控件，也称图像框，用来显示图片。实际显示的图片由 Picture 属性决定，Picture 属性包括要显示图片的文件名及可选的路径名。

Image 控件和 Picture 控件都用来显示图形，图形可以是位图（.bmp、.dib、.cur）、图标（.ico）、图元文件（.wmf）、增强型图元文件（.emf）、JPEG 或 GIF 文件中的任何图片文件，也可以是来自 Windows 的各种图形文件。要在运行时显示或替换图形，都可以利用函数 LoadPicture 来设置 Picture 属性。

图片框（PictureBox，参见第 3 章）和图像框的主要区别有以下几点：

（1）图片框是"容器"控件，可以在图片框中添加其他控件，这些控件随图片框的移动而移动；而图像框不能作为容器控件。

（2）图片框可以通过 Print 方法接收文本，并可接收由像素组成的图形；而图像框不能接收用 Print 方法输出的信息，也不能用绘图方法在图像框上绘制图形。

（3）图像框没有 AutoSize 属性，但有 Stretch 属性。当 Stretch 属性为 True 时，加载的图形可自动调整尺寸以适应图像框的大小。当 Stretch 属性设置为 False 时，图像框可自动改变大小以适应其中的图形。

（4）图像框比图片框占用的内存少，显示速度快。在用图片框和图像框都能满足需要的情况下，应优先考虑使用图像框。

用于图片框和图像框的主要属性如下。

(1)CurrentX 和 CurrentY 属性：用来设置输出的水平(CurrentX)或垂直(CurrentY)坐标。这两个属性只能在运行期间使用。语法格式为：

```
[对象名.] CurrentX[=X]
[对象名.] CurrentY[=Y]
```

其中，"对象名"可以是窗体、图片框和打印机；X 和 Y 表示横坐标和纵坐标值，默认时以 twip 为单位。如果省略"=X"或"=Y"，则显示当前的坐标值；如果省略"对象名"，则指的是当前窗体。

(2)Picture 属性：适用于窗体、图片框和图像框，可通过属性窗口设置。Visual Basic 支持多种格式的图形文件。

(3)Stretch 属性。

和窗体一样，图片框和图像框可以接收 Click(单击)、DblClick(双击)事件，可以在图片框中使用 Cls(清屏)和 Print 方法。

2. Line 控件

Line(直线)控件为用户提供了在窗体、框架、图片框等对象中画直线的方法。改变 Line 控件的 BorderStyle 属性即可画出多种线型的直线。表 9-15 列出了 BorderStyle 属性的取值情况。

表 9-15　BorderStyle 属性的取值表

取值	常　量	形 状 说 明
0	vbTransparent	透明，忽略 BorderWidth 属性
1	vbBSSolid	(缺省值)实线，边框处于形状边缘的中心
2	vbBSDash	虚线，当 BorderWidth 为 1 时有效
3	vbBSDot	点线，当 BorderWidth 为 1 时有效
4	vbBSDashDot	点划线，当 BorderWidth 为 1 时有效
5	vbBSDashDotDot	双点划线，当 BorderWidth 为 1 时有效
6	vbBSInsideSolid	内收实线，边框的外边界就是形状的外边缘

可以用 BorderColor 属性设置直线的颜色。但当 BorderStyle 属性为"0"(透明)时，将忽略 BorderColor 属性的设置值。利用 Line 控件的 X1、Y1、X2、Y2 属性可以设置直线的起点和终点。

例 9-17　设计一个简单的秒表。单击"开始"按钮开始旋转秒针，单击"停止"按钮停止旋转。

(1)应用程序界面设计。在窗体上添加 1 个图片框 Picture1，在 Picture1 中用 Shape 控件画一个圆，用 Line 控件画一条直线作为秒针，名称为 Line1。界面如图 9-27 所示。运行时，单击"开始"按钮(Command1)秒针开始旋转，单击"停止"按钮(Command2)停止旋转，如图 9-28 所示。

(2)编写如下代码：

```
Dim arph                              ' 秒针旋转角度
Private Sub Command1_Click()
    Timer1.Enabled = True             ' 启动定时器
```

```
End Sub
Private Sub Command2_Click()
    Timer1.Enabled = False                    ' 关闭定时器
End Sub
Private Sub Form_Load()
    Timer1.Enabled = False                    ' 关闭定时器
    Timer1.Interval = 1000                    ' 设定时间为 1 秒
    Picture1.Scale (-1, 1)-(1, -1)            ' 定义图片框坐标系
    Line1.X1 = 0: Line1.Y1 = 0                ' 将秒针的起点移动到原点
    Line1.X2 = 0: Line1.Y2 = 0.7              ' 将秒针的另一端移动到正上方
    arph = 0                                  ' 旋转角度为 0
End Sub
Private Sub Timer1_Timer()
    arph = arph + 3.1415926 / 30              ' 旋转角度增加 6°
    ' 以下语句将秒针的另一端移动到旋转后的位置
    Line1.Y2 = 0.7 * Cos(arph)
    Line1.X2 = 0.7 * Sin(arph)
End Sub
```

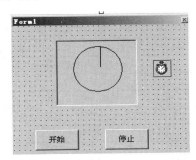

图 9-27　秒表界面图

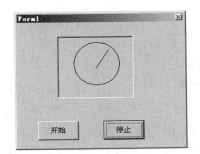

图 9-28　秒表旋转图

3. Shape 控件

Shape（形状）控件用于在窗体、框架、图片框等控件中绘制常见的几何图形。通过设置 Shape 控件的 Shape 属性可以画出多种图形。表 9-16 是 Shape 属性的几种设置值。

表 9-16　Shape 控件的 Shape 属性取值表

取值	常量	形状说明
0（缺省值）	VbShapeRectangle	矩形
1	VbShapeSquare	正方形
2	VbShapeOval	椭圆形
3	VbShapeCircle	圆形
4	VbShapeRoundedRectangle	圆角矩形
5	VbShapeRoundedSquare	圆角正方形

例 9-18　显示 Shape 控件的 6 种形状，如图 9-29 所示。

```
Private Sub Form_Activate()
    Dim i As Integer
    Shape1(0).Shape = 0: Shape1(0).FillStyle = 2
```

```
For i = 1 To 5
    Load Shape1(i)
    Shape1(i).Left = Shape1(i - 1).Left + 750
    Shape1(i).Shape = i
    Shape1(i).FillStyle = i + 2
    Shape1(i).Visible = True
Next i
End Sub
```

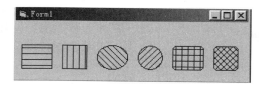

图 9-29　显示 Shape 控件的 6 种形状

9.7.4　图形方法

常用的图形方法及其作用如表 9-17 所示。

1. Cls 方法

语法格式为：

[对象.] Cls

说明：Cls 方法用于清除对象中生成的图形和文本，将光标复位，即移动到原点。而设计时在窗体中使用 Picture 属性设置的背景位图和放置的控件不受 Cls 影响。若想清除绘图区重画，可以使指定的绘图区以背景色（BackColor）重画。

表 9-17　图形方法

方法	作　　用
Cls	清除所有图形和 Print 的输出
Line	画线或画矩形
Circle	画圆、椭圆、圆弧、扇形
Pset	画点、设置各像素点的颜色
Point	返回指定点的 RGB 颜色

注意：调用 Cls 之后，对象名的 CurrentX 和 CurrentY 属性复位为 0。Cls 方法的使用与 AutoRedraw 属性设置有很大关系，如果调用 Cls 之前，AutoRedraw 属性设置为 False，则 Cls 不能清除在 AutoRedraw 属性设置为 True 时产生的图形和文本；如果调用 Cls 之前，AutoRedraw 属性设置为 True，则 Cls 可以清除所有运行时产生的图形和文本。

2. Line 方法

Line 方法可以在对象上的两点之间画直线或矩形。语法格式为：

[对象.]Line [Step][(x1,y1)]-[Step](x2,y2)[[,颜色][,B[F]]]

说明：

（1）"对象"可以是窗体、图片框等，默认为当前窗体。

（2）(x1,y1) 为可选项，是线段或矩形的起点坐标。如果省略，起点位于由 CurrentX 和 CurrentY 指示的位置。ScaleMode 属性决定了使用的度量单位。(x2,y2) 为必选项，是直线或矩形的终点坐标。(x1,y1) 和 (x2,y2) 是直线的起点坐标和终点坐标，或矩形对角线上两点的坐标。Step 参数表示(x,y)相对于当前坐标点的坐标。B 参数为可选项，如果选择 B，则以 (x1,y1) 为左上角坐标、(x2,y2) 为右下角坐标画出矩形。

(3)颜色为可选项，为长整型数，设置直线或矩形的颜色。如果省略，则使用 ForeColor 属性值。可用 RGB 函数或 QBColor 函数指定颜色。F 参数规定矩形以矩形边框的颜色填充，只有在选择了 B 参数时才有效。如果不用 F 仅用 B，则矩形用当前的 FillColor 和 FillStyle 填充。FillStyle 的缺省值为 transparent。

(4)画线时，前一条线的终点就是后一条线的起点。线的宽度取决于 DrawWidth 属性值。在背景上画线和矩形的方法取决于 DrawMode 和 DrawStyle 属性值。执行 Line 方法后，CurrentX 和 CurrentY 属性被参数设置为终点。

例 9-19　用 Line 方法在窗体上绘制一个把一个半径为 r 的圆周等分为 n 份，然后用直线将这些点两两相连的艺术图案，结果如图 9-30 所示。

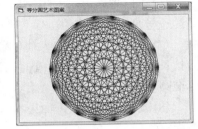

图 9-30　例 9-19 艺术图案

分析：在圆心为 (0,0)、半径为 r 的圆周上的第 i 个等分点坐标为，$x_i=r\cos(i\alpha)$，$y_i=r\sin(i\alpha)$，其中 α 为等分角。如果圆心为 (x_0,y_0)，则 x_i 和 y_i 分别平移 x_0、y_0，即 $x_i=r\cos(i\alpha)+x_0$，$y_i=r\sin(i\alpha)+y_0$。

点 (x_i,y_i) 到圆周上的点 (x_j,y_j) 的连线为 Line (x_i,y_i)-(x_j,y_j)。要使圆周上所有的等分点两两相连，在选定 (x_i,y_i) 后，只需要将该点与它后面的各点相连即可。可以通过循环控制改变 j 的值，可画出点 (x_i,y_i) 到圆周上的点 (x_j,y_j) 的连线。再用一个外循环改变 i 的值，即可将圆周上的等分点两两相连。

窗体 Form1 的 Load 事件过程如下：

```
Private Sub Form_Load()
    Dim r, xi, y1i, xj, yj, x0, y0, dfj As Single
    n = InputBox("请输入等分数，输入后单击"确定"或按回车键","请输入")  ' 等分圆周 n 份
    Form1.Show
    r = Form1.ScaleHeight / 2                           ' 圆的半径
    x0 = Form1.ScaleWidth / 2                            ' 圆心
    y0 = Form1.ScaleHeight / 2
    dfj = 3.1415926 * 2 / n                              ' 等分角
    For i = 1 To n - 1                                   ' 选择画线起始点
        xi = r * Cos(i * dfj) + x0
        yi = r * Sin(i * dfj) + y0
        For j = i + 1 To n
            xj = r * Cos(j * dfj) + x0                   ' 选择画线终止点
            yj = r * Sin(j * dfj) + y0
            Line (xi, yi)-(xj, yj)                       ' 等分点连线
        Next j
    Next i
End Sub
```

3．Circle 方法

Circle 方法用于在对象上绘制圆、椭圆、扇形等。语法格式为：

[对象.] Circle[Step](x,y),<半径>,[< 颜色>],[<起始角>],[<终止角>],[<纵横比>]

说明：

(1)对象可以是窗体、图片框等，若缺省默认为当前窗体。

(2)(x,y)是圆、椭圆和圆弧的圆心坐标。对象的 ScaleMode 属性决定使用的度量单位。

(3)Step 参数表示(x,y)是相对于当前坐标点的坐标。

(4)半径是圆和圆弧半径的长度，或是椭圆的长半轴的长度。对象的 ScaleMode 属性决定了使用的度量单位。

(5)起始角是圆弧的起点的角度($-2\pi \sim 2\pi$)。起点的缺省值为 0。终止角是圆弧的终止点的角度($-2\pi \sim 2\pi$)。终点的缺省值为 2π。正数画弧，负数画扇形。

(6)可以省略语法中间的某个参数，但不能省略分隔参数的逗号，指定的最后一个参数后面的逗号是可以省略的。

(7)纵横比是椭圆的纵轴和横轴长度之比，不能为负数。当纵横比>1 时，椭圆沿垂直方向拉长；当纵横比<1 时，椭圆沿水平方向拉长。纵横比的缺省值为 1.0，在屏幕上产生一个标准圆(非椭圆)。

(8)颜色为可选项，如果省略，则使用 ForeColor 属性值。可用 RGB 函数或 QBColor 函数指定颜色。

(9)Circle 执行后，CurrentX 和 CurrentY 属性被参数设置为中心点。

例 9-20   用 Circle 方法在窗体上绘图，将一个半径为 r 的圆周等分为 n 份，以这 n 个等分为圆心，以半径 r1 绘制 n 个圆的艺术图案。结果如图 9-31 所示。

```
Private Sub Form_Load()
    Const pi = 3.1415926
    Dim r, r1, x, y, x0, y0, sp
    n = InputBox("")                    ' 输入圆周上的等份数
    Form1.Show
    r = Form1.ScaleHeight / 4           ' 圆的半径
    r1 = 0.9 * r
    x0 = Form1.ScaleWidth / 2           ' 圆心
    y0 = Form1.ScaleHeight / 2
    sp = pi / n                         ' 等分圆周为 n 份
    For i = 0 To 2 * pi Step sp         ' 循环绘制圆
        x = r * Cos(i) + x0
        y = r * Sin(i) + y0
        Circle (x, y), r1               ' 等分点连线
    Next i
End Sub
```

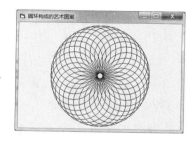

图 9-31   例 9-20 艺术图案

4. Pset 方法

PSet 方法用于在对象的指定位置(x, y)，按指定的像素颜色画点。语法格式为：

[对象.] PSet[Step] (x,y) [,颜色]

说明：

(1)对象可以是窗体、图片框等，默认为当前窗体。Step 为可选的关键字，指定相对于由 CurrentX、CurrentY 属性提供的当前图形位置的坐标。

(2)(x,y) 为必需的一对 Single(单精度浮点数)，设置点的水平(X 轴)和垂直(Y 轴)点的坐标。

(3)颜色为可选的长整型数，为该点的指定颜色。如果省略，则使用当前的 ForeColor 属性值。可用 RGB 函数或 QBColor 函数指定颜色。

在 Visual Basic 中绘制数学函数曲线多数采用 PSet 方法。

例 9-21 用 Pset 方法在自定义的坐标系中绘制–2π～2π 之间的余弦曲线。结果如图 9-32 所示。

```
Private Sub Form_Click()
    Form1.Scale (-8, 2)-(8, -2)
    DrawWidth = 2
    Line (-7.5, 0)-(7.5, 0)
    Line (0, 1.9)-(0, -1.9)
    CurrentX = 7.5: CurrentY = 0.2: Print "X"
    CurrentX = 0.2: CurrentY = 1.9: Print "Y"
    For i = -7 To 7
        Line (i, 0)-(i, 0.1)
        CurrentX = i - 0.1: CurrentY = -0.08: Print i
    Next i
    For x = -6.283 To 6.283 Step 0.01
        yy = Cos(x)
        PSet (x, yy)
    Next x
    CurrentX = 5: CurrentY = 1.4: Print "y=cos(x)"
End Sub
```

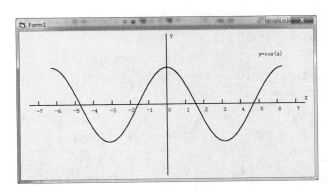

图 9-32 余弦曲线

5. Point 方法

Point 方法按照长整型数，返回在窗体或图片框上指定位置处的 RGB 颜色。语法格式为：

```
[对象名.] Point (x,y)
```

说明：

(1)对象可以是窗体、图片框等，默认为当前窗体。

(2)(x,y)是指定点的坐标，如果由(x,y)坐标所引用的点位于对象之外，Point 方法将返回–1(True)。

习　题

一、选择题

1. 对于 KeyDown、KeyUp、KeyPress 等 3 个事件，光标在 Text1 文本框中，每输入一个字母（　　）。

  A．3 个事件都会触发   B．只触发 KeyPress 事件

  C．只触发 KeyDown、KeyUp 事件 D．不会触发其中任何一个事件

2. 在窗体上添加一个名称为 TxtA 的文本框，然后编写如下事件过程：

```
Private Sub TxtA_KeyPress(keyAscii As Integer)
    ……
End Sub
```

若焦点位于文本框中，则能够触发 KeyPress 事件的操作是（　　）。

  A．单击鼠标   B．双击文本框

  C．鼠标滑过文本框   D．按下键盘上的某个键

3. 设窗体上有一个名为 Text1 的文本框，并编写如下程序：

```
Private Sub Form_Load()
    Show
    Text1.Text = ""
    Text1.SetFocus
End Sub
Private Sub Form_MouseUp(Button As Integer, Shift As Integer, X As Single, Y As Single)
    Print "程序设计"
    End Sub
    Private Sub Text1_KeyDown(KeyCode As Integer, Shift As Integer)
      Print "Visual Basic";
  End Sub
```

程序运行后，如果在文本框中输入字母 a，然后单击窗体，则在窗体上显示的内容是（　　）。

  A．Visual Basic   B．程序设计

  C．Visual Basic 程序设计   D．a 程序设计

4. 以下叙述中错误的是（　　）。

  A．KeyPress 事件过程不能识别键盘的按下与释放

  B．KeyPress 事件过程不能识别回车键

  C．KeyDown 和 KeyUp 事件过程中，将键盘输入的 A 和 a 视作相同的字母

  D．KeyDown 和 KeyUp 事件过程中，从大、小键盘上输入的 1 被视作不同的字符

5. 窗体的 MouseDown 事件过程

`Form_MouseDown (Button As Integer, Shift As Integer, X As Single, Y As Single)`

有 4 个参数，关于这些参数，正确的描述是（　　）。

  A．通过 Button 参数判定当前按下的是哪一个鼠标键

  B．Shift 参数只能用来确定是否按下 Shift 键

    C. Shift 参数只能用来确定是否按下 Alt 和 Ctrl 键

    D. 参数 x、y 用来返回鼠标当前位置的坐标

6. 下列关于菜单的说法中，错误的是（   ）。

    A. 每个菜单项都是一个控件，与其他控件一样，也有其属性和事件

    B. 除了 Click 事件以外，菜单项不可以响应其他事件

    C. 菜单项的索引号可以不连续

    D. 菜单项的索引号必须从 1 开始

7. 假定有一菜单项名为 MenuItem，为了在运行时使该菜单项失效(变灰)，应使用的语句是（   ）。

    A. MenuItem.Enabled=False   B. MenuItem.Enabled=True

    C. MenuItem.Visuble=False   D. MenuItem.Visuble=True

8. 用菜单编辑器设计菜单时，必须输入的项是（   ）。

    A. 快捷键   B. 标题   C. 索引   D. 名称

9. 以下说法正确的是（   ）。

    A. 任何时候都可以使用"工具"菜单下的"菜单编辑器"打开菜单编辑器

    B. 只有当某个窗体为当前活动窗体时，才能打开菜单编辑器

    C. 只有当代码窗口为当前活动窗口时，才能打开菜单编辑器

    D. 任何时候都可以使用标准工具栏的"菜单编辑器"按钮打开菜单编辑器

10. 关于 Visual Basic 的菜单设计叙述正确的是（   ）。

    A. Visual Basic 的菜单也是一个控件，存在于 Visual Basic 的工具箱中

    B. Visual Basic 的菜单也具有外观和行为的属性

    C. Visual Basic 的菜单设计是在"菜单编辑器"中进行的，它不是一个控件

    D. 菜单的属性也是在"属性"窗口中设置的

11. 设已经在菜单编辑器中建立了窗体的快捷菜单，其顶级菜单为 a1，且取消其"可见"属性。运行时，以下（   ）事件过程可以使快捷菜单的菜单项响应鼠标左键单击和右键单击。

```
A. Private Sub Form_Mouse_Down(Button As Integer,Shift As Integer,
                               X As Single,Y As Single)
       If Button=2 then PopupMenu a1,2
   End Sub
B. Private Sub Form_Mouse_Down(Button As Integer,Shift As Integer,
                               X As Single,Y As Single)
       PopupMenu a1,0
   End Sub
C. Private Sub Form_Mouse_Down(Button As Integer,Shift As Integer,
                               X As Single,Y As Single)
       PopupMenu a1
   End Sub
D. Private Sub Form_Mouse_Down(Button As Integer,Shift As Integer,
                               X As Single,Y As Single)
       If (Button=vbLeftButton) Or (Button=vbRightButton) then PopupMenu a1
   End Sub
```

12. 使用通用对话框之前要先将（   ）添加到工具箱中。

    A. ActiveX   B. CommonDialog   C. File   D. Open

13. 通用对话框中，"打开"对话框的作用是（　　）。

　　A．选择某个文件并打开文件　　　　　　B．选择某一个文件但不能打开文件

　　C．选择多个文件并打开这些文件　　　　D．选择多个文件但不能打开这些文件

14. 在窗体上建立一个通用对话框，其名称为 CommonDialog1，用下面的语句可以建立一个对话框：

```
CommonDialog1.Action=2
```

与该语句等价的语句是（　　）。

　　A．CommonDialog1.ShowOpen　　　　　B．CommonDialog1.ShowSave

　　C．CommonDialog1.ShowColor　　　　　D．CommonDialog1.ShowFont

15. 在窗体上绘制一个名称为 CommonDialog1 的通用对话框，一个名称为 Command1 的命令按钮。然后编写如下事件过程：

```
Private Sub Command1_Click()
    CommonDialog1.FileName=""
    CommonDialog1.Filter="All File|*.*|(*.Doc)|*.Doc|(*.Txt)|*.Txt"
    CommonDialog1.FilterIndex=2
    CommonDialog1.DialogTitle="Visual BasicTest"
    CommonDialog1.Action=1
End Sub
```

对于这个程序，以下叙述中错误的是（　　）。

　　A．该对话框被设置为"打开"对话框

　　B．在该对话框中指定的默认文件名为空

　　C．该对话框的标题为 Visual BasicTest

　　D．在该对话框中指定的默认文件类型为文本文件(*.Txt)

16. 以下属性和方法中，可重新定义坐标系的是（　　）。

　　A．DrawStyle 属性　　　B．DrawWidth 属性　　　C．Scale 方法　　　D．ScaleMode 属性

17. 当使用 Line 方法画直线后，当前坐标是（　　）。

　　A．(0,0)　　　　　　　B．直线起点　　　　　　C．直线终点　　　　　D．容器的中心

18. 执行语句"Circle (1000,1000),500,8,-6,-3"，将绘制一个（　　）。

　　A．圆　　　　　　　　B．椭圆　　　　　　　　C．圆弧　　　　　　　D．扇形

19. 在图片框或图像框装入图形，使用的函数是（　　）。

　　A．PictureLoad　　　　B．LoadPicture　　　　C．LoadImage　　　　D．ImageLoad

二、填空题

1. 弹出式菜单在_____中设计，且一定要使其_____层菜单项不可见；要显示弹出式菜单，可以使用_____方法。

2. 为了建立一个"字体"对话框，需要把通用对话框的_____属性设置为_____，其等价的方法是_____。

3. 菜单控件只包括一个_____事件。

4. 设置状态栏控件的_____属性可以改变状态栏在窗体上的位置。

5. 要使用工具栏控件设计工具栏，应首先在"部件"对话框中选择_____，然后从工具箱中选择控件。

6. 在用手工方式设计工具栏时，可以设置工具按钮的_____属性为其添加功能提示。

7. ProgressBar 控件的_____、_____、_____属性相互配合，实现显示进展情况。

8. CommonDialog 控件是属于_____的一个组件。

9. 打开通用对话框的"另存为"对话框要使用_____方法。

10. 在文件对话框中，FileName 和 FileTitle 属性的主要区别是_____。

上 机 实 验

[实验目的]

1. 掌握键盘鼠标事件；

2. 掌握菜单设计的方法；

3. 掌握使用通用对话框进行编程的方法；

4. 掌握工具栏、滚动条的设计与使用；

5. 掌握图形操作中的坐标系、图形控件，以及图形方法的编程技术。

[实验内容]

1. 使用 Clipboard 对象可以实现对 Windows 剪贴板的操作。用 ToolBar 控件制作一个工具栏，工具栏上有 3 个命令按钮"复制""剪切""粘贴"。各按钮的功能为："复制"将 Text1 中选择的文本复制到剪贴板上；"剪切"将 Text1 中选择的文本剪切到剪贴板上；"粘贴"将剪贴板上的文本插入 Text2 的光标位置处。阅读下面程序，将程序补充完整。

```
Private Sub ToolBar_____(ByVal Button As MSComctLib.Button)
    L1=Len(Text1.Text)
    L2=Len(Text2.Text)
    Select Case _____
            Case 1          ' 复制
                Clipboard.Clear
                Clipboard._____Text1.SelText
            Case 2          ' 剪切
                Clipboard.Clear
                Clipboard._____Text1.SelText
                Text1.Text=Left(Text1.Text,Text1.SelStart) & _
                    Right(Text1.Text,L1-Text1.SelStart-Text1.SelLenghth)
            Case 3          ' 粘贴
                S1= Clipboard.GetText
                Text2.Text=_____
        End Select
End Sub
```

2. 为文本框增加一个弹出式菜单，该菜单中包含"红色""蓝色""绿色"3 个选项，单击相应的选项后可以改变文本框中文字的颜色。

3. 在窗体上绘制 1 个文本框和 3 个命令按钮，在文本框中输入一段文字，然后实现以下的操作：

(1)通过"字体"对话框把文本框中文本字体属性设置为黑体，字体样式设置为斜体，字体大小设置为 24。

(2)通过"颜色"对话框把文本框中文字的前景色设置为黄色。

(3)通过"颜色"对话框把文本框中文字的背景色设置为蓝色。

4．设计一个简易工具栏，通过工具栏中的按钮可以改变文本框中字体的大小。假设工具栏提供 10、20、30、40 四个按钮。

5．利用通用对话框控件设计一个应用程序，用户界面如图 9-33 所示。要求如下：

(1)单击"打开"按钮，弹出"打开文件"对话框，其默认路径为"D:\"，默认列出的文件扩展名为 .bas。用户选定路径及文件名后，该路径与文件名显示在窗体的文本框中。

(2)单击"字体"按钮，弹出"字体"对话框，利用该对话框设置文本框中文字的字体、字型与字号。

6．编写如图 9-34 所示的利息计算程序，当通过滚动条改变本金、月份或年利率时，能够立即计算出利息及本息合计的金额。

图 9-33　第 5 题的设计界面

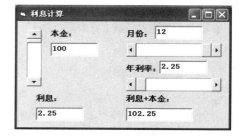

图 9-34　第 6 题利息计算界面

7．参照例 9-21，绘制 $-2\pi \sim 2\pi$ 的正弦和余弦图形，并用不同颜色标识。

8．参照例 9-20，绘制彩色艺术图案。

第 10 章　Visual Basic 数据库应用

内容提要　数据库系统是计算机系统的重要组成部分。Visual Basic 不仅引入了功能强大的 ADO（Active Data Object）技术作为存取数据的标准，还提供了数据环境设计器，使得数据库编程更为灵活、简便。

本章重点　理解数据库的基本概念，掌握 Visual Basic 可视化数据管理器的用法，熟练掌握 Visual Basic 访问数据库的两种工具：DATA 数据控件和 ADO 数据对象以及数据环境与报表设计器。

10.1　数据库概述

10.1.1　数据库的基本概念

数据库按其结构可分为层次数据库、网状数据库和关系数据库。其中关系数据库是应用最广泛的一种数据库。

1. 基本概念

关系数据库是以关系模型为基础的数据库，其实质就是一个二维数据表（Table），也称为关系表。数据表通常用于描述某个实体，每个表有一个表名，例如表 10-1 和表 10-2 就是学生的学籍表与成绩表。

表 10-1　学籍表

学号	姓名	性别	班级	年龄
20031101	程丽芳	女	甲班	18
20032102	洪　冲	男	乙班	20
20032103	王自力	男	乙班	19

表 10-2　成绩表

学号	语文	数学	外语
20031101	95	83	84
20032102	89	76	65
20032103	58	88	45

数据表是由多行多列构成的数据集合，每一列称为一个字段（Field），它对应表格中的数据项，每个数据项的名称称为字段名，如"学号""性别"等都是字段名。每个字段必须具有相同的数据类型，字段的取值通常描述实体在某个方面的属性。

数据表中的每一行称为一个记录（Record），它是字段值的集合，如表 10-1 中总共有 3 条记录。为了便于指示当前正在操作的记录，系统为每一个数据表都设置了一个记录指针，当在表中操作时，记录指针会随着移动。记录指针指向的记录称为当前记录，即当前正在操作的记录。

如果表中某个字段值能唯一地确定一条记录，则称该字段为候选关键字。一张表中可能存在多个候选关键字，可以选定其中一个作为主关键字，主关键字也称主键。例如表 10-1 中，学号可以唯一地确定一条记录，所以选用"学号"字段作为该表的主键。在数据表中规定，主键的值必须是唯一的，而且不能为空值(Null)。

为了提高数据检索的速度，可将数据表中的记录按照某个字段的值顺序排列，这就是给数据表设置索引。索引就像书的目录一样，根据目录可以很快找到想阅读的内容，而数据表根据索引，就可以非常迅速地找到指定的记录。

数据库(DataBase)是一个由若干数据表组成的数据集合。

2. 建立数据库

Visual Basic 可以访问多种形式的关系数据库，其默认的数据库类型是 Microsoft Access 数据库(扩展名为.mdb)。可视化数据管理器(Visual Data Manager)是 Visual Basic 提供的一个非常实用的工具程序，用它可以方便地建立数据库、数据表，以及查询数据，其操作界面如图 10-1 所示。

1) 建立数据库

(1) 在可视化数据管理器窗口中，选择"文件"→"新建"命令。在弹出的菜单中列出了 Visual Basic 可以创建的数据库类型。

(2) 选择 Microsoft Access 下的 Version 7.0 MDB，弹出"选择要创建的 Microsoft Access 数据库"对话框。

(3) 输入要创建的数据库文件名，如 student.mdb，并单击"保存"按钮，系统将弹出以 student.mdb 为标题的窗口，窗口内部又包含了"数据库窗口"和"SQL 语句"窗口，显示界面如图 10-2 所示。

图 10-1　可视化数据管理器

图 10-2　"数据库窗口"和"SQL 语句窗口"

"数据库窗口"中以树型结构显示数据库中所有的对象，可以右击窗口激活快捷菜单，执行"新建表""刷新列表"等命令。

"SQL 语句"窗口用来输入、执行和保存 SQL 语句。

在新建的数据库窗口中，只有数据库属性表(Properties)，并不存在任何数据表，而数据库中包含的数据表，需要用户自己添加。

2) 创建数据表

创建数据表时必须定义表结构。表结构包括各个字段的名称、类型、长度等信息。下面以表 10-1 和表 10-2 为基础，在数据库中建立数据表。表 10-3 和表 10-4 分别描述了学籍表和成绩表的结构信息。

表 10-3　学籍表结构

字段名称	学号	姓名	性别	班级	年龄
类　型	Text	Text	Text	Text	Integer
长　度	8	8	2	4	2

表 10-4　成绩表结构

字段名称	学号	语文	数学	外语
类　型	Text	Integer	Integer	Integer
长　度	8	3	3	3

在已建立的数据库中添加数据表的操作步骤如下：

(1)在"数据库窗口"中右击鼠标，在快捷菜单中选择"新建表"命令，系统弹出如图 10-3 所示的"表结构"对话框。

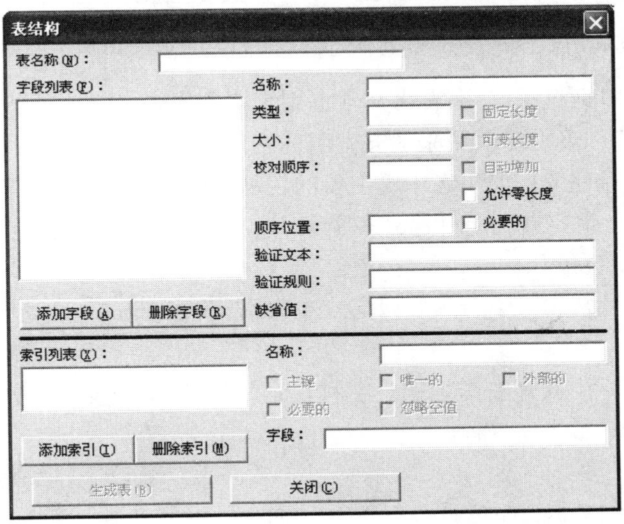

图 10-3　"表结构"对话框

(2)在"表结构"对话框中，可输入新表的名称并添加字段，也可从表中删除字段，还可以添加索引或删除索引。在"表名称"文本框中输入"学籍表"作为表名后，再单击"添加字段"按钮，系统弹出如图 10-4 所示的"添加字段"对话框。

(3)在"添加字段"对话框中，依次输入各个字段的"名称""类型"和"大小"等信息。

"固定长度"和"可变长度"只对 Text 类型的字段起作用，表示字段的长度是否固定；"允许零长度"表示是否允许零长度字符串为有效字符串；"必要的"是指字段是否要求非空(Null)值；"顺序位置"确定字段的相对位置；"验证文本"是用户输入的字段值无效时显示的提示信息；"验证规则"确定添加符合什么条件的数据；"缺省值"指定输入记录时字段的默认值。

(4)输入完一个字段的上述信息后，单击"确定"按钮，继续添加数据表中的其他字段信息。

（5）当所有字段添加完成后，单击"关闭"按钮，返回"表结构"对话框。再单击"生成表"按钮完成表结构的设计。

用上述步骤，分别建立了"学籍表"和"成绩表"的基本结构。

3）建立索引

为了提高数据检索速度，可根据需要为数据表创建索引。创建索引的方法是在"表结构"对话框中单击"添加索引"按钮，打开"添加索引"对话框，如图 10-5 所示。

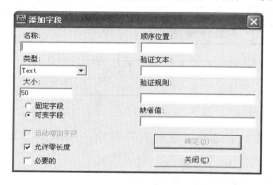

图 10-4　"添加字段"对话框

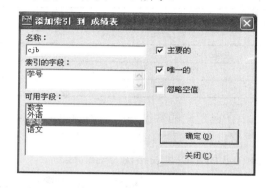

图 10-5　"添加索引"对话框

在"添加索引"对话框中，"名称"文本框用来输入索引名称，每一个索引都有一个唯一的名称；"可用字段"列表框提供用来建立索引的字段，一个索引可以由一个字段建立，也可以通过多个字段的组合建立；如果选中"主要的"复选框，表示当前正在创建的是"主索引"（Primary Index），在一个数据表中可建立多个索引，但主索引只能有一个；"唯一的"复选框用来设置字段不出现重复的数据；"忽略空值"复选框表示搜索时将忽略空值记录。现在，可以给学籍表和成绩表分别用"学号"字段建立主索引 xjb 和 cjb。

4）表结构的修改

在数据库窗口中，用鼠标右击数据表名称，从快捷菜单中选择"设计"命令，可以修改或者打印表结构。

5）记录的操作

数据表结构建立完成后，应该是一个空表，可向数据表中添加记录。单击可视化数据管理器窗口工具栏上的"表类型记录集"按钮和"在窗体上不使用 Data 控件"按钮，再从"数据库窗口"中选择准备添加数据的表名，在它的快捷菜单中选择"打开"命令，系统将打开数据记录操作窗口，如图 10-6 所示。单击"添加"按钮，打开记录添加窗口，可输入数据记

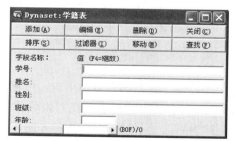

图 10-6　数据记录操作窗口

录。记录输入完毕后单击"更新"按钮返回记录操作窗口。单击"编辑"按钮后能够对记录进行修改操作，编辑完毕后单击"更新"按钮保存对数据的编辑更新操作。使用记录移动滚动条，找到准备删除的数据记录后单击"删除"按钮，可删除记录。

6）查询

有时用户需要从数据库中检索出某些符合条件的记录，得到的结果又组成新的数据集合，这个数据集合称为查询。查询的结果是一个数据表，它可以作为数据库操作的数据源。

　　"查询生成器"是一个用来构造查询的表达式生成器，可以用它来生成、查看、执行和保存查询。使用"查询生成器"生成一个查询的步骤为：

　　(1)打开准备建立查询的数据库和可视化数据管理器，选择"实用程序"菜单中的"查询生成器"命令，系统弹出"查询生成器"对话框，如图 10-7 所示。在"表"列表框中列出了该数据库包含的所有数据表。

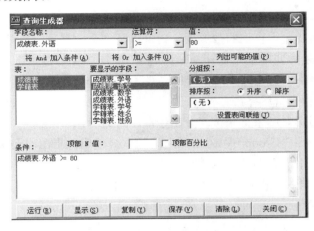

图 10-7　"查询生成器"对话框

　　(2)在"表"列表框中，单击要建立查询的数据表，该表中的所有字段将出现在"要显示的字段"框中，在该框中选择所有要在查询运行时显示的字段名。

　　(3)在对话框上部有"字段名称""运算符"和"值"3 个下拉列表框，它们用于构成数据表的查询关系表达式。在"字段名称"列表框中选择一个字段名，在"运算符"列表框中选择一个关系运算符，在"值"框中输入相应的数值。

　　(4)单击"将 And 加入条件"或"将 Or 加入条件"按钮，将条件表达式依次添加到"条件"文本框中。查询条件表达式可以由多个条件组合而成。

　　(5)条件设定后，单击"运行"按钮查看结果。在运行时弹出的询问对话框中，系统会提问"这是 SQL 传递查询吗？"时，单击"否"按钮。

　　(6)如果要保存创建的查询，在"查询生成器"对话框中，单击"保存"按钮，输入查询名称，就能把查询保存到数据库中。

　　例如：在"字段名称"中选择"成绩表.外语"字段，运算符选择">="，"值"文本框中输入"80"，单击"将 And 加入条件"后，条件"成绩表.外语>=80"将出现在"条件"框中。它表示在"成绩表"中查询外语成绩大于等于 80 分的学生信息。

10.1.2　结构化查询语言 SQL

　　SQL(Structure Query Language，结构化查询语言)是一种用于数据库系统查询与编程的语言。SQL 可以进行数据库查询、修改、插入和删除等基本操作。由于 SQL 功能丰富、语言简洁、方式灵活，它已成为一种数据库系统的标准。

　　1. Select 语句

　　Select 语句可以创建一个选择查询，可从现有的数据库中检索出相应的数据，它是最常用的查询方法之一。语法格式为：

```
Select 字段名列表 From 表名 [Where 查询条件] [Group By 分组项] [Having 筛选条件]
                      [Order By 排序字段[ASC|DESC], …]
```

说明：

（1）"字段名列表"指出要在查询结果中包含的字段名，书写格式为"表名.字段名"，要查询表中所有字段时，可用通配符"*"代表。

（2）"表名"指出要进行查询的数据表，它可以是一个数据表，也可以是多个数据表。如为多个数据表，表名之间要用逗号隔开。

（3）"查询条件"指出查询结果应满足的条件，它是一个逻辑表达式。在该表达式内，除了能使用关系运算符和逻辑运算符之外，还可以使用 Between、Like、In 等运算符。

（4）"分组项"指出对结果记录按"分组字段"进行分组。

（5）"筛选条件"与"Group By 分组项"经常联合使用，指出对记录分组筛选的条件。

（6）"排序字段"指出查询结果按某一字段值排序，ASC 表示升序，DESC 表示降序。

例 10-1　从"学籍表"中查询所有"乙班"同学的姓名和年龄信息。

```
Select 学籍表.姓名,学籍表.年龄 From 学籍表 Where 班级="乙班"
```

由于当前只使用了"学籍表"一个数据表，所以姓名与年龄字段前面的表名可以省略。

例 10-2　显示"学籍表"中所有女同学的信息，结果按照年龄的降序排列。

```
Select * From 学籍表 Where 性别="女" Order By 年龄 DESC
```

例 10-3　查询外语成绩不及格的同学的学号、姓名、外语成绩信息。

```
Select 学籍表.学号,学籍表.姓名,成绩表.外语 From 学籍表,成绩表
       Where 成绩表.外语<60 And 学籍表.学号=成绩表.学号
```

在 Select 语句中，还可以使用 Count()、Sum()、Avg()、Max()、Min()等统计函数，用来计算记录个数、计算总和、计算平均值、计算最大值和最小值。

例 10-4　计算每个班级学生的平均年龄。

```
Select 班级,Avg(年龄) From 学籍表 Group By 班级
```

例 10-5　计算数学成绩超过 80 分的学生人数。

```
Select Count(学号)From 成绩表 Where 数学>=80
```

2. Update 语句

Update 语句创建一个更新查询，可按照指定条件修改表中的字段值。语法结构为：

```
Update 表名 Set 字段名=<表达式>[,字段名=<表达式>…] Where 条件
```

说明：Update 语句一次可以更新一个字段，也可以更新多个字段。

例 10-6　在"成绩表"中将学号为"20032103"同学的外语成绩改为 80 分。

```
Update 成绩表 Set 外语=80 Where 学号="20032103"
```

3. Insert 语句

Insert 语句创建一个插入查询，用来向数据表中添加记录。语法结构为：

Insert Into 目标表名(字段 1[,字段 2…]) Value(值 1 [,值 2…])

例 10-7　在"学籍表"中添加一条新记录,其字段值分别为"20031103""李然""女""甲班""19"。

Insert Into 学籍表(学号,姓名,性别,班级,年龄) Value ("20031103","李然","女","甲班"、19)

4. Delete 语句

Delete 语句创建删除查询,按照指定条件从数据表中删除相应的记录。语法格式为:

Delete From 表名 Where 条件

例 10-8　从"学籍表"中将学号为"20031103"的记录删除。

Delete From 学籍表 Where 学号="20031103"

5. Select Into 语句

Select Into 语句用来备份数据表或者将当前表的数据输出到其他数据库。语法格式为:

Select Into 目标表名 From 源表名

例 10-9　将"学籍表"以"学籍表备份"为表名进行备份。

Select Into 学籍表备份 From 学籍表

10.2　DATA 控件

虽然利用可视化数据管理器可以很方便地创建数据库应用程序,但是往往不能满足用户的一些特殊要求。在这种情况下就需要用户自己去设计和处理相关数据库的问题,为此 Visual Basic 提供了多种数据库的操作工具和相关控件。数据控件 DATA 就是其中一种能够快速处理各种数据库操作的标准控件。

10.2.1　常用属性、方法和事件

1. Data 控件的常用属性

(1)Connet 属性:指定 Data 控件所连接的数据库类型,默认为 Access 数据库。

(2)DataBaseName 属性:设置 Data 控件所连接的数据库名称和路径。

(3)RecordSource 属性:设置 Data 控件连接的数据源。它可以是数据表名、查询名或者 SQL 语句。

(4)RecordSetType 属性:设置 Data 控件存放记录集的类型。该属性的值有 3 种情况。

① 0—Table:表类型记录集,包含表中的所有记录,对记录集所进行的增加、删除和修改操作都直接更新数据表中的数据。

② 1—Dynaset:动态集类型记录集,包含来自一个或多个表中记录的集合,对记录集的增加、删除和修改操作都先在内存中进行。

③ 2—Snapshot:快速类型记录集,记录集的数据由表或查询返回的数据组成,只能读取,不能修改。

默认情况下，该属性的值为 1—Dynaset。

（5）BOFaction 属性：Recordset 的记录指针到达开头位置时，该数据控件执行的操作。

（6）EOFaction 属性：Recordset 的记录指针到达结束位置时，该数据控件执行的操作。

（7）ReadOnly 属性：决定控件中的数据是否具有只读属性。

（8）Exclusive 属性：指出 Data 控件的数据库是以单用户还是多用户方式打开，值为 True 时为单用户，值为 False 时为多用户。

2. Recordset 对象的常用属性

程序运行时，Visual Basic 会根据 Data 控件设置的相关属性打开数据库，并创建一个 Recordset 对象。Data 控件对数据的操作是通过 Recordset 对象进行的。Recordset 对象也有其属性和方法，使用这些属性和方法可以直接对数据表中的数据进行操作。Recordset 对象的常用属性如下。

（1）AbsoutePosition 属性：指定 Recordset 对象中当前记录的位置。

（2）BOF、EOF 属性：如果记录指针位于 Recordset 对象的第一个记录之前，则 BOF 值为 True；如果记录指针位于 Recordset 对象的最后一个记录之后，则 EOF 的值为 True。

（3）RecordCount 属性：Recordset 对象中记录的总数。

（4）NoMatch 属性：指定当使用 Find 方法或 Seek 方法进行查询时，是否找到匹配的记录。找不到时值为 True，找到时值为 False。

3. Data 控件和 Recordset 对象的方法

（1）Move 方法：用来在记录集中移动记录指针。包括 MoveFirst（移到第一条记录），MoveLast（移到最后一条记录），MovePrevious（移到上一条记录），MoveNext（移到下一条记录）和 Move [n]（移动 n 条记录，n 为正时表示向后移动，n 为负时表示向前移动）。

（2）AddNew 方法：用来向记录集中添加一条新记录。

（3）Delete 方法：用来删除当前记录。删除后应将记录指针移到其他位置。

（4）Edit 方法：在当前记录内容被修改之前，使当前记录处于编辑状态。

（5）Update 方法：用来更新记录的内容。

（6）Refresh 方法：用来刷新数据控件的记录集内容。当连接数据库的有关属性值发生改变时，可用 Refresh 方法重新打开数据库。

（7）Find 方法：用来在记录集中查找符合条件的记录。如果找到满足条件的记录，将把记录指针指向该记录。Find 方法包括 FindFirst（查找符合条件的第一条记录），FindLast（查找符合条件的最后一条记录），FindPrevious（查找符合条件的上一条记录），FindNext（查找符合条件的下一条记录）。例如，Data1.Recordset.FindFirst "学号= '20031101' "表示查找第一个学号为"20031101"的学生信息。

（8）Seek 方法：用于在表类型的记录中按照索引字段查找符合条件的第一条记录，并使之成为当前记录。在使用 Seek 方法前，必须先打开表的索引。语法格式为：

```
Recordset.Seek 比较字符,关键字1,关键字2…
```

例如：

```
Data1.Recordset.Index="cjb"
```

```
Data1.Recordset.Seek"=","20031101"
```

这两条语句中，前一条是打开索引，后一条是查找学号为"20031101"的学生信息。

4. Data 控件的常用事件

(1) Reposition 事件：当用户单击 Data 控件上某个箭头或者在程序中使用某个 Move 方法或 Find 方法时，在一个新记录成为当前记录之后就会触发该事件。

(2) Validate 事件：当某个记录成为当前记录之前，或在 Update、Delete、Unload、Close 操作之前触发该事件。

10.2.2　用控件显示数据

用 Data 控件可以使应用程序和数据库联系起来，并操作数据库中的数据，但是 Data 控件并不具备显示数据的功能，因此它必须与具有显示功能的控件(如文本框、标签、列表框等)结合起来才能完成数据的显示、编辑等功能。Visual Basic 中专门提供了一些实现同 Data 控件相连接的、具有数据感知功能的控件，而这些控件用来显示数据库记录集中的数据，所以被称为数据绑定控件。Data 控件能够方便地通过相关属性与数据源连接，而数据绑定控件也是通过相关属性"绑定"到 Data 控件上，实现与数据库的连接，用于数据的显示、编辑、查询等操作。绑定控件中的数据显示与操作结果始终与数据库保持实时一致。

数据绑定控件有两个主要属性：DataSource 和 DataField 属性。DataSource 属性用于指定数据控件名，而 DataField 属性用于指定作为数据绑定控件所要显示的字段名称。在设置了 DataSource 和 DataField 属性之后，当用户用该控件在 Recordset 中访问数据记录时，该数据绑定控件就会自动显示出指定字段的内容。

例 10-10　用前面建立的学生数据库，设计一个简单的"学籍管理系统"。

(1) 创建应用程序界面与设置对象属性：新建一个工程文件，在窗体上添加 1 个 Data 控件，5 个命令按钮(Command1～Command5)，5 个标签(Label1～Label5)和 5 个文本框(Text1～Text5)。每个控件的属性设置如表 10-5 所示。

表 10-5　例 10-10 中控件属性设置

控件名称	属性名称	属 性 值	说　明
Data1	Align	2-AlignBottom	位于窗体底端
	Connet	Access	Access 数据库
	DataBaseName	Student.mdb	
	RecordSetType	1-Dynaset	动态集类型记录集
	RecordSource	学籍表	
Text1 Text5	DataSource	Data1	
	DataField	分别为学号、姓名、性别、班级和年龄	

(2) 编写程序代码。

```
Private Sub Data1_Reposition()
    Data1.Caption = "第" & Data1.Recordset.AbsolutePosition + 1 & "个记录"
End Sub
Private Sub Data1_Validate(Action As Integer, Save As Integer)
    If Save = True Then
```

```
        y = MsgBox("要保存更改的内容吗？", vbYesNo, "保存记录")
        If y = vbNo Then
          Save = False
          Data1.UpdateControls                    ' 恢复原来的值
        End If
      End If
    End Sub
    Private Sub Command1_Click()                  ' 添加新记录
        Data1.Recordset.MoveLast
        Data1.Recordset.AddNew
    End Sub
    Private Sub Command2_Click()                  ' 编辑记录
        Data1.Recordset.Edit
    End Sub
    Private Sub Command3_Click()                  ' 删除记录
        y = MsgBox("要删除该记录吗？", vbYesNo, "删除记录")
        If y = vbYes Then
          Data1.Recordset.Delete
          Data1.Recordset.MoveNext
        End If
    End Sub
    Private Sub Command4_Click()                  ' 查找记录
        s = Trim(InputBox("请输入要查找的学号", "查找记录"))
        xh = "学号='" & s & "'"
        Data1.Recordset.FindFirst xh
        If Data1.Recordset.NoMatch Then
          MsgBox "找不到该学号！"
          Data1.Recordset.MoveFirst
        End If
    End Sub
    Private Sub Command5_Click()        ' 退出
        End
    End Sub
```

程序运行后，结果如图 10-8 所示。

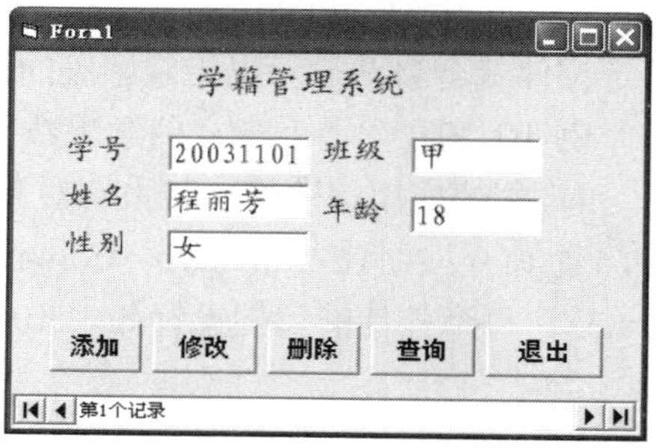

图 10-8 "学籍管理系统"程序运行界面

10.3　ADO 数据对象访问技术

ADO 是数据访问的接口，是数据提供方与使用方的中介，其全称为 ActiveX 数据对象。在任何数据库应用中，如果没有合适的数据访问接口，应用程序就无法进入数据库，无法创建数据源，因此就无法获取所要的数据，无法对数据进行处理。

10.3.1　ADO 对象模型

在 Visual Basic 中，可以使用的数据访问接口有 3 种，即 ActiveX 数据对象（ADO）、远程数据对象（RDO）和数据访问对象（DAO）。Visual Basic 中的数据访问接口是一个对象模型，它代表了访问数据的各个方面，可以在任何 Visual Basic 应用程序中通过编程控制与数据库的连接、建立数据源，对数据进行添加、删除与修改操作。

　　ADO 是目前最新的可编程数据访问对象模型，是基于 OLEDB 而设计的。利用 ADO 对象模型可以简单、快捷、有效地实现数据库的全部操作。OLEDB 是一种通用数据访问概念，可为任何类型的数据源提供高性能、统一的数据访问接口。它可以处理任何类型数据源的数据。由于 ADO 模型是基于 OLEDB 而设计的，所以 ADO 模型适用于任何类型数据源数据的应用开发。

　　1.　ADO 对象模型概述

　　ADO 是一个对象模型，如图 10-9 所示。它是由一组相互独立的对象组成的，对象模型中的每个对象都具有各自的属性、方法和事件。通过使用 ADO 对象的属性和方法，可以实现对数据库的全部操作。ADO 对象模型由 Connection、Command、Recordset、Field、Error 和 Parameter 对象组成。各对象的功能如下：

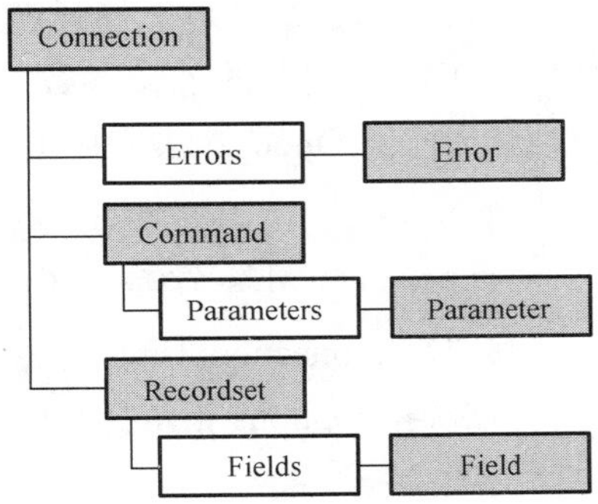

图 10-9　ADO 对象模型

　　(1) Connection 对象用于建立与数据源的连接。

　　(2) Command 对象用于设置访问数据源、进行数据操作所需要的命令。

　　(3) Recordset 对象用于建立和处理记录集(结果集)中的各个记录。

　　(4) Field 对象对应记录集中的各个字段。

　　(5) Error 对象描述访问数据源时所发生的错误。

　　(6) Parameter 对象用于进行参数化查询，经常用它来维护某个命令相关的参数。

　　在使用 ADO 对象模型编程之前，必须引用 ADO 对象模型。引用步骤为：选择"工程"菜单中的"引用"命令，在打开的"引用"对话框中选择 Microsoft ActiveX Data Object 2.0 Library 选项。

　　用 ADO 对象模型对数据库中的数据进行操作，主要通过编写程序代码实现。首先用代码创建 ADO 对象模型中的对象；然后用代码与数据库连接、创建数据源、最后用代码执行相应的数据操作命令。

　　2.　Connection 对象

　　Connection 对象用来指定数据源，其对象本身代表与一个数据源的开放连接。在对数据库操作之前，必须创建 Connection 对象，建立与数据库的连接。

　　1) Connection 对象属性

　　Connection 对象的属性主要用于描述和配置与数据源的连接特性。因此，在创建一个 Connection 对象建立与数据源的连接之前必须设置相关的属性。其主要属性如下。

　　(1) ConnectionString 属性：用于设置连接字符串，定义或返回连接到数据源的相关信息。该属性在连接建立之前是可以修改的，一旦连接建立好之后，则为只读。

　　例如，Dim adoCon As ADODB.Connection 和　Set adoCon=New ADODB.Connection 两条语句都能建立与数据源的连接。

（2）ConnectionTimeout 属性：设置建立连接所需要的等待时间。如果为 0，表示无条件等待，直到连接建立。

（3）State 属性：表示当前与数据源连接的状态，是打开还是关闭。该属性不能被修改，只能读。如果该属性的返回值为 adStateClose，表示对象处于关闭状态；值为 adStateOpen 表示对象处于打开状态；值为 adStateConnecting 表示 Recordset 对象正在连接；值为 adStateExecuting 表示 Recordset 对象正在执行命令。

2）Connection 对象的方法

（1）Open 方法：用于打开连接，真正与数据源建立物理连接。ConnectionString 属性只是配置了与数据源的连接参数，并没有建立真正的物理连接。在配置了 ConnectionString 属性后，使用 Open 方法才真正创建 Connection 对象，并意味着与数据源建立了物理连接。语法格式为：

```
Connection 对象名.Open ConnectionString,UserID,Password,Options
```

其中，ConnectionString 用于设置与数据源连接的字符串信息，UserID 和 Password 表示用户名和密码，Options 指定打开连接方式。例如，下面几条语句能够建立与数据源的物理连接。

```
Dim adoConnection As New ADODB.Connection
adoConnectionString="DSN=vbstu;UID=admin;PWD=12345"
adoConnection.Open
```

（2）Close 方法：关闭一个打开的 Connection 对象。实际上是断开与数据源的连接，释放相关的系统资源。Close 方法仅仅关闭对象，并没有将其从内存中删除，因此关闭后还要用"Set 对象名=Nothing"语句将其从内存中删除。语法格式为：

```
Connection 对象名.Close
```

（3）Execute 方法：执行指定的查询、SQL 语言或存储过程。语法格式为：

```
Set recordset 名=connection 名.Execute(CommandText,[RecordsAffected],[Options])
```

其中，CommandText 描述要执行的操作，可以是 SQL 语句、表名、存储过程；RecordsAffected 表示操作所影响的记录数目。当操作结果为按行的查询结果时，上述语句创建一个记录集，该记录集存储在 recordset 名描述的 Recordset 对象中。

3. Recordset 对象

Recordset 对象代表记录集，表示一个基本表或 SQL 查询的结果集，是由记录和字段构成的。Recordset 对象的主要功能是建立记录集，并支持对记录集中数据的操作。

利用 ADO 技术开发数据库应用系统时，主要利用 Recordset 对象对数据源中的数据进行操作和处理。因此，Recordset 对象是 ADO 对象模型的核心。

1）Recordset 对象的属性

（1）CursorType 属性：用于设置游标类型，控制对记录集的访问方式。不同游标类型决定了对记录集的不同访问及操作方式。

（2）CursorLocation 属性：用于设置游标引擎的位置。若该属性取值为 adUseClient，表示使用本地游标库提供的客户端游标；取值为 adUseServer 时，表示使用数据源提供的服务器端游标；取值为 AdUseNone 时表示没有使用游标服务。

（3）LockType 属性：设置多用户情况下记录集中记录的锁定方式，用于保证各用户之间的操作互不干扰。该属性取值为 adLockReadOnly 时，指定记录集中的记录为只读方式；取值为 adLockPessimistic 时，可保证用户能成功地编辑记录集中的记录，但此时其他用户不能访问；取值为 adLockOptimistic 时，表示只是在使用 Update 方法时，才锁定记录；取值为 adLockBatchOptimistic 时，表示使用批更新模式。

（4）ActiveConnection 属性：用于指定创建的 Recordset 对象所属的 Connection 对象。

在应用程序中可能同时打开多个与不同类型的数据源的连接，创建多个 Connection 对象，每个连接上可能建立各自的记录集，此时 ActiveConnection 属性设定某个 Recordset 对象与它所属的 Connection 对象之间的关联。语句 adorst1.ActiveConnection=adocon1 表示设置 Recordset 对象 adorst1 属于 Connection 对象 adocon1。

（5）Source 属性：设置 Recordset 对象中数据的来源。该属性值可以是 SQL 语句、表名、存储过程或 Command 对象。

（6）MaxRecords 属性：用于限制返回 Recordset 对象记录的最大数量。默认情况下值为 0，表示记录集中包含从数据源返回的满足条件的所有记录。

（7）BookMark 属性：用于设置书签，返回记录集中当前记录的所在位置。在打开 Recordset 对象时，记录集中的每个记录都有唯一的书签，指明其在记录集中的位置。

（8）Filter 属性：用于过滤 Recordset 对象中的记录，它根据条件有选择地打开 Recordset 对象，而不是整个记录集。语法格式为：

```
Recordset 名.Filter=<过滤条件表达式>
```

2）Recordset 对象的方法

Recordset 对象的方法用于操作记录集中的数据，包括浏览、添加、修改、删除等。

（1）Move 方法组：浏览是经常要进行的数据操作，通过浏览可以确定要修改或删除的记录。Recordset 对象有 4 种移动方法：一是 MoveFirst 方法，移动记录指针到记录集中的第一条记录；二是 MoveLast 方法，移动记录指针到记录集中最后一条记录；三是 MovePrevious 方法，移动记录指针到当前记录的上一条记录；四是 MoveNext 方法，移动记录指针到当前记录的下一条记录。

（2）AddNew 方法：用于在记录集中增加一条新记录。AddNew 方法在内存缓冲区中产生一条新记录，初始值为空，允许输入。只有当使用 Update 方法后或进行记录指针的移动操作后，新记录才被写入记录集。语法格式为：

```
Recordset 对象名.AddNew [字段列表],[字段值]
```

（3）Update 方法：将缓冲区中的记录真正写入记录集中。当添加新记录或对记录进行修改后，调用该方法使之生效。语法格式为：

```
Recordset 对象名.Update [字段列表],[字段值]
```

（4）Delete 方法：用来删除记录集中当前记录或指定的记录，删除后不可恢复。语法格式为：

```
Recordset 对象名. Delete AffectRecords
```

AffectRecords 参数确定该方法操作的范围，取值为 adAffectCurrent 时，表示删除当前记录；取值为 adAffectAll 时表示删除记录集中所有记录，取值为 adAffectGroup 时删除满足 Filter 属性设定条件的所有记录。

（5）Open 方法：用于创建 Recordset 对象。利用 Recordset 对象的属性对记录集进行描述后，必须使用 Open 方法才能真正物理上建立记录集。语句格式为：

```
Recordset 对象名.Open Source,ActiveConnection,CursorType,LockType,Options
```

例如，下面的程序段将在物理上建立 Recordset 对象。

```
Dim adoRset as ADODB.Recordset              ' 声明 adoRset 为 Recordset 对象
Set adoRset=New ADODB.Recordset             ' 创建 adoRset 对象
adoRset.ActiveConnection=adoConnection      ' 设置 ActiveConnection 属性
adoRset.CursorType=adOpenForwardOnly        ' 设置 CursorType 属性
adoRset.CursorLocation=adUseClient          ' 设置 CursorLocation 属性
adoRset.Source="学籍表"                      ' 数据来源于"学籍表"
adoRset.Open                                ' 建立 Recordset 对象
```

（6）Close 方法：用于关闭 Recordset 对象。语句格式为：

```
Recordset 对象.Close
```

执行完 Close 方法后，必须使用 "Set 对象名=Nothing"语句将其从内存中删除。

（7）Find 方法：用于在记录集中查找满足条件的第一条记录。语句格式为：

```
Recordset 对象名.Find Criteria,[SkipRows],[SearchDirection],[Start]
```

Criteria 参数为必选参数，用于指定查找条件；SkipRows 用于指定从起始位置跳过多少记录开始查找；SearchDirection 指定查找的方向；Start 指定查找的起始位置。

（8）CancelUpdate 方法：取消在调用 Update 方法之前对记录所做的任何修改。语句格式为：

```
Recordset 对象名.CancelUpdate
```

4．Command 对象

Command 对象代表对数据源执行的命令，使用 Command 对象可以查询数据，并将查询结果返回到 Recordset 对象。

1）Command 对象的常用属性

（1）ActiveConnection 属性：指定当前使用的连接。

（2）CommandText 属性：设置执行命令的文本内容。它是 SQL 语句、表名或存储过程。

（3）CommandType 属性：用来设置对数据源操作的命令类型。它的取值为 adCmdTable 时，指定 CommandText 是一个由 SQL 语句生成的表名；值为 adCmdTableDirect 时指定 CommandText 是一个表名；值为 adCmdText 时指定 CommandText 是一个文本，如 SQL 命令；值为 adCmdFile 时指定 CommandText 是一个文件名；值为 adCmdStoredProc 时指定 CommandText 是一个存储过程的名称；值为 adCmdUnknown 时，表明命令类型未知，数据对象自动检查。

2）Command 对象的常用方法

在 Command 对象的方法中，最常用的是 Execute 方法。该方法执行 CommandText 属性中指定的操作命令。语法格式为：

```
Set recordset 对象名=command 对象名.Execute([RecordsAffected],[Parameters],[Options])
```

操作结果为按行的查询结果时，上述语句创建一个记录集，该记录集存储在 Recordset 对象名所描述的 Recordset 对象中。

5. Field 对象

每个 Recordset 对象都包含一个 Fields 对象集合，对应 Recordset 对象中的所有字段。Fields 对象集合由多个 Field 对象组成，每个 Field 对象对应 Recordset 对象中的某个字段。利用 Fields 对象集合的属性和方法可以实现字段的添加、删除等操作。利用 Field 对象的属性和方法可以获取字段的信息、字段数据，实现字段赋值等操作。

6. 用 ADO 对象模型访问数据库

在 ADO 对象模型中，最常用的是 Connection 对象和 Recordset 对象。通过这两个对象可以实现数据库中的大部分操作。

使用 ADO 对象访问数据库的步骤是：创建 Connection 对象并与数据源建立连接；创建 Recordset 对象并设置好与 Connection 对象的活动连接，设置记录集的一些重要属性；使用 Recordset 对象的 Open 方法打开一个记录集；使用 Recordset 对象的属性和方法操作数据记录。

为了实现与数据源的连接，必须添加一个系统 DSN，并为其命名，如 vbStu。构造系统 DSN 的方法如下：

(1)在 Windows 的控制面板上双击 ODBC 图标，打开"ODBC 数据源管理器"对话框。

(2)在"ODBC 数据源管理器"对话框上，单击"系统 DSN"标签，打开"系统 DSN"选项卡。

(3)在"系统 DSN"选项卡上单击"添加"按钮，打开"创建新数据源"对话框。

(4)在"创建新数据源"对话框上选择 Microsoft Access Driver（*.mdb）选项，然后单击"完成"按钮打开"ODBC Microsoft Access 安装"对话框，如图 10-10 所示。

图 10-10　"ODBC Microsoft Access 安装"对话框

(5)在"数据源名"框中输入新添加的 DSN 名（如 vbstu），然后单击"数据库"标题下的"选择"按钮，打开"选定数据库"对话框。

(6)在"选定数据库"对话框中选择已建立好的数据库名（如 student.mdb）后，单击"确定"按钮返回安装对话框，再单击"确定"按钮就可以返回"ODBC 数据源管理器"。

(7)此时在"ODBC 数据源管理器"对话框中就可以看见名为 vbstu 的系统 DSN。

对象是一种复杂的数据类型。普通类型的变量在声明后就可以直接使用，而对象变量必须经过声明和创建两个过程，然后才能使用。

对象的声明格式为：

```
Dim adoRecordset As ADODB.Recordset
```

对象的创建格式为：

```
Set adoRecordset=New ADODB.Recordset
```

例 10-11　利用 ADO 对象连接 Access 数据库，编程实现对学生数据库中数据的浏览、添加、修改、删除及查询操作。

(1)引用 ADO 对象模型，用命令按钮和文本框布置窗体界面，如图 10-11 所示。

(2)编写程序代码。

图 10-11　例 10-11 程序界面设计

```
Dim adocon As ADODB.Connection
Dim adorst As ADODB.Recordset
Dim vbmk As Variant
Private Sub Form_Load()
    Set adocon = New ADODB.Connection              ' 建立连接
    adocon.Open "DSN=vbstu;UID=admin;PWD="
    Set adorst = New ADODB.Recordset               ' 建立记录集
    Set adorst.ActiveConnection = adocon
    adorst.CursorType = adOpenStatic
    adorst.CursorLocation = adUseClient
    adorst.LockType = adLockOptimistic
    adorst.Source = "学籍表"
    adorst.Open , , , , adCmdTable                  ' 显示记录
    Call display
    Command5.Enabled = False
    Command2.Enabled = False
End Sub
Private Sub Command7_Click()                        ' 第一条
    adorst.MoveFirst
    Call display
End Sub
Private Sub Command8_Click()                        ' 上一条
    adorst.MovePrevious
    If adorst.BOF Then
       adorst.MoveFirst
    Else
       Call display
    End If
End Sub
Private Sub Command9_Click()                        ' 下一条
    adorst.MoveNext
    If adorst.EOF Then
```

```
            adorst.MoveLast
        Else
            Call display
        End If
    End Sub
    Private Sub Command10_Click()                    ' 最后一条
        adorst.MoveLast
        Call display
    End Sub
    Private Sub Command1_Click()                     ' 添加
        vbmk = adorst.Bookmark
        Call enablebutton(False)
        Command1.Enabled = False
        Command4.Enabled = False
        Command3.Enabled = False
        Command2.Enabled = True
        Command5.Enabled = True
        Text1.Text = ""
        Text2.Text = ""
        Text3.Text = ""
        Text4.Text = ""
        Text5.Text = ""
        Text1.SetFocus
    End Sub
    Private Sub Command2_Click()                     ' 保存
        Call enablebutton(True)
        Command5.Enabled = True
        Command2.Enabled = False
        Command1.Enabled = True
        Command3.Enabled = True
        Command4.Enabled = True
        adorst.AddNew
        adorst!学号 = Text1.Text
        adorst!姓名 = Text2.Text
        adorst!性别 = Text3.Text
        adorst!班级 = Text4.Text
        adorst!年龄 = Text5.Text
        adorst.Update
    End Sub
    Private Sub Command3_Click()                     ' 修改
        adorst!学号 = Text1.Text
        adorst!姓名 = Text2.Text
        adorst!性别 = Text3.Text
        adorst!班级 = Text4.Text
        adorst!年龄 = Text5.Text
        adorst.Update
    End Sub
    Private Sub Command4_Click()                     ' 删除
```

```
        Dim r As Integer
        r = MsgBox("删除这条记录吗？", vbYesNo, "删除记录")
        If r = vbYes Then
           adorst.Delete
           adorst.MoveNext
           If adorst.EOF Then
              adorst.MoveLast
        End If
           Call display
        End If
     End Sub
     Private Sub Command5_Click()                    ' 取消
        Call enablebutton(True)
        Command1.Enabled = True
        Command4.Enabled = True
        Command3.Enabled = True
        Command2.Enabled = False
        Command5.Enabled = True
        adorst.Bookmark = vbmk
        Call display
     End Sub
     Private Sub Command6_Click()                    ' 退出
        Set adorst = Nothing
        Unload Me
     End Sub
     Private Sub display()                           ' 显示
        Text1.Text = adorst!学号
        Text2.Text = adorst!姓名
        Text3.Text = adorst!性别
        Text4.Text = adorst!班级
        Text5.Text = adorst!年龄
     End Sub
     Private Sub enablebutton(flag As Boolean)
        Command7.Enabled = flag
        Command8.Enabled = flag
        Command9.Enabled = flag
        Command10.Enabled = flag
     End Sub
```

10.3.2 使用 ADO 控件

ADO 控件不是 Visual Basic 的标准控件，在使用之前必须将其添加到工具箱中，选择"工程"→"部件"命令，从"部件"对话框中选择 Microsoft ADO Data Control6.0（OLEDB）。ADO 控件与 Data 控件很相似，其默认名称为 Adodc。

1. ADO 控件的常用属性

（1）ConnectionString 属性：是一个字符串，用于设置 ADO 控件与数据源的连接信息，它可以是 OLEDB 文件或 ODBC 数据源等的连接字符串。

（2）RecordSource 属性：用于设置可操作的数据源，即从已经连接的数据库中选择准备查询的数据，其值可以是一个数据表名、SQL 语句或存储过程。

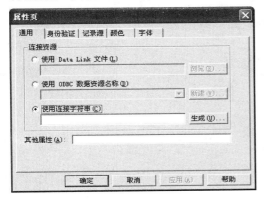

图 10-12　Adodc 控件属性页

（3）CommandType 属性：指定 RecordSource 属性的取值范围。

ADO 控件的大部分属性通过"属性页"设置，如图 10-12 所示。首先设置 ConnectionString 属性。单击"使用连接字符串"后的"生成"按钮，在"提供程序"选项卡中选择 Microsoft Jet 3.51 OLEDB Provider 后，单击"下一步"按钮，在"选择或输入数据库名称"框中直接输入或单击右面的"…"按钮选择数据库名。单击"测试连接"按钮进行连接测试。

连接到数据源后，可以设置 RecordSource 的属性。在"属性页"对话框中选择"记录源"选项卡，从"命令类型"下拉列表框中选择 2-adCmdTable，表示设置一个数据表为记录源，并在"表或存储过程名称"下拉列表框中选择表名，如"学籍表"。

2. ADO 控件的方法和事件

ADO 控件对数据的操作主要是通过 Recordset 对象的方法实现的。但它也拥有一些自身的方法，如 UpdateControls、Refresh、SetFocus、Drag 等。

ADO 控件可响应的事件常用的有 MouseDown、MouseUp、MouseMove、Error 等，还有一些反映数据库变化的特殊事件，如 WillMove、FieldChangeComplete 等。

3. ADO 数据绑定控件

与 Data 控件一样，ADO 控件经常用来连接数据源，而不具备数据的显示功能，所以也要将它与其他的一些控件结合使用。ADO 数据绑定控件不但可以是文本框、标签、列表框、组合框、复选框等，也可以是专门与 ADO 控件绑定的 ActiveX 控件，如 DataCombo（数据组合框）、DataGrid（数据网格控件）、DataList（数据列表控件）等。

例 10-12　用 ADO 控件设计学生成绩管理程序。

（1）创建应用程序用户界面与设置对象属性：新建工程，先将 ADO 控件添加到工具箱中，然后在窗体上添加 Adodc 控件（Adodc1），再添加 5 个标签、4 个文本框和 4 个命令按钮，界面设置如图 10-13 所示。Adodc1 的 ConnectionString 为学生数据库的路径与文件名（student.mdb），CommandType 为 2-adCmdTable，RecordSource 的值为"成绩表"，align 的值为 2-vbAlignBottom。文本框的 DataSource 属性为 Adodc1，DataField 属性分别为学号、语文、数学和外语。

（2）编写程序代码。

图 10-13　例 10-12 设计界面

```
Private Sub Command1_Click()                '添加
```

```
    Adodc1.Recordset.MoveLast
    Adodc1.Recordset.AddNew
End Sub
Private Sub Command2_Click()              '修改
    Adodc1.Recordset.Update
End Sub
Private Sub Command3_Click()              '删除
    Adodc1.Recordset.Delete
    Adodc1.Recordset.MoveNext
End Sub
Private Sub Command4_Click()              '退出
    End
End Sub
```

10.3.3　高级数据约束控件

高级数据约束控件主要包括 DataList(数据列表框控件)、DataCombo(数据组合框控件)和 DataGrid(数据网格控件),它们都属于 ActiveX 控件。DataList 控件与 DataCombo 控件包含在 Microsoft DataList Control6.0 (OLEDB)部件中,而 DataGrid 控件包含在 Microsoft DataGrid Control6.0 (OLEDB)部件中。

1. DataList 控件和 DataCombo 控件

DataList 控件和 DataCombo 控件是一个数据绑定列表框和组合框,它自动地由一个附加数据源中某一个字段填充,可选择地更新另一个数据源中一个相关表中的一个字段。

1)DataList 控件和 DataCombo 控件的常用属性

(1)BoundColumn 属性:返回或设置一个 Recordset 对象的源字段名称,该 Recordset 对象用来为另一个 Recordset 对象提供数据。

(2)DataField 属性:返回或设置数据使用者将被绑定到的字段名称。

(3)DataMember 属性:从提供的几个数据成员中返回或设置一个特定的数据成员。

(4)DataSource 属性:返回或设置一个数据源,通过该数据源,数据使用者被绑定到一个数据库。

(5)ListField 属性:返回或设置 Recordset 对象中的字段名,这个对象由 RowSource 属性指定,用于填充 DataList 控件或 DataCombo 控件的列表部分。

(6)RowMember 属性:返回或设置用于显示列表文本的数据成员。

(7)RowSource 属性:设置一个指定 Data 控件的值,DataList 控件和 DataCombo 控件的列表由这个 Data 控件填充。运行时不可用。

(8)VisbleCount 属性:返回一个值,它表示 DataCombo 控件或 DataList 控件的列表部分中可见项的数目。

(9)BoundText 属性:返回或设置由 BoundColumn 属性指定的字段的值。

2)DataList 控件和 DataCombo 控件常用的方法

DataList 控件和 DataCombo 控件常用的方法只有 Refill 方法,该方法再次创建 DataList

或 DataCombo 控件的列表，并强制刷新。Refill 方法和标准的 Refresh 方法不同，它仅仅强制一个 Repaint 事件。

2. DataGrid 控件

DataGrid 控件以表格的形式显示多条记录，并且允许用户通过滚动条浏览数据，同时也可以进行记录的添加、删除与修改等操作。DataGrid 控件是 ActiveX 控件，同时也为绑定控件，实现与数据源绑定功能的属性是 DataSource 属性。DataSource 属性用于设定数据源，其取值为 ADO 数据控件名。利用 DataGrid 控件对记录集数据进行编辑，首先必须设定 DataGrid 控件的相关属性，属性设置用它的"属性页"来进行，如图 10-14 所示。

例 10-13　用 DataGrid 控件浏览学籍表中的学生信息。

将 ADO 控件和 DataGrid 控件添加到工具箱中。在窗体上添加 ADO 和 DataGrid 控件，再增加一个命令按钮，用于程序的退出。用前面例子中的方法设置 ADO 控件的 ConnectionString 和 RecordSource 属性，将 DataGrid 控件的 DataSource 属性值设置为 adodc1。为"退出"按钮编写如下程序代码：

```
Private Sub Command1_Click()
    End
End Sub
```

运行程序，结果如图 10-15 所示。

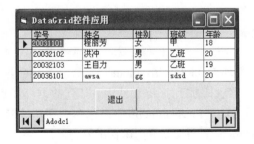

图 10-14　DataGrid 控件的"属性页"对话框　　　图 10-15　例 10-13 的运行界面

10.3.4　数据窗体向导

数据窗体向导可以根据数据库中已经建立的表或查询快速生成一个窗体，并添加到当前工程中。使用数据窗体向导建立数据操作窗体界面的步骤如下：

(1) 新建一个工程文件，在可视化数据管理器中打开相应的数据库，选择"实用程序"菜单中的"数据窗体设计器"命令，打开"数据窗体设计器"对话框，如图 10-16 所示。

(2) 在"窗体名称"文本框中输入要添加的窗体名称；从"记录源"列表中选择已存在的数据表或查询名；在"可用的字段"文本框中选择要出现在窗体上的字段。

(3) 单击"生成窗体"按钮，就可以在当前工程中添加一个新窗体。

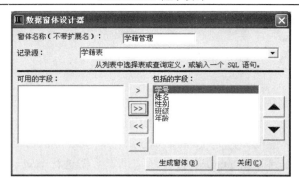

图 10-16　"数据窗体设计器"对话框

10.4　制 作 报 表

10.4.1　数据环境设计器

Visual Basic 的数据环境设计器用于建立 ADO 数据访问的数据源，它是一种使用方便、功能强大的可视化编程工具。数据环境设计器所创建的数据环境(Data Environment1)包含 Connection、Command 等 ADO 对象，这些对象可以被整个工程所使用。

1. 引用数据环境设计器

选择"工程"菜单中的"引用"命令，在弹出的"引用"对话框中选择 Microsoft Data Environment 1.0。

2. 添加数据环境设计器

建立一个工程文件，选择"工程"菜单中的"添加 Data Environment"命令，这样数据环境设计器就添加到工程文件中。打开数据环境设计器，在 Data Environment 中已经包含了一个连接对象 Connection1，如图 10-17 所示。

3. 创建 Connection 对象

图 10-17　数据环境设计器

每一个数据环境应当最少包括一个 Connection 对象。一个 Connection 对象表示一个远程数据库的连接，该数据库被当作一个数据源。

由于数据环境中已经包含了一个 Connection 对象，如果还要创建别的 Connection 对象，可右击 Data Environment1，在快捷菜单中选择"添加连接"命令。

然后把 Connection 对象与具体的数据库相连。在 Connection 对象名上右击，从快捷菜单中选择"属性"命令，打开"数据链接属性"对话框，从"提供程序"选项卡中选择 Microsoft Jet 3.51 OLE DB Provider，在"连接"选项卡中输入或选择所需的数据库的路径和名称(如 D:\student.mdb)。测试连接成功后返回设计器中。

4. 创建 Command 对象

Command 对象描述从一个数据库连接中获取数据的方式，它必须和一个 Connection 对象相关联。它既可以基于一个数据库对象，如表、存储过程等，也可以基于 SQL 查询。

在数据环境设计器中右击 Connection1，在快捷菜单中选择"添加"命令，为数据环境添加一个命令对象 Command1。在 Command1 对象的快捷菜单中选择"属性"命令，在"属性"对话框中从数据源"数据库对象"列表框中选择相应对象类型，再从"对象名称"列表框中选择具体的对象名称。

例 10-14 利用数据环境设计器，设计一个浏览学籍表中学生数据的程序。

(1) 建立应用程序的界面，如图 10-18 所示。

(2) 建立数据环境：在工程中添加一个数据环境，在数据环境设计器中选择 Connection1，并创建 Command 对象。在 Command 对象属性对话框中，把"数据库对象"选择为"表"，把"对象名称"选择为"学籍表"。

(3) 设置属性：将 Text1～Text5 的 DataSource 属性设置为 DataEnvironment1，DataMember 设置为 Command1，再将其 DataField 属性分别设置为学号、姓名、性别、班级和年龄。

(4) 为命令按钮编写程序代码。

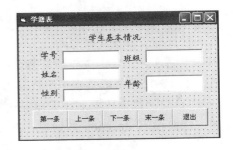

图 10-18　例 10-14 程序的界面设计

```
Private Sub Command1_Click()          ' 第一条
    DataEnvironment1.rsCommand1.MoveFirst
End Sub
Private Sub Command2_Click()          ' 上一条
    DataEnvironment1.rsCommand1.MovePrevious
    If DataEnvironment1.rsCommand1.BOF Then
        DataEnvironment1.rsCommand1.MoveFirst
    End If
End Sub
Private Sub Command3_Click()          ' 下一条
    DataEnvironment1.rsCommand1.MoveNext
    If DataEnvironment1.rsCommand1.EOF Then
        DataEnvironment1.rsCommand1.MoveLast
    End If
End Sub
Private Sub Command4_Click()          ' 末一条
    DataEnvironment1.rsCommand1.MoveLast
End Sub
Private Sub Command5_Click()          ' 退出
    End
End Sub
```

10.4.2　报表设计器

Microsoft 数据报表设计器（Microsoft Data Report designer）是一个多功能的报表生成器，与数据环境设计器一起使用，可以极为方便地创建多层次结构的数据报表。在数据报表设计器中，把字段从数据环境设计器中直接拖到报表设计器中来即可。它拥有自己的一套控件，具有打印预览、打印及导出数据等功能。数据报表设计器由以下 3 个对象组成。

（1）DataReport 对象：与 Visual Basic 窗体类似，DataReport 对象同时具有一个可视的设计器和一个代码模块。可以使用设计器创建报表的布局，也可以在设计器的代码模块中添加程序代码，用编程的方式调整设计器中包含的控件或部分格式。

（2）Section 对象：数据报表设计器的每一个部分由 Sections 集合中的一个 Section 对象表示。可以使用对象及其属性在报表生成之前对其进行动态重新分配。

（3）DataReport 控件：是数据报表设计器上使用的特殊控件。因为在数据报表设计器中不能使用 Visual Basic 的标准控件和 ActiveX 控件，所以必须使用报表设计器自身携带的控件进行相关的操作。

10.4.3　数据报表

如图 10-19 所示，数据报表主要包括以下几个部分。

（1）报表标头：包含显示在一个报表开始处的文本，如报表标题、作者等信息。

（2）页标头：包含在每一页顶部出现的信息。

（3）细节：包含报表的最内部的"重复"部分（记录）。

（4）页注脚：包含在每一页底部出现的信息，如页码。

（5）报表注脚：包含报表结束处出现的文本，如摘要、联系人姓名等。报表注脚出现在最后一个页标头和页注脚之间。

下面通过建立学生成绩表的设计，介绍报表设计器的基本用法。

例 10-15　将成绩表中的数据用表格显示出来。

（1）设计数据环境：在工程中添加一个数据环境，并创建 Command 对象。用例 10-14 中的方法设置 Connection 的属性，在 Command 对象属性对话框中，把"数据库对象"选择为"表"，把"对象名称"选择为"成绩表"。

（2）添加 DataReport 对象：选择"工程"菜单中的"添加 Data Report"命令，在其属性窗口中将它的 DataSource 设置为 DataEnvironment1，将 DataMember 设置为 Command1。

右击报表设计器对象，在快捷菜单中选择"检索结构"命令，系统将根据数据源定义数据报表中应该有的各个标题栏。在打开的确认对话框中选择"是"。

（3）设计报表细节：从数据环境设计器中将学号、语文、数学和外语字段分别拖到报表设计器的细节部分。由于拖来的对象由两部分构成：标签部分和数据部分，还需再次将标签部分拖到页标头区域，将数据部分保留在细节区域并将它们的位置对齐。在报表标头区域内右击，在快捷菜单中选择"插入控件"→"报表标题"命令，并调整好标题位置。在页注脚区域执行"插入控件"→"当前页码"命令，并调整好位置。

（4）编写程序代码。

```
Private Sub DataReport_Initialize()
    DataReport1.Title = "学生成绩表"
End Sub
```

（5）运行程序。选择"工程"菜单中的"工程属性"，将"启动对象"设置为 Data Report1 后单击"确定"按钮。此时运行程序，可以看到如图 10-20 所示的程序界面。

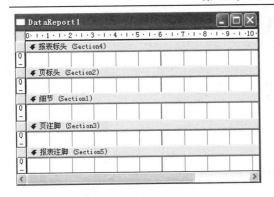
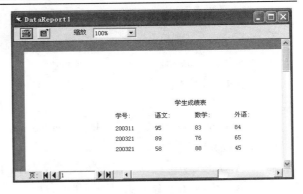

图 10-19　数据报表结构　　　　　　　　图 10-20　"打印报表"程序运行界面

习　　题

一、选择题

1. 利用可视化数据管理器可以创建下面（　　）类型的数据库文件。

    A．Access 数据库　　　B．FoxPro 数据库　　　C．Oracle 数据库　　　D．以上均可

2. 下列数据类型中，（　　）不能作为 Access 数据库字段的数据类型。

    A．Integer（整型）　　　B．Text（文本型）　　　C．Memo（备注型）　　D．Variant（可变型）

3. 下面叙述中，错误的是（　　）。

    A．同一个字段的数据具有相同的数据类型

    B．一个表可以构成一个数据库

    C．记录指针会随着操作而不断移动，因此一个数据表中记录指针不止一个

    D．字段名本身的宽度可以超过该字段的长度

4. 利用可视化数据管理器中的"查询生成器"不能完成的功能是（　　）。

    A．同时查询多个数据库中的数据

    B．按一定的关联条件同时查询多个数据表中的数据

    C．在指定的表中可以任意查询要显示的字段

    D．把生成的 SQL 语句保存起来

5. Data 控件的 RecordSetType 属性不能取下面的哪个值（　　）？

    A．0—Table　　　B．1—Dynaset　　　C．2—Snapshot　　D．3—Static

6. 下面的哪个对象不是 ADO 对象模型的组成部分（　　）？

    A．DataReport 对象　　　B．Command 对象　　　C．Connection 对象　D．Field 对象

7. 在"学籍表"中，要查询姓名为"王自力"的记录的年龄，应使用下面（　　）语句。

    A．Select 年龄 From 成绩表 Where "姓名"=王自力

    B．Select 年龄 From 学籍表 Where 姓名="王自力"

    C．Select 年龄 From 学籍表 Where 姓名=王自力

    D．Select 年龄 From 学籍表 Group By 姓名

8. 下面关于 Data 数据绑定控件的叙述中，正确的是（　　）。

    A．只有文本框可以作为数据绑定控件

B. 同一窗体中，两个文本框作为数据绑定控件其 DataField 属性值可以相同

C. 数据绑定控件是通过 Connect 属性与数据控件建立关联的

D. DataSource 属性值是一个数据库名称

9. 通过设置 Adodc 控件的（　　）属性，可以指定具体访问的数据源，而这些数据构成了记录集对象 Recordset。

    A. ConnectionString   B. RecordSource   C. CommandType   D. MaxRecords

10. 下面叙述中，错误的是（　　）。

    A. Adodc 控件与 Data 控件一样，都是 Visual Basic 的标准控件

    B. 用 Adodc 控件可以连接到数据库，但必须使用数据绑定控件才能实现显示数据功能

    C. 通过 Adodc 控件的 Recordset 对象，可以实现对数据库中数据的操作

    D. DataGrid 控件可绑定到记录集，DataList 控件只能绑定到记录集中某个字段

二、填空题

1. 要在"成绩表"中查找"语文"和"数学"两门成绩都大于 80 分的学生信息，采用的 SQL 语句应为_____。

2. 删除"成绩表"中"外语"成绩不及格学生的记录，所用的 SQL 语句为_____。

3. ADO 对象模型中，Connection 对象的主要功能是_____。

4. Recordset 对象代表记录集，表示_____结果集。

5. ADO 控件对数据的操作主要是通过_____的方法实现的。

6. 数据库按其结构可分为_____、_____和_____3 种。

7. Recordset 对象的 Update 方法的作用是_____。

8. Data 控件的 RecordSetType 属性主要设置_____。

9. Data 控件 Reposition 事件是由_____触发的。

10. 报表设计器由_____、_____和_____3 个对象构成。

上 机 实 验

[实验目的]

1. 熟悉 VisualBasic 数据库编程环境；

2. 能够利用 Visual Basic 进行简易数据库的设计。

[实验内容]

1. 利用可视化数据管理器建立职工档案数据库（zgda.mdb），其中包括"职工表"和"工资表"两个数据表。

"职工表"的表结构：职工编号（Text,8），姓名（Text,8），性别（Text,2），出生日期（Date），单位（Text,16）。

"工资表"的表结构：职工编号（Text,8），基本工资（Integer），补贴（Integer），扣款（Integer），实发工资（Integer）。

对"职工表"以"职工编号"字段建立主索引 gzgl_pri，以"姓名"字段建立普通索引 gzgl_id；对"工资表"以"职工编号"字段建立主索引 gz_pri。

数据表与索引建立成功后，进行下面操作：

（1）分别向"职工表"和"工资表"添加一组记录。要保证两个表中的"职工编号"必须保持一致。

(2)在可视化数据管理器中，使用 SQL 语言计算每位职工的实发工资，并将结果写入"工资表"的"实发工资"字段。

(3)用"查询生成器"查找所有男职工的职工编号、姓名和单位信息。

(4)用 SQL 语言查找所有实发工资超过 1800 元的职工的姓名和单位信息。

2．利用 Data 控件，参考例 10-10，设计一个简易的职工管理系统。要求界面中必须有"添加""编辑""删除"和"退出"按钮。

3．利用"数据窗体设计器"生成一个数据窗体，用于显示和维护"职工表"中的数据。

4．在窗体上用 DataGrid 控件显示"工资表"中的所有数据。

5．使用"数据报表设计器"，设计并打印职工工资表。

第 11 章　Windows API

内容提要　Windows API（Application Program Interface）即 Windows 应用程序编程接口是一种函数，包含在一个附加名为 DLL 的动态链接库（Dynamic Link Library）中，它是用于进入操作系统核心进行高级编程的途径。

本章重点　理解 Visual Basic 与动态链接库，理解 API 浏览器，掌握 API 的调用方法。

11.1　Visual Basic 与动态链接库

11.1.1　动态链接库

在 Windows 的 system 文件夹中有许多 DLL 文件，一个 DLL 文件中包含的 API 函数有几十个，甚至数百个。其中最主要的有 3 个：User32.dll（有关管理 Windows 环境的函数，如管理菜单、管理光标以及处理消息等）、GDI32.dll（其中的函数帮助管理不同设备的输出）、Kernel32.dll（包含执行内存管理、任务管理、资源管理以及模块管理的函数）。

动态链接库是一个函数库，之所以称为动态是因为 DLL 代码并不是某个应用程序的组成部分，而是在运行时链接到应用程序中。DLL 和 EXE 文件一样，其中包含的也是程序的二进制执行代码和程序所需的资源（如对话框、字符串、图标和声音文件等）。但是 DLL 中包含的程序代码都被做成了一个个小模块，应用程序通过调用所需的函数完成相应的功能。例如，在使用"记事本"等程序时，如果要保存文件或打开文件，就会弹出通用文件对话框，这时就调用了系统底层 DLL 中的通用对话框界面。

当应用程序调用动态链接库中的某个函数时，链接程序并不复制被调用函数的代码，而只是从引入库中复制一个指针信息，指出被调用函数属于哪个动态链接库。因此，在应用程序的可执行文件中，存放的不是被调用的函数代码，而是 DLL 中该函数的内存地址。程序运行需要调用该函数时，DLL 库装入内存，由 Windows 读入 DLL 中的函数，并运行程序，即动态链接是在应用程序被装入内存时进行的，这使程序的可维护性变得很高。例如，QQ 视频功能需要升级，负责编写 QQ 的程序员不必将所有代码都重写，只需将视频功能相关的 DLL 文件重写即可。

使用 DLL 可以节省内存，如果多个应用程序调用的是同一个动态链接库，那么这个 DLL 文件不会被重复多次装入内存，而是由这些应用程序共享一个已载入内存的 DLL。例如，在一个办公室里，不可能为每一个工作人员配置一台饮水机，而是在一个公共位置放上一个饮水机，所有需要喝水的员工都可以共用这台饮水机，既降低了开支又节约了空间。

利用 DLL 便于程序员之间的合作，多个人编写一个大程序，可能有人用 Visual Basic，有人用 Delphi，而有了 DLL 后，可以让 Delphi 程序员写一个 DLL，然后 Visual Basic 程序员在程序中调用，不再考虑如何将它们编译为一个单独的 EXE 文件。

使用动态链接库的主要缺点是：整个动态链接库必须随着相应 EXE 文件一起迁移，即使只用到其中的一小部分函数，也必须把动态链接库"带上"，这种情况的 EXE 文件容量小；而使用静态链接，则生成 EXE 文件时将所需要的函数放入应用程序中，统一编址，生成一个真正独立的 EXE 文件，可能 EXE 文件容量大一点，但可独立运行。

11.1.2　在 Visual Basic 中使用动态链接库

在 Visual Basic 中使用动态链接库，是对 Visual Basic 功能的扩充，是充分发挥 Windows 系统的性能的重要手段。用户利用 Visual Basic 应用程序调用动态链接库中的函数，可更好地使用和管理 Windows 系统环境及硬件设备。Visual Basic 可以使用几乎任何语言生成的动态链接库，而这些动态链接库中所包含的函数称为 Windows API 函数。

Visual Basic 应用程序中声明外部过程就能够访问 Windows API。声明过程后，在调用时，Visual Basic 将根据声明确定参数的个数，并进行类型检查。

有的 API 函数需要返回值，有的则没有返回值。有返回值的 API 函数与 Visual Basic 中 Function 过程对应，而没有返回值的 API 函数与 Sub 过程对应。即调用的 API 函数有返回值时，在 Visual Basic 中作为 Function 过程进行声明，没有返回值则作为 Sub 过程声明。

API 函数只需声明一次，其声明可以出现在 3 个地方：一是窗体的声明部分；二是标准模块；三是类模块。如果出现在窗体声明部分，必须作为私有过程声明，即在声明的最前端加上关键字 Private；如果在标准模块中声明，可以作为公用声明，也可作为私有声明。在标准模块中声明为公用的 API 函数，可以在应用程序的任何窗体和其他标准模块中被调用。API 函数声明格式有以下两种格式：

格式 1：声明没有返回值的 API 函数。

```
Declare Sub API 函数名 Lib"库名" [ Alias"别名"] （[参数表列]）
```

格式 2：声明有返回值的 API 函数。

```
Declare Function API 函数名 Lib "库名" [ Alias "别名"]([参数表列]) As 类型
```

说明：

(1) API 函数名是指 Visual Basic 应用程序中使用的过程名。

(2) "库名"是指 DLL 文件名，在 Lib 子句中指定，告诉 Visual Basic 要使用动态链接库所在的目录。该目录可以是绝对路径，也可以只给出库名。通常要调用的 API 函数属于 Windows 核心库(如 User32、Kernel 或 GDI32)，此时可以不给出完整的路径，还可以省略扩展名。例如：

```
Private Declare Function Beep Lib"kernel32"Alias "Beep" (ByVal DwFreq As Long, _
    ByVal dwDuration As Long) As Long
```

如果要调用的 API 函数不属于 Windows 核心库，则在 Lib 子句中应指定 DLL 的路径，扩展名 DLL 不能省略。例如：

```
Private Declare Function ApplicationFund Lib"C:\Visual Basic\app.dll"(ByVal_
    x As Integer, y As Integer) As Long
```

(3) 别名(Alias)可以为要调用的 API 函数设置别名，因为某些 Windows API 函数的名称中使用了 Visual Basic 中认为非法的字符，例如_lopen，因此在 Visual Basic 程序中需要取一个新名。这样新的函数名与 DLL 中的名称不一样，此时使用关键字 Alias 来指定 DLL 库中的名称，而 Visual Basic 程序调用的是 lopen。例如：

```
Declare Function lopen Lib"kernel32" Alias "_lopen" (ByVal lpPathName As String, _
        ByVal iReadWrite As Long) As Long
```

说明：在带有 Alias 子句的声明语句中，Alias 关键字后面的字符串是 API 函数的真正名称，并且区别大小写，Visual Basic 在调用该函数时，使用的名字是在 Sub 或 Function 后面的函数名。

11.2　API 文本浏览器

大多数 API 函数的声明都很长，在 Visual Basic 中声明这些函数时，如果用户自己输入，恐怕要出错。Microsoft 为 Visual Basic 专门提供了预定义 Windows API，这就是 API Text Viewer（API 文本浏览器）。

11.2.1　启动 API 浏览器

API 浏览器有两种启动方法：

方法 1：

(1) 单击"开始"→"程序"→"Microsoft Visual Basic 6.0 中文版"→"Microsoft Visual Basic 6.0 中文版工具"→"API 文本浏览器"命令，打开"API 文本浏览器"。

(2) 从 Visual Basic 集成环境的"外接程序"菜单中启动。

方法 2：把"API 浏览器"添加到菜单中才能使用，因为默认情况下是没有这一菜单项的。选择"外接程序"菜单中的"外挂程序管理器"命令，打开对话框，如图 11-1 所示。在该对话框中选择 Visual Basic6 API Viewer，在"加载行为"选项框中选中"在启动中加载"和"加载/卸载"两个复选框，单击"确定"按钮。这时在"外接程序"菜单中会出现"API 浏览器"菜单项，选择该菜单项即可打开如图 11-2 所示的"API 浏览器"窗口。

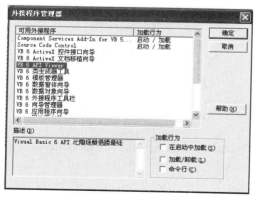

图 11-1　外挂程序管理器

图 11-2　"API 浏览器"窗口

11.2.2　添加 API 函数声明

选择"API 浏览器"的"文件"菜单中的"加载文本文件"命令，在弹出的对话框中选择 WIN32API.TXT 文件，然后单击"确定"按钮。这时 Win32 API 的所有函数、常量和数据类型的声明都加载到 API 浏览器中。从"API 类型"组合框中选择"常量""声明"和"类型"，则会在"可用项"列表框中分别列出 API 的常量、函数和数据类型的名称。因为可用项太多(超过千项),不便于使用滚动条查找,可以在"可用项"上方的文本框中输入要查找项的前几个字母(如:GetWindow),则"可用项"列表框会快速滚动到以这些字母打头的条目。根据需要从"声明范围"中选择"全局"(Public)或者"私有"(Private),前者将函数声明为应用程序级的,后者将函数声明为模块级的。注意,在窗体模块中不能声明全局的 API 函数。单击"添加"按钮,会把选定项的声明语句显示在对话框下部的文本框中。单击"复制"按钮可以把声明语句复制到剪贴板上,然后到 Visual Basic 的代码窗口的通用声明段中粘贴即可。

11.2.3　把声明、常量或类型复制到 Visual Basic 代码中

装入文本文件或数据库文件后,可以查看文件中的声明、常量或类型,然后把它们复制到 Visual Basic 代码中。

1. 查看声明、常量或类型

单击"API 浏览器"窗口中"API 类型"栏右端的箭头,显示下拉列表,如图 11-3 所示。从中选择"常数""声明"或"类型",即可在"可用项"列表框中列出相应的项目。

"可用项"列表框中的项目是按字母顺序排列的,通过垂直滚动条可以找到所需要的项目,但这样效率很低。为了能较快地找到指定的项目,可以在"API 类型"文本框下面的文本框中键入要查找的项目的前几个字母,"可用项"列表框中的显示内容将随着变化,当出现所需要的项目后,单击该项目,即可选择该项目。

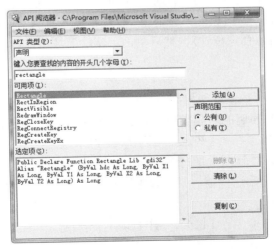

图 11-3　选择要显示的项目类型与复制声明

2. 复制声明

为了把指定的项目复制到 Visual Basic 代码中,必须先在"可用项"列表框中找到并选择该项目(即把条形光标移到该项目上),然后单击"添加"按钮,即可把该项目复制到"选定项"框内。此时单击"复制"按钮,即可把"选定项"列表框中的项目复制到剪贴板上。然后在 Visual Basic 环境下,执行"编辑"→"粘贴"命令(或者 Ctrl+V 组合键),即可把剪贴板上的内容复制到 Visual Basic 代码中。在单击"添加"按钮前,可以在"声明范围"部分选

择"公有"或"私有"。当需要把项目复制到标准模块中时，应选择"公有"；如果要复制到窗体模块或类模块中，则应选择"私有"。

例 11-1 假定要把 API 函数 Rectangle 的声明复制到 Visual Basic 的标准模块中，则可按如下步骤操作：

(1)在"API 浏览器"窗口中加载 win32api.txt，然后在"API 类型"栏的下拉列表中选择"声明"。

(2)用前面介绍的方法，在"可用项"框中找到 Rectangle 项目。

(3)在"声明范围"部分选择"公有"。

(4)单击"添加"按钮，把 Rectangle 项目加到"选定项"框中，如图 11-3 所示。

(5)单击"复制"按钮。在 Visual Basic 环境中，执行"工程"→"添加模块"命令，添加一个标准模块。执行"编辑"→"粘贴"命令，或按 Ctrl + V 组合键。

下面是复制到标准模块中的 Rectangle 声明：

```
Public Declare Function Rectangle Lib "gdi32" (ByVal hdc As Long, ByVal X1 As Long, _
    ByVal Y1 As Long, ByVal X2 As Long,ByVal Y2 As Long ) As Long
```

如果要把上面的声明复制到窗体模块中，则在第(3)步中应选择"私有"。

有时需要复制多个声明、类型或常量，可以先在"可用项"列表框中分别选择需要复制的项目，通过单击"添加"按钮加到"选定项"框中，然后单击"复制"按钮，即可把这些项目复制到剪贴板。除了添加项目的个数不同外，复制多个项目与复制单个项目的操作完全一样。在复制"选定项"列表框中的项目时，"选定项"框中的所有项目均被复制。因此，为了能复制所需要的项目，应及时删除"选定项"框中不需要复制的项目。其方法是：单击"选定项"框中要删除的项目(任意位置)，然后单击"删除"按钮。如果要删除所有项目，则可单击"清除"按钮。

3. 复制常量和类型

常量和类型的复制与声明的复制类似。和 API 函数一样，凡是在调用 API 函数时用到的常量和类型，都必须给出定义，这些定义可以从"API 浏览器"中复制到 Visual Basic 的代码窗口中。但是要注意，在复制常量时，复制的只是常量的名称，它们都有具体的值，如果在调用 API 函数时需要使用这些值，则必须先用 Const 关键字来定义它们。

11.3   API 调用举例

以上介绍了如何用"API 浏览器"声明 API 函数，它是 API 调用的前提。正确声明以后，就可以像调用 Visual Basic 内部过程一样调用 API 函数了。在传送参数时，其类型必须与 API 所要求的相符合。在本节中，将通过几个例子来看一看如何调用 API 函数。通过这几个例子，对 API 函数的功能及调用方法可略见一斑。

例 11-2 用 API 函数 Roundrect 画圆角矩形。

用 Visual Basic 的 Line 方法可以画矩形，但只能画直角矩形。而用 RoundRrect 函数可以绘制圆角矩形。为了调用该函数，步骤操作如下：

(1)在窗体模块层声明 Roundrect 函数。

```
Private Declare RoundRect Lib"gdi32" (ByVal hDC As Long, ByVal X1 As Long,_
      ByVal Y1 As Long,ByVal X2 As Long, ByVal Y2 As Long, ByVal X3 As Long,_
      ByVal Y3 As Long ) As Long
```

该函数有 7 个参数，其中 hDC 称为"句柄"，X1 和 Y1 用来确定所画矩形的左上角的坐标，X2 和 Y2 用来确定矩形右下角的坐标，X3 和 Y3 用来确定角的弯曲度。RoundRect 函数有返回值，因此必须作为 Function 过程声明。

(2)编写如下事件过程：

```
Private Sub From_Click()
      x=RoundRect(hDC,10,10,80,80,40,40)
End Sub
```

图 11-4　运行结果

运行程序，单击命令按钮，结果如图 11-4 所示。

说明：在调用 RoundRect 函数时，第 1 个被称为"句柄"的参数为 hDC，Windows 环境中有很多对象，如窗口、画笔、位图、光标、设备环境、程序实例等，可以通过 API 函数以不同的形式对这些对象进行操作。为此，必须以某种方法标识这些对象，并把它们以参数的形式传送给函数。

Windows 用一个 32 位的整数对各种对象进行标识，这就是"句柄"（Handle）。每个句柄都有一个类型标识符，以小写字母 h 开头，当向 API 函数传送参数时，通常要使用这个标识符。常用的有设备环境句柄 hDC（Device Object Handle）、窗口句柄 hWnd（Window Handle）、图形设备接口对象句柄（GDI Object Handle）等。

例 11-3　编写程序，实现图像"百叶窗"淡入效果。

分析：在 Visual Basic 中实现"百叶窗"图形特效的基本思想是：在窗体中放置两个图片框控件，在第一个图片框中放置一幅图像。然后调用 BitBlt 函数，将第一个图片框中的图像一部分一部分地复制到第二个图片框中，这样就可以实现各种奇特的图像特效。

设计过程如下：

(1)应用程序用户界面设计和属性设置。新建一个工程，在窗体上放置两个图片框控件和一个按钮控件，均使用系统默认的名称。在图片框 Picture1 中放置一幅图像，将按钮的 Caption 属性设置为"百叶窗效果"。将两个图片框的 ScaleMode 属性均设置为 3，即图片框以像素为度量单位。

(2)在窗体的声明段声明 BitBlt 函数和所需要的常量，代码如下：

```
Private Declare Function BitBlt Lib"gdi32" (ByVal hDestDC As Long, ByVal x As Long, _
      ByVal y As Long, ByVal nWidth As Long,  ByVal n Height As Long,_
      ByVal hSrcDC As Long, ByVal xSrc As Long,  ByVal ySrc As Long,_
      ByVal dwRop As Long) As Long
Private Const SRCCOPY = &HCC0020
```

说明：

① pDestDC：存储源位图的设备描述表。

② x 和 y：分别为目的地的左上角 x 坐标和 y 坐标。

③ nWidth 和 nHeight：分别为目的地的区域宽度和区域高度。

④ pSrcDC：存储源位图的设备描述表。

⑤ xSrc 和 ySrc：分别为源位图的左上角 x 坐标和 y 坐标。

⑥ dwRop：栅格运算标志，一般选择 SRCCOPY，直接复制源位图到目标。也可以让源位图和目标位图进行 XOR、AND、OR 等操作。

按钮的 Click 事件过程如下：

```
Private Sub Command_Click()
    Dim H As Integer, W As Integer, scanlines As Integer
    H = Picture1.ScaleHeight
    W = Picture1.ScaleWidth
    Scanlines = 10                    ' 定义百叶窗的宽度，单位为像素
    For i = 0 To scanlines - 1
        For j = i To H Step scanlines
            BitBlt Picture2.hDC, 0,j,w,1,Picture1.hDC,0,j,SRCCOPY
            delay 100000              ' 延时
        Next j
    Next i
End Sub
```

延时子程序 delay 代码如下：

```
Sub delay(delaytime As Long)
    For i = 1 To delaytime
    Next i
End Sub
```

运行后的效果如图 11-5 所示。本例主要用到了 BitBlt 函数，其关键在于如何使图像一部分一部分地复制到第二个图片框中，这里采用了二重循环来实现。理解二重循环最好的方法是将循环中的延时时间设置得长一点，然后在运行程序，就可以清楚地看出图像是怎样一部分一部分得被复制的。

例 11-4　获取磁盘空间信息。

本例介绍如何使用 Visual Basic 编写出能够获取指定磁盘空间信息的小程序。运行本程序后，界面如图 11-6 所示。在文本框中输入磁盘的名称后单击"确定"按钮，即可得到该磁盘的总容量和可用空间大小。

分析：Windows 提供了一个现成的 API 函数 GetDiskSpace，用来获取磁盘的空间信息，通过调用该函数可获取磁盘空间信息。

设计步骤如下：

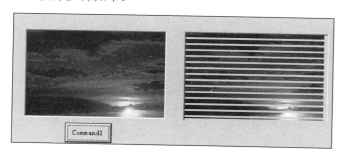

图 11-5　"百叶窗"淡入效果

图 11-6　获取磁盘空间信息

（1）建立应用程序用户界面与设置对象属性。新建一个工程，在窗体上放置 5 个标签控件、1 个文本框控件和 1 个按钮控件，设置按钮的 Captions 属性为"确定"。

（2）编写程序代码。

在窗体的声明段中添加如下 API 函数的声明语句：

```
Private Declare Function GetDiskFreeSpace Lib "kernel32" Alias "GetDiskFreeSpaceA" _
        (ByVal lpRootPathName As String, lpSectorsPerCluster As Long, _
        lpBytesPerSector As Long, lpNumberOfFreeClusters As Long, _
        lpTotalNumberOfClusters As Long) As Long
```

按钮的 Click 事件过程如下：

```
Private Sub Commandl_click()
    Dim a,b,c,d,free,total As Long, disk As String
    Disk = Text1.Text
        GetDiskFreeSpace disk,a,b,c,d        ' 获取磁盘空间信息
        Total = d*b*a/1024/1024              ' 计算磁盘总容量
        Free = c*a*b/1024/1024               ' 计算磁盘自由空间
        labT.Caption = total & "MB"          ' 显示磁盘总容量与自由空间
        labT1.Caption = free & "MB"
End Sub
```

说明：GetDiskSpace 函数有 5 个参数，lpRootPathName 用来指定要获取信息的磁盘名称，如 C:或 D:等；lpSectorsPerCluster 用来返回磁盘每簇的扇区数；lpBytesPersector 用来返回磁盘每扇区的字节数；lpNumberOfFreeClusters 用来返回空闲的簇号；lpTotalNumberOfClusters 用来返回磁盘的总簇数。磁盘总容量等于总簇数与每簇扇区数以及每扇区字节数的乘积，单位是字节，除以 1024 可以换算成兆字节，将磁盘总簇数换算成自由簇数则可以计算出磁盘的可用空间。

例 11-5 编写程序，对图像进行翻转、放大或缩小。

在窗体上画一个图片框和一个列表框，在图片框中装入一个位图，然后编写如下代码：

```
Option Explicit
Private Declare Function StretchBlt Lib "gdi32" (ByVal hdc As Long , ByVal x As Long ,_
        ByVal y As Long, ByVal nWidth As Long,ByVal nHeight As Long, ByVal_
        hSrcDC As Long,ByVal xSrc As Long, ByVal ySrc As Long,ByVal nSrcWidth_
        As Long, ByVal nSrcHeight As Long,ByVal dwRop As Long ) As Long
Const SRCCOPY = &HCC0020
Dim w As Integer, Dim h As Integer
Private Sub Command1_Click()          ' 左右翻转
    Cls
    Picture1.ScaleMode = 3
    w = Picture1.ScaleWidth
    h = Picture1.ScaleHeight
    StretchBlt Me.hdc, w, 0, -w, h, Picture1.hdc, 0, 0, w, h, &HCC0020
End Sub
Private Sub Command2_Click()          ' 上下翻转
    Cls
    Picture1.ScaleMode = 3
```

```
    w = Picture1.ScaleWidth
    h = Picture1.ScaleHeight
    StretchBlt Me.hdc, 0, h, w, -h, Picture1.hdc, 0, 0, w, h, &HCC0020
End Sub
Private Sub Command3_Click()              ' 左右上下翻转
    Cls
    Picture1.ScaleMode = 3
    w = Picture1.ScaleWidth
    h = Picture1.ScaleHeight
    StretchBlt Me.hdc, w, h, -w, -h, Picture1.hdc, 0, 0, w, h, &HCC0020
End Sub
Private Sub Command4_Click()              ' 放大
    Cls
    Picture1.ScaleMode = 3
    w = Picture1.ScaleWidth
    h = Picture1.ScaleHeight
    StretchBlt Me.hdc, 0, 0, w * 3, h * 3, Picture1.hdc, 0, 0, w, h, &HCC0020
End Sub
Private Sub Command5_Click()              ' 缩小
    Cls
    Picture1.ScaleMode = 3
    w = Picture1.ScaleWidth
    h = Picture1.ScaleHeight
    StretchBlt Me.hdc, 0, 0, w / 2, h / 2, Picture1.hdc, 0, 0, w, h, &HCC0020
End Sub
```

　　程序执行后，在列表框中选择要执行的操作，即可使图形翻转或放大、缩小。例如，在列表框中选择"左右上下翻转"，则执行结果如图 11-7 所示。

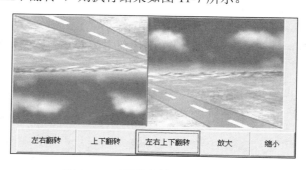

图 11-7　对图像翻转、放大或缩小

　　该例中使用 API 的 StretchBlt 函数，其功能是从源矩形中把一个位图复制到目标矩形中，必要时按当前目标设备设置的模式对图像进行拉伸或压缩处理。参数如下：

　　(1)hDC 和 hSrcDC：分别为目标设备环境的句柄和原设备环境的句柄。

　　(2)x 和 y：分别指定目标矩形区左上角的 x 坐标和 y 坐标。

　　(3)nWidth 和 nHeight：分别指定目标矩形的宽度和高度。

　　(4)xSrc 和 ySrc：分别指定源矩形区左上角的 x 坐标和 y 坐标。

　　(5)nSrcWidth 和 nSrcHeight：分别指定源和目标矩形区域的宽度和高度。

(6) dwRop：指定要进行的光栅运算。

如果函数执行成功，返回非 0 值；如果执行失败，返回 0 值。

例 11-6　编写程序，建立椭圆形窗体，改变窗体外观。

设计过程：在窗体上添加 3 个标签，将 BorderStyle 和 BackStyle 属性都设置为 0，并把第 1 和第 2 个标签放在一起(重合)，在窗体上用 Picture 属性装入一幅图，然后编写如下代码：

```
Private Declare Function CreateEllipticRgn Lib "gdi32" (ByVal X1 As Long, ByVal_
                Y1 As Long,ByVal X2 As Long, ByVal Y2 As Long) As Long
Private Declare Function SetWindowRgn Lib "user32" (ByVal hWnd As Long, ByVal_
                hRgn As Long,ByVal bRedraw As Boolean) As Long
Private Sub Form_Load()
    Label1.Caption = "画椭圆"
    Label2.Caption = "画圆"
    Label2.Visible = False
    Label3.Caption = "单击窗体退出"
End Sub
Private Sub From_Click()
    End
End Sub
Private Sub Label1_Click()
    Dim hRgn As Long, Dim lRes As Long
    hRgn = CreateEllipticRgn(10, 10, 350, 250)
    lRes = SetWindowRgn(Me.hWnd, hRgn, True)
    Label1.Visible = False
    Label2.Visible = True
End Sub
Private Sub Label2_Click()
    Dim h, d As Long, Dim scrw, scrh As Long
    scrw = Me.Width / Screen.TwipsPerPixelX
    scrh = Me.Height / Screen.TwipsPerPixelX
    h = CreateEllipticRgn(0, 0, scrw, scrh)
    d = SetWindowRgn(Me.hWnd, h, True)
    Label1.Visible = False
    Label2.Visible = True
End Sub
```

程序运行后，窗体为矩形。单击"画椭圆"标签，窗体变为椭圆；单击"画圆"标签则画出一个近似圆形的窗体；单击窗体，则结束程序。结果如图 11-8 所示。

说明：在本例中用到了两个 API 函数：一个是 CreateEllipticRgn，用来建立一个椭圆形区域，该函数有 4 个参数，均为长整型数，其中 $(x1,y1)$ 是椭圆外切矩形左上角的坐标，$(x2,y2)$ 是椭圆外切矩形右下角的坐标。如果函数调用成功，返回值为建立的区域句柄；如果调用失败，则返回值为 Null。一个函数是 SetWindowRgn，用来设置窗口的工作区，决定所画窗口的范围，系统只显示该范围内的部分。该函数有 3 个参数：hWnd 是要设置工作区的窗口句柄，hRgn 是区域句柄，bRedraw 指示系统在设置工作区后是否重画(刷新)窗口，如果该参数为 True，则系统将重画窗口，否则不重画。如果函数调用成功，返回非 0 值；如果调用失败，则返回 0 值。

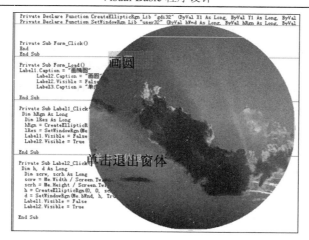

图 11-8　椭圆形窗体外观

习　　题

1. 什么是 Windows API？

2. 简述动态链接库的含义。

3. 在 Visual Basic 中，API 函数只需声明一次。请问可以在哪些地方声明？

4. 简述使用动态链接库的优缺点。

上　机　实　验

1. 上机调试本章例题中的程序。

2. 利用"API 浏览器"，熟悉一些 Win32 API 的常用函数、常量和数据类型的声明，并用其进行一些简单程序的编写。

参 考 文 献

龚沛曾, 杨志强, 陆慰民. 2007. Visual Basic 程序设计教程. 3 版. 北京: 高等教育出版社

苟平章, 任小康. 2008. Visual Basic 程序设计. 北京: 科学出版社

李雁翎, 王建忠, 孔锐睿. 2012. Visual Basic 程序设计教程. 北京: 人民邮电出版社

林卓然. 2004. Visual Basic 程序设计教程. 北京: 电子工业出版社

刘瑞新. 2011. Visual Basic 程序设计教程. 4 版. 北京: 电子工业出版社

吕国英. 算法设计与分析. 2006. 北京: 清华大学出版社

张玉生, 贲黎明, 施梅芳. 2011. Visual Basic 程序设计教程. 北京: 清华大学出版社

附 录

附录 A 常用 ASCII 码对照表

ASCII 码	键盘	ASCII 码	键盘	ASCII 码	键盘	ASCII 码	键盘
27	ESC	55	7	79	O	103	g
32	SPACE	56	8	80	P	104	h
33	!	57	9	81	Q	105	i
34	"	58	:	82	R	106	j
35	#	59	;	83	S	107	k
36	$	60	<	84	T	108	l
37	%	61	=	85	U	109	m
38	&	62	>	86	V	110	n
39	'	63	?	87	W	111	o
40	(	64	@	88	X	112	p
41	)	65	A	89	Y	113	q
42	*	66	B	90	Z	114	r
43	+	67	C	91	[	115	s
44	'	68	D	92	\	116	t
45	-	69	E	93	]	117	u
46	.	70	F	94	^	118	v
47	/	71	G	95	_	119	w
48	0	72	H	96	`	120	x
49	1	73	I	97	a	121	y
50	2	74	J	98	b	122	z
51	3	75	K	99	c	123	
52	4	76	L	100	d	126	~
53	5	77	M	101	e		
54	6	78	N	102	f		

附录 B　全国计算机等级考试二级 Visual Basic 考试简介

◆ **基本要求**

1．熟悉 Visual Basic 集成开发环境。
2．了解 Visual Basic 中对象的概念和事件驱动程序的基本特性。
3．了解简单的数据结构和算法。
4．能够编写和调试简单的 Visual Basic 程序。

◆ **考试内容**

一、Visual Basic 程序开发环境

1．Visual Basic 的特点和版本，Visual Basic 的启动与退出。
2．主窗口：(1)标题和菜单；(2)工具栏。
3．其他窗口：(1)窗体设计器和工程资源管理器；(2)属性窗口和工具箱窗口。

二、对象及其操作

1．对象：(1)Visual Basic 的对象；(2)对象属性设置。
2．窗体：(1)窗体的结构与属性；(2)窗体事件。
3．控件：(1)标准控件；(2)控件的命名和控件值。
4．控件的画法和基本操作。
5．事件驱动。

三、数据类型及其运算

1．数据类型：(1)基本数据类型；(2)用户定义的数据类型。
2．常量和变量：(1)局部变量与全局变量；(2)变体类型变量；(3)缺省声明。
3．常用内部函数。
4．运算符与表达式：(1)算术运算符；(2)关系运算符与逻辑运算符；(3)表达式的执行顺序。

四、数据输入、输出

1．数据输出：(1)Print 方法；(2)与 Print 方法有关的函数(Tab,Spc,Space$)；(3)格式输出(Format $)。
2．InputBox 函数。
3．MsgBox 函数和 MsgBox 语句。
4．字形。
5．打印机输出：(1)直接输出；(2)窗体输出。

五、常用标准控件

1．文本控件：(1)标签；(2)文本框。
2．图形控件：(1)图片框，图像框的属性，事件和方法；(2)图形文件的装入；(3)直线和形状。
3．按钮控件。
4．选择控件：复选框和单选按钮。

5．选择控件：列表框和组合框。

6．滚动条。

7．计时器。

8．框架。

9．焦点与 Tab 顺序。

六、控制结构

1．选择结构：(1)单行结构条件语句；(2)块结构条件语句；(3)IIf 函数。

2．多分支结构。

3．For 循环控制结构。

4．While 循环控制结构。

5．Do 循环控制结构。

6．多重循环。

七、数组

1．数组的概念：(1)数组的定义；(2)静态数组与动态数组。

2．数组的基本操作：(1)数组元素的输入、输出和复制；(2)ForEach…Next 语句；(3)数组的初始化。

3．控件数组。

八、过程

1．Sub 过程：(1)Sub 过程的建立；(2)调用 Sub 过程；(3)通用过程与事件过程。

2．Function 过程：(1)Function 过程的定义；(2)调用 Function 过程。

3．参数传送：(1)形参与实参；(2)引用；(3)传值；(4)数组参数的传送。

4．可选参数与可变参数。

5．对象参数：(1)窗体参数；(2)控件参数。

九、菜单与对话框

1．用菜单编辑器建立菜单。

2．菜单项的控制：(1)有效性控制；(2)菜单项标记；(3)键盘选择。

3．菜单项的增减。

4．弹出式菜单。

5．通用对话框。

6．文件对话框。

7．其他对话框(颜色、字体、打印对话框)。

十、多重窗体与环境应用

1．建立多重窗体应用程序。

2．多重窗体程序的执行与保存。

3．Visual Basic 工程结构：(1)标准模块；(2)窗体模块；(3)SubMain 过程。

4．闲置循环与 DoEvents 语句。

十一、键盘与鼠标事件过程

1．KeyPress 事件。

2．KeyDown 与 KeyUp 事件。

3．鼠标事件。

4．鼠标光标。

5．拖放。

十二、数据文件

1．文件的结构和分类。

2．文件操作语句和函数。

3．顺序文件：(1)顺序文件的写操作；(2)顺序文件的读操作。

4．随机文件：(1)随机文件的打开与读写操作；(2)随机文件中记录的增加与删除；(3)用控件显示和修改随机文件。

5．文件系统控件：(1)驱动器列表框和目录列表框；(2)文件列表框。

6．文件基本操作。

◆　考试方式

上机考试，考试时长 120 分钟，满分 100 分。

一、题型及分值

单项选择题 40 分(含公共基础知识部分 10 分)；基本操作题 18 分；简单应用题 24 分；综合应用题 18 分。

二、考试环境

Microsoft Visual Basic 6.0。

考试大纲来源：教育部考试中心 http://sk.neea.edu.cn/jsjdj